深入理解Linux网络

修炼底层内功，掌握高性能原理

张彦飞（@开发内功修炼） 著

电子工业出版社
Publishing House of Electronics Industry
北京·BEIJING

内 容 简 介

本书通过先抛出一些开发、运维等技术人员在工作中经常遇见的问题，激发读者的思考。从这些问题出发，深入地对网络底层实现原理进行拆解，带领读者看清楚问题的核心，理解其背后的技术本质，提高大家的技术功力。例如网络包是如何被接收和发送的？阻塞到底在内部是如何发生的？epoll的底层工作原理又是啥？TCP连接在底层上是如何支持和实现的？书中对这些内容都有深度的阐述。本书旨在通过带领读者修炼底层内功，进而帮助大家深度掌握网络高性能原理。

未经许可，不得以任何方式复制或抄袭本书之部分或全部内容。

版权所有，侵权必究。

图书在版编目（CIP）数据

深入理解Linux网络：修炼底层内功，掌握高性能原理/张彦飞著．—北京：电子工业出版社，2022.6

ISBN 978-7-121-43410-5

Ⅰ．①深… Ⅱ．①张… Ⅲ．①Linux操作系统 Ⅳ．①TP316.85

中国版本图书馆CIP数据核字（2022）第077254号

责任编辑：张月萍
印　　刷：中国电影出版社印刷厂
装　　订：中国电影出版社印刷厂
出版发行：电子工业出版社
　　　　　北京市海淀区万寿路173信箱　　　　邮编：100036
开　　本：720×1000　　1/16　　　　印张：21　　字数：470千字
版　　次：2022年6月第1版
印　　次：2023年2月第4次印刷
印　　数：19001～22000册　　定价：118.00元

前 言
Preface

从大厂的面试说起

互联网大厂是当今很多开发人员，尤其是应届毕业生们所向往的公司。但大家应该都听过关于大厂面试候选人的一句调侃的话，"面试造火箭，工作拧螺丝"。这虽然有一点儿夸张的成分，不过也确实描述得比较形象。在面试中，尤其是顶级互联网大厂的面试，对技术的考查往往都很深。但是到了工作中，可能确实又需要花不少时间在写各种各样的重复 CRUD 上。

那为啥会出现这种情况，是大厂闲得没事非得为难候选人吗？其实不是，这是因为扎实的底层功力确实对大厂来说很重要。

互联网大厂区别于小公司的一个业务特点就是海量请求，随便一个业界第二梯队的App，每天的后端接口请求数过亿很常见，更不用提微信、淘宝等头部应用了。在这种量级的用户请求下，业务能7×24小时稳定地提供服务就非常重要了。哪怕服务故障出现十分钟，对业务造成的损失可能都是不容小觑的。

所以在大厂中，你写出来的程序不是能跑起来就行了，是必须能够稳定运行。程序在运行期间可能会无法避免地遭遇各种线上问题。应用都是跑在硬件、操作系统之上的，因此线上的很多问题都和底层相关。如果遇到线上问题，你是否有能力快速排查和处理？例如有的时候线上访问超时是因为TCP的全连接队列满导致的。如果你对这类底层的知识了解得不够，则根本无法应对。

另外，大厂招聘高水平程序员的目的可能不仅仅是能快速处理问题，甚至希望程序员能在写代码之前就做出预判，从而避免出故障。不知道你所在的团队是否进行过Code Review（代码评审，简称CR）。往往新手程序员自我感觉良好、觉得写得还不错的代码给资深程序员看一眼就能发现很多上线后可能会出现的问题。

大厂在招人上是不怕花钱的，最怕的是业务不稳定和不可靠。如果以很低的价钱招来水平一般的程序员，结果导致业务三天两头出问题，给业务收入造成损失，那可就得不偿失了。所以，要想进大厂，扎实的内功是不可或缺的。

谈谈工作以后的成长

那是不是说已经工作了，或者已经进入大厂了，扎实的内功、能力就可有可无了呢？答案当然是否定的，工作以后内功也同样的重要！

拿后端开发岗来举例。初接触后端开发的朋友会觉得，这个方向太容易了。我刚接触后端开发的时候也有这种错觉。我刚毕业做Windows下的C＋＋开发的时候，项目里的代码编译完生成的工程都是几个GB的，但是转到后端后发现，一个服务端接口可能100行代码就搞定了。

由于看上去的这种"简单性"，许多工作三年左右的后端开发人员会陷入一个成长瓶颈，手头的东西感觉已经特别熟练了，编程语言、框架、MySQL、Nginx、Redis都用得很溜，总感觉自己没有啥新东西可以学习了。

他们真的已经掌握了所有了吗？其实不然，当他们遇到一些线上的问题时，排查和定位手段又极其有限，很难承担得起线上问题紧急救火的重要责任。当程序性能出现瓶颈的时候，只是在网上搜几篇帖子，盲人摸象式地试一试，各个一知半解的内核参数调一调，对关键技术缺乏足够深的认知。

反观另外一些工作经验丰富的高级技术人员，他们一般对底层有着深刻的理解。当线上服务出现问题的时候，都能快速发现关键问题所在。就算是真的遇到了棘手的问题，他们也有能力潜入底层，比如内核源码，去找答案，看看底层到底是怎么干的，为啥会出现这种问题。

所以大厂不仅仅是在招聘时考察应聘者，在内部的晋升选拔中也同样注重考察开发人员对于底层的理解以及性能把控的能力。一个人的内功深浅，决定了他是否具备基本的问题排查以及性能调优能力。内功指的就是当年你曾经学过的操作系统、网络、硬件等知识。互联网的服务都是跑在这些基础设施之上的，只有你对它们有深刻的理解，才能够源源不断想到新的性能分析和调优办法。

所以说，扎实的内功并不是通过大厂面试以后就没有用了，而是会贯穿你整个职业生涯。

再聊聊中年焦虑

之前网络曾爆炒一篇标题为"互联网不需要中年人"的文章，疯狂渲染35岁码农的前程问题，制造焦虑。本来我觉得这件事情应该只是媒体博眼球的一个炒作行为而已，不过恰恰两三年前我们团队扩充，需要招聘一些级别高一点儿的开发人员，之后使我对此话题有了些其他想法。那段时间我面试了七十多人，其中有很多工作七八年以上的。

我面试的这些人里，有这么一部分人虽然已经工作了七八年以上，但是所有的经验都集中在手头的那点儿项目的业务逻辑上。对他们稍微深入问一点儿性能相关的问题都没有好的思路，技术能力并没有随着工作年限的增长而增长。换句话说，他们并不是有七八年经验，而是把两三年的经验用了七八年而已。

和这些人交流后，我发现共同的原因就是他们绝大部分的时间都是在处理各种各样的业务逻辑和bug，没有时间和精力去提升自己的底层技术能力，真遇到线上问题也没有耐心钻研下去，随便在网上搜几篇文章都试一试，哪个碰对了就算完事，或者干脆把故障抛给运维人员去解决，导致技术水平一直原地踏步，并没有随着工作年限而同步增长。我从那以后也确实认识到，码农圈里可能真的有中年焦虑存在。

那是不是说这种焦虑就真的无解了呢？答案肯定是"不是"。至少我面试过的这些人里还有一部分很优秀，不但业务经验丰富，而且技术能力出众，目前都发挥着重要作用。你也可以看看你们公司的高级别技术人员，甚至业界的各位技术大牛，相信他们会长期是你们公司甚至业界的中流砥柱。

那么工作了多年的这两类人中，差异如此巨大的原因是什么呢？我思考了很多，也和很多人都讨论过这个问题。最后得出的结论就是大牛们的技术积累是随着工作年限的增长而逐渐增长的，**尤其是内功，和普通的开发人员相差巨大。**

大牛们对底层的理解都相当深刻。深厚的内功知识又使得他们学习起新技术来非常快。举个例子，在初级开发人员眼里，可能Java的NIO和Golang的net包是两个完全不同的东西，所以学习起来需要分别花费不少精力。但在底层知识深厚的人眼里，它们两个只不过是对epoll的不同封装方式，就像只换了一身衣服，理解起来自然就轻松得多。

如此良性迭代下去，技术好的和普通的开发人员相比，整体技术水平差距越拉越大。普通开发人员越来越焦虑，甚至开始担心技术水平被刚毕业的年轻人赶超。

修炼内功的好处

内功，它不帮你掌握最新的开发语言，不教会你时髦的框架，也不会带你走进火热的人工智能，但是我相信它是你成为"大牛"的必经之路。我简单列一下修炼内功的好处。

1）**更顺利地通过大厂的面试**。大厂的面试对技术的考查比较底层，而网上的很多答案层次都还比较浅。拿三次握手举例，一般网上的答案只说到了初步的状态流转。其实三次握手中包含了非常多的关键技术点，比如全连接队列、半连接队列、防syn flood攻击、队列溢出丢包、超时重发等深层的知识。再拿epoll举例，如果你熟悉它的内部实现方式，理解它的红黑树和就绪队列，就知道它高性能的根本原因是让进程大部分时间都在处理用户工作，而不是频繁地切换上下文。如果你的内功能深入触达这些底层原理，一定会为你的面试加分不少。

2）**为性能优化提供充足的"弹药"**。目前大公司内部对于高级和高级以上工程师晋升时考核的重要指标之一就是性能优化。在对内核缺乏认识的时候，大家的优化方式一般都是盲人摸象式的，手段非常有限，做法很片面。当你对网络整体收发包的过程理解了以后，对网络在CPU、内存等方面的开销的理解将会很深刻。这会对你分析项目中的性能瓶颈所在提供极大的帮助，从而为你的项目性能优化提供充足的"弹药"。

3）**内功方面的技术生命周期长**。Linux 操作系统 1991 年就发布了，现在还是发展得如火如荼。对于作者 Linus，我觉得他也有年龄焦虑，但他可能焦虑的是找不到接班人。反观应用层的一些技术，尤其是很多的框架，生命周期能超过十年我就已经觉得它很牛了。如果你的精力全部押宝在这些生命周期很短的技术上，你说能不焦虑吗！所以我觉得戒掉浮躁，踏踏实实练好内功是你对抗焦虑的解药之一。

4）**内功深厚的人理解新技术非常快**。不用说业界的各位"大牛"了，就拿我自己来举两个小例子。我其实没怎么翻过Kafka的源码，但是当我研究完了内核是如何读取文件的、内核处理网络包的整体过程后，就"秒懂"了Kafka在网络这块为啥性能表现很突出了。还有，当我理解了epoll的内部实现以后，回头再看Golang的net包，才切切实实看懂了绝顶精妙的对网络IO的封装。所以你真的弄懂了Linux内核的话，再看应用层的各种新技术就犹如戴了透视镜一般，直接看到骨骼。

5）**内核提供了优秀系统设计的实例**。Linux作为一个经过千锤百炼的系统，其中蕴含了大量的世界顶级的设计和实现方案。平时我们在自己的业务开发中，在编码之前也需要先进行设计。比如我在刚工作的时候负责数据采集任务调度，其中的实现就部分参考了操作系统进程调度方案。再比如，如何在管理海量连接的情况下仍然能高效发现某一条连接上的IO事件，epoll内部的"红黑树 + 队列"组合可以给你提供一个很好的参考。这种例子还有很多很多。总之，如果能将 Linux 的某些优秀实现搬到你的系统中，会极大提升你的项目的实现水平。

时髦的东西终究会过时，但扎实的内功将会伴随你一生。只有具备了深厚的内功底蕴，你才能在发展的道路上走得更稳、走得更远。

为什么要写这本书

平时大家都是用各种语言进行业务逻辑的代码编写，无论你用的是PHP、Go，还是Java，都属于应用层的范畴。但是应用层是建立在物理层和内核层之上的。我把在应用层的技术能力称为外功，把 Linux 内核、设备物理结构方面的技术能力称为内功。前面已经说了，无论是在职业生涯的哪个阶段，扎实的内功都很重要。

那好，既然内功如此重要，那就找一些底层相关的资料加强学习就行了。但很遗憾，我觉得目前市面上的技术资料在内功方向上存在一些不足。

先说网上的技术文章。目前网上的技术文章、博客非常多。大家遇到问题往往先去搜一下。但是你有没有发现，网上入门级资料一搜一大把，而内功深厚、能深入底层原理的文章却十分匮乏。

比如，现在的互联网应用大部分都是通过TCP连接来工作的，那么**一台机器最多能撑多少个TCP 连接？**按道理说，整个业界都在讲高并发，这应该算是很入门的一个问题了。但当年我产生这个疑问的时候，在搜索引擎上搜了个遍也没找到令我满意的答案。后来我干脆自己动手，花了一个多月时间边做测试，边扒内核源码，才算是把问题彻底搞明白了。

再比如，大部分的开发人员都搞过网络相关的开发。那么**一个网络包是如何从网卡到达你的进程的？**这个问题表面上看起来简单，但实际上很多性能优化方案都和这个接收过程有关，能不能深度理解这个过程决定了你在网络性能上有多少优化措施可用。例如多队列网卡的优化方案是在硬中断这一步开始将工作分散在多个 CPU 核上，进而提升性能的。我几年前想把这个问题彻底搞清楚，几乎搜遍了互联网，翻遍了各种经典书都没能找到想要的答案。

还比如，网上搜到的三次握手的技术文章都是在说一些简单的内容，客户端如何发起 SYN 握手进入 SYN_SENT 状态，服务端响应SYN并回复 SYNACK，然后进入 SYN_

RECV……诸如此类。但实际上，**三次握手的过程执行了很多内核操作，比如客户端端口选择、重传定时器启动、半连接队列的添加和删除、全连接队列的添加和删除**。线上的很多问题都是因为三次握手中的某一个环节出问题导致的，能否深度理解这个过程直接决定你是否有在线上快速消灭或者避免此类问题的能力。网上能深入介绍三次握手的文章太少了。

你可能会说，网上的文章不足够好，不是还有好多经典书吗？首先我得说，计算机类的一些经典的书确实很不错，值得你去看，但是这里面存在几个问题。

一是底层的书都写得比较深奥难懂，你看起来需要花费大量的时间。假如你已经工作了，很难有这么大块的时间去啃。比如我刚开始深入探寻网络实现的时候，买来了《深入理解Linux内核》《深入理解Linux网络技术内幕》等几本书，利用工作之余断断续续花了将近一年时间才算理解了一个大概。

另外一个问题就是当你真正在工作中遇到一些困惑的时候，会发现很难有一本经典书能直接给你答案。比如在《深入理解 Linux 网络技术内幕》这本书里介绍了内核中各个组件，如网卡设备、邻居子系统、路由等，把相关源码都讲了一遍。但是看完之后我还是不清楚一个包到底是如何从网卡到应用程序的，一台服务器到底能支持多少个TCP连接。

还有个问题就是计算机技术不同于其他学科，除理论外对实践也有比较高的要求。如果只是停留在经典书里的理论阶段，实际上很多问题根本就不能理解到位。这些书往往又缺乏和实际工作相关的动手实验。比如对于一台服务器到底能支持多少个TCP连接这个问题，我自己就是在做了很多次的实验以后才算比较清晰地理解了。还有就是如果没有真正动过手，那你将来对线上的性能优化也就无从谈起了。

总的来说，看这些经典书不失为一个办法，但考量时间的花费和对工作问题的精准处理，我感觉效率比较低。所以鉴于此，我决定输出一些内容，也就有了这本书的问世。

创作思路

虽然底层的知识如此重要，但这类知识有个共同的特点就是很枯燥。那如何才能把枯燥的底层讲好呢？这个问题我思考过很多很多次。

2012年我在腾讯工作期间，在内部KM技术论坛上发表过一篇文章，叫作《Linux文件系统十问》（这篇文章现在在外网还能搜到，因为被搬运了很多次）。当时写作的背景是"老大"分配给我一个任务，把所有合作方提供的数据里的图片文件都下载并保存起来。我把在工作中产生的几个疑问进行了追根溯源，找到答案以后写成文章发表了出来。比如文件名到底存在了什么地方，一个空文件到底占不占用磁盘空间，Linux目录下子目录太多会有什么问题，等等。这篇文章发表出来以后，竟然在全腾讯公司内部传播开了，反响很大，最后成为了腾讯KM当年的年度热文。

为什么我的一篇简单的Linux文件系统的文章能得到这么强烈的回响？后来我在罗辑思维的一期节目里找到了答案。节目中说最好的学习方式就是你自己要产生一些问题，带着这些问题去知识的海洋里寻找答案，当答案找到的时候，也就是你真正掌握了这些知识的时候。经过这个过程掌握的知识是最深刻的，和你自身的融合程度也是最高的，能完全内化到你的能力体系中。

换到读者的角度来考虑也是一样的。其实读者并不是对底层知识感兴趣，而是对解决工作中的实际问题兴趣很大。这篇文章其实并不是在讲文件系统，而是在讲开发过程中可能会遇到的问题。我只是把文件系统知识当成工具，用它来解决掉这些实际问题而已。

所以我在本书的创作过程中，一直贯穿的是这个思路：**以和工作相关的实际的问题为核心。**

在每一章中，我并不会一开始就给你灌输软中断、epoll、socket 内核对象等内核网络模块的知识，我也觉得这些很乏味，而是每章先抛出几个和开发工作相关的实际问题，然后围绕这几个问题展开探寻。是的，我用的词不是"学习"，而是"探寻"。和学习相比，探寻更强调对要解惑的问题的好奇心，更有意思。

虽然本书中会涉及很多的源码，但这里先强调一下，这并不是一本源码解析的书。大家学习的真正目的是理解和解决项目实践相关的问题，进而提高驾驭手头工作的能力，而源码只是我们达成目的的工具和途径而已。

适用读者

本书并不是一本计算机网络的入门书，阅读本书需要你具备起码的计算机网络知识。它适合以下读者：

- 想通过提升自己的网络内功而进大厂的读者。

- 不满足于只学习网络协议，也想理解它是怎么实现的读者。

- 虽有几年开发工作经验，但对网络开销把握不准的开发人员。

- 想做网络性能优化，但没有成体系的理论指导的读者。

- 维护各种高并发服务器的运维人员。

其他说明

本书中的内容是在我的微信公众号"开发内功修炼"的部分内容的基础上，理顺了整体的框架结构整理而来的。欢迎大家关注我的微信公众号，及时阅读最新内容。另外，由于本人精力有限，书中内容难免会有疏漏。如您发现内容中有不正确的地方，欢迎到微信公众号后台或者联系本人微信批评指正，不胜感激！也欢迎大家加入我的微信交流群，互相学习、共同成长。个人微信账号为zhangyanfei748528。

致谢

本书能够得以问世，要感谢许多许多人。

首先要感谢的是我的微信公众号和知乎专栏里的粉丝们。我提笔写下第一篇文章的时候，是根本没敢想能够成体系出一本书的，是你们的认可和鼓励支持着我输出一篇又一篇的硬核技术文。现在回头一看，竟然攒了好几十篇。基于这些文章，将来再整理出一本书都是有可能的。而且很多读者技术也非常优秀，指出了我的文章中不少的瑕疵。飞哥在此对大家表示感谢！

接下来要感谢的是我的爱人，在我写作的过程中给了我很大的支持和鼓励，还帮我分担了很多遛娃、看娃的任务，让我能专心地投入到写作中来。写作要投入的精力是巨大的，如果缺少家人的支持，想完成一本书基本是不可能的。

感谢@巩鹏军、@彭东林、@孙国路、@王锦、@随行、@harrytc、@t涛、@point、@LJ、@WannaCry 等同学提出的非常棒的改进建议！

最后要感谢的是道然科技姚老师以及电子工业出版社的老师们，是你们帮我完成出书过程最后的"临门一脚"。

目　录
contents

第1章

绪论

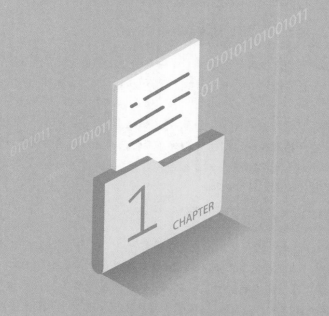

开篇先引用一段庖丁解牛里的典故。话说梁惠王因庖丁解牛的技术而惊叹，于是就问庖丁，文惠君曰："嘻，善哉！技盖至此乎？"意思是：你的技术怎么会高明到这种程度呢？

庖丁曰："始臣之解牛之时，所见无非牛者。三年之后，未尝见全牛也。"庖丁的回答意思是，我刚开始解牛时，对牛的结构还不了解，看见的无非就是整头的牛，但三年之后，我看见的再也不是整头的牛了，而是牛的内部筋骨肌理，所以技术越来越精进！

开发技术和解牛技术是相通的。在你对底层工作原理不清楚时，能看到的只是个整体。等到技术精进之后，你将能看到内核的筋骨肌理，各个模块是如何有机协作的。当你达到这个境界以后，技术能力也就变得更强了！

1.1　我在工作中的困惑

有人说，学习网络就是在学习各种协议，这种说法其实误导了很多的人。

提到计算机网络的知识点，你肯定首先想到的是OSI七层模型、IP、TCP、UDP、HTTP等。关于TCP，再多一点儿你也许会想到三次握手、四次挥手、滑动窗口、流量控制。关于HTTP协议，就是报文格式、GET/POST、状态码、Cookie/Session等。现在市面上与网络相关的书、课程也基本是以协议为主。协议相关的内容确实很重要，但是有了这些知识仍然不能帮我解决在工作实践中遇到的一些问题。

1.1.1　过多的TIME_WAIT

有一次我们的运维人员找过来，说某几台线上机器上出现了3万多个TIME_WAIT，说是不行了，应赶紧处理。后来他帮我们打开了 tcp_tw_reuse和tcp_tw_recycle，先把问题处理掉了。

虽然问题算是临时处理了，但是我的思考却没有停止，**一个TIME_WAIT状态的连接到底会有哪些开销？**是端口占用导致新连接无法建立？还是会过多消耗机器上的内存？3万条TIME_WAIT究竟该算是warning还是error？解决TIME_WAIT的更好的办法是什么？这些困惑激发了我强烈的好奇心。

1.1.2　长连接开销

另外一次是我们的业务人员要进行性能优化，为了节约频繁的握手、挥手开销，我们将访问MySQL和Redis等数据服务器时的短连接都改成了长连接。

那时我们公司还没有建立统一Redis平台，是业务人员自己维护了一组Redis服务器。当开启长连接后，一个Redis实例上最终出现了6000条TCP连接。当时我的内心是有点儿惶恐的，因为之前从来没试过这么高的并发数。虽然知道连接上大部分时间都是空闲的，但仍然担心这6000条即使是空闲的连接会不会把服务器搞坏。等上线以后观察一段时间发现没有太大问题才算是稍稍安心一些。

但到了MySQL上，就没那么顺利了。公司很早就提供了统一的MySQL平台。在平台上申请权限时需要为每一个IP填一个并发数，平台的负责人员来进行审批。因为当时使用的是php-fpm，没有连接池，所以我们有多少个 fpm进程，就得申请多大的并发数。我们当时申请了200个，然后工程部的同事就找过来了："你们这单机200个并发不行，太高了！"

我告诉他虽然我们申请了这么高的并发，但其实绝大部分时间连接上都是空闲的。又给他看了我们长连接下Redis的服务器状态，他最终勉强同意我们这么干。

在这个过程中，我发现了一个关键的问题，我当时其实吃不准**一条空闲的TCP连接到底有多大的开销**。我如果当时能把空闲TCP连接的CPU、内存开销都理解得很透彻，就没有上面这么多的瞎担心了。

把这个问题再拓展拓展，就整理出另外几个问题。

1) 一台服务器最多可以支撑多少条TCP连接？

我们假设所有的TCP连接都是空连接，那么一台服务器上最多可以支撑多少条TCP连接？你是否能有一个量化的估计？这个最大数字是受CPU配置的影响，还是受内存大小的限制？一台机器有可能支撑起100万条并发长连接吗？当理解了机器在极限情况下的表现，回头再看项目中的并发数，你就不会再有无谓的恐慌了。

2) 一台客户端最多可以支撑多少条TCP连接？

因为客户端和服务器不一样的地方在于，每次建立TCP连接请求时都会消耗一个端口，而这个端口在TCP协议中又是一个16位的整数（0~65 535），那么是否意味着客户端单机最多只能建立起65 535条连接？

3) 一条TCP连接需要消耗多大的内存？

相对前两个问题，这个问题更本质一些。对前面两个问题把握不准很大程度是因为不理解TCP连接的网络开销。我们可以还假设这条TCP连接是空连接，只是进行了三次握手，并没有产生真正的数据。好，请问一条TCP连接需要吃掉多少内存，是几KB，还是几十KB，还是几MB？

1.1.3 CPU被消耗光了

还有一次是我的一个线上CPU消耗过高的问题。事发在我们的一组云控接口，是用Nginx +Lua写的。正常情况下，单虚拟机8核8GB可以扛每秒2000左右的QPS，负载一直都比较健康。

但是该服务近期开始偶发一些500状态的请求了，监控时不时会出现报警。通过sar -u命令查看峰值时CPU余量只剩下20%~30%。但奇怪的是，负载竟然是比较正常的，当时的监控系统展示如图1.1所示。

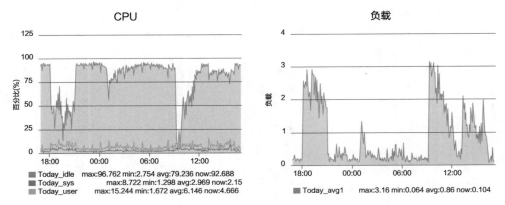

图1.1　CPU与负载监控

后来经过两天的排查发现，根本原因是在端口不充足的情况下，connect系统调用的CPU 消耗会大幅度增加。负载指的是就绪状态等待CPU调用的进程数量统计，而服务器上进程又不多，所以自然负载并不高。定位到问题，处理起来办法就多了。最后通过干掉一段不重要的业务逻辑解决了问题。

那为什么在端口不充足的情况下，connect系统调用的CPU消耗会大幅度增加，其根本原因是什么？我又陷入了深深的思考。

1.1.4　为什么不同的语言网络性能差别巨大

上一节提到我们的一个用Nginx +Lua写的服务，单虚拟机8核8GB可以扛每秒2000左右的QPS，负载还一直比较健康。但是我们的其他php-fpm的服务却远远到不了这个数，500 QPS都算是比较好的情况了。

那问题来了，为什么使用不同的语言网络性能差别有这么大，这底层的根本原因是什么？所以我接下来深入挖掘了同步阻塞网络IO，去分析阻塞在内核中的到底是一个什么样的操作，也深入分析了epoll的工作原理，终于彻底搞懂了多路复用之所以高性能的根本原因，也终于理解了为什么Redis可以做到每秒处理几万条的请求。

有了这些深度的理解，再看其他语言里的网络模型，例如Java的NIO、Golang的net包将更轻松。因为不同的语言，只是对内核提供的网络IO进行不同方式的封装而已，本质上都相差无几。

1.1.5　访问127.0.0.1过网卡吗

现在的互联网业务中，尤其是近期随着sidecar等模式的兴起，本机网络IO的应用也越来越广泛。那么问题来了，本机网络IO和跨机比起来，执行过程是怎样的？数据需要经过网卡吗？性能有没有那么一点点的优势？有的话，那是节约了哪一部分的开销呢？

网上还有文章建议把本机的网络通信中指定的本机IP都换成127.0.0.1，这样就能节约一些开销，从而提升性能。我对此感到好奇，这个说法靠谱吗？如果说它靠谱，那到底是节约了哪些开销？

1.1.6 软中断和硬中断

在内核的网络模块中，有两个很重要的组件，硬中断和软中断，软中断还分成了NET_RX（R指的是Receive）和NET_TX（T指的是Transmit）等几大类。从字面意思上来看，RX是接收，TX是发送。但是即使在收发差不多相同的服务器上 NET_RX也比NET_TX要大得多，对此我也是非常好奇。

```
$ cat /proc/softirqs
                CPU0            CPU1            CPU2            CPU3
        HI:        0               0               0               0
     TIMER: 1670794607       218940516      3765758957      3937988107
    NET_TX:    384508          285972          244566          258230
    NET_RX: 1591545176      1212716226      1017620906      1058380340
```

还有一次一位粉丝和我反馈，他执行了一次测试，调用send命令发送一个"Hello World"出去之后，NET_TX并没有增加。对于这个我更感觉诧异了。

类似的疑惑还有。我们在线上有一组服务器的网络IO比较高，在单任务队列的机器上，过多的软中断si（top命令里展示的软件中断CPU消耗占比）开销都打在一个核上了。所以我们决定开启多队列网卡优化调研，发现要想把软中断si开销分散到多个CPU核上，操作的却是硬中断号和CPU之间的绑定关系。这又是为什么？

在Linux上使用top等命令查看CPU开销时，展示结果中把总开销分成了 us、sy、hi、si等几项。其中us是花在用户空间的CPU占比，sy是内核空间占比，hi是硬件中断消耗占比，si是软件中断CPU占比。

1.1.7 零拷贝到底是怎么回事

很多性能优化方案里都会提到零拷贝。零拷贝到底是怎么回事，是真的没有数据的内存拷贝了？究竟是避免了哪步到哪步的拷贝操作？如果不了解数据在网络包收发时各个不同内核组件中的拷贝过程，对零拷贝根本理解不到本质上。

1.1.8 DPDK

老的还没学完，又有很多新技术出来了。比如DPDK究竟是什么，是否需要学习和使用它？其实理解不了这个新技术的根本原因可能是你对Linux内核工作原理不清楚。当你掌握了Linux内核的网络处理过程以后，回头再看DPDK这类Kernel-ByPass的技术，直接就可以大致理解了。

这些问题都是飞哥在工作中陆陆续续遇到的，都是和实践相关的。如果对于网络你只是学过协议，而不了解Linux内核的实现，对于这些问题其实是无能为力的。而且当我产生这些疑惑时，在网上进行了很多的搜索，但一直没有搜到能深入根本原因的结论。索性我就撸起袖子，通过挖掘内核源码，做测试，自己在实现层面把计算机网络扒了个遍。把这些问题彻底搞明白，也就形成了本书的内容。

1.2　本书内容结构

第1章　绪论

这一章分享了飞哥在工作的十多年中遇到的一些线上问题，以及由此带来的困惑和疑问。

第2章　内核是如何接收网络包的

在这一章中，深入分析了Linux网络接收包的过程。在这里，你将看到网卡、RingBuffer、硬中断、软中断等组件是如何紧密配合的，也将了解到发送过程是如何消耗CPU的，也会深刻理解为什么网卡开启多队列能提升网络性能。

第3章　内核是如何与用户进程协作的

在这一章中，将分析阻塞到底干了什么，为什么同步阻塞的网络IO模型性能比较差，还有epoll之所以高效的深层次原理。通过学习这一章你将能理解为什么Redis可以达到10万QPS的高性能。

第4章　内核是如何发送网络包的

在这一章，我们会看到为什么软中断中NET_RX要比NET_TX高得多，也能理解内核在发送网络包时都涉及哪些内存拷贝操作。理解了这个再来看Kafka里用到的零拷贝，就能很容易理解了。还能了解到在查看发送网络包的CPU消耗时，应该sy（CPU在内核空间的消耗占比）和si（CPU在软中断上的消耗占比）同时都看。

第5章　深度理解本机网络IO

现在本机网络IO用得也很多。那么本机网络IO过网卡吗？和外网网络通信相比，在内核收发流程上有什么差别？访问本机服务时，使用127.0.0.1能比使用本机IP（例如192.168.x.x）更快吗？这些问题你将在这一章看到清晰的讲解。

第6章　深度理解TCP连接建立过程

实际上内核实现的三次握手过程涉及很多关键操作，如半/全连接队列的创建与长度限制、客户端端口的选择、半连接队列的添加与删除、全连接队列的添加与删除，以及重传定时器的启动。在这章中，你将深入理解内核的这些底层工作。再遇到线上因三次握手而导致的问题时，相信你就能从容应对了。

第7章 一条TCP连接消耗多大内存

内核和应用程序一样，也是需要不停地申请和释放内存的。但和应用程序不同的是，内核使用一种叫作 SLAB 的方式来管理内存。在这一章中，你将理解这种内存分配方式，并通过源码解析以及slabtop等工具看到一条TCP状态的空连接是如何消耗内存的、消耗是多大。

第8章 一台机器最多能支持多少条TCP连接

在到处都在谈论高并发的今天，弄清楚一台机器最多能支持多少条TCP连接这个问题非常重要。不仅仅是服务端，在客户端最大能达到多少条TCP连接，如何突破65 535个端口号的束缚创建更多连接，都将在这一章中进行讨论。此外，这一章还分析了一个实际需求，做一个支持一亿个用户的长连接推送需要多少台机器。

第9章 网络性能优化建议

在这一章，将讨论一些网络开发时可用的优化手段。例如RingBuffer的扩容、多队列网卡的使用、配置充足的端口范围、使用零拷贝，等等。这一章还将讨论为什么DPDK等Kernel-ByPass之类的新技术性能会很不错。

第10章 容器网络虚拟化

现在越来越多的公司在线上生产环境中不再将服务部署到实体物理机或者KVM虚拟机上，而是部署到基于Docker的容器云上。这就对技术人员提出了新的挑战，你需要理解容器网络工作原理。如果理解不到位，很有可能你没有能力定位线上问题，也没有能力进行性能等方面的优化。这一章深入分析容器网络中的核心技术点——veth、namespace、bridge等技术。

1.3 一些约定

本书所使用的Linux源码版本是3.10，之所以采用这个版本是因为写作时我们公司线上Linux主要是基于3.10的。另外，如果涉及驱动程序（简称驱动），默认采用的都是Intel的igb网卡驱动。还有就是测试环境数据结果，如无特殊说明，也是在3.10的内核版本的服务器上做的。

关于B和b，B代表的是一个Byte（字节），而b代表的是一个bit（位）。在本书中，内存开销主要使用B作为单位。

关于K和k，分别代表1024和1000，这两个差别并不大，所以本书中有些地方是混着用了。

1.4 一些术语

在本书的内容中，会提到不少专业术语。在这里把一些关键术语都列出来，后面再出现时可能就提一下，不详细介绍了。

- hi：CPU开销中硬中断消耗的部分。
- si：CPU开销中软中断消耗的部分。
- skb：skb是struct sk_buff对象的简称。struct sk_buff是Linux网络模块中的核心结构体，各个层用到的数据包都是存在这个结构体里的。
- NAPI：Linux 2.5以后的内核引入的一种高效网卡数据处理的技术，先用中断唤醒内核接收数据，后续采用poll轮询从网卡设备获取数据，通过减少中断次数来提高内核处理网卡数据的效率。
- MSI/MSIx：MSI是Message Signal Interrupt的首字母缩写，是一种触发CPU中断的方式。

第2章

内核是如何接收网络包的

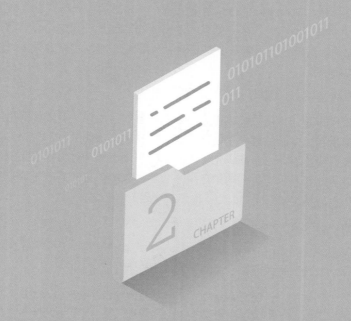

2.1 相关实际问题

在现在的互联网世界里，所有技术岗位的人员几乎都是天天和网络请求打交道。平时我们在做网络开发的时候，如果需要接收网络数据，只需要简单的几行代码就可以搞定。如果拿 C 语言来举例（ Java、Golang、PHP等其他语言也是类似的 ），一行 read函数调用代码就能接收来自对端的数据。

```
int main(){
  int sock = socket(AF_INET, SOCK_STREAM, 0);
  connect(sock, ...);
  read(sock, buffer, sizeof(buffer)-1);
  ......
}
```

从开发视角来看，只要客户端有对应的数据发送过来，服务端执行read后就能收到。那你是否深入思考过，在Linux下数据是如何从网卡一步步地到达你的进程里的，这中间都需要哪几个内核组件进行协同？这个问题看起来简单，但实际上隐藏了非常多的技术点。

1）RingBuffer到底是什么，RingBuffer为什么会丢包？

在网络性能相关的技术文章中经常能看到RingBuffer这一关键词。RingBuffer到底存在于哪一块，是如何被用到的，真的就只是一个环形的队列吗？在有的技术文章里指出RingBuffer内存是预先分配好的，还有的则说RingBuffer里使用的内存是随着网络包的收发而动态分配的。这两个说法哪一个是正确的？为什么RingBuffer会丢包，如果丢包了的话应该怎么去解决？

2）网络相关的硬中断、软中断都是什么？

有人说网卡是通过硬中断来通知CPU有新包到达的，又有人说网络里面还有个软中断。那硬中断和软中断的区别是什么，二者又是怎么协作的呢？另外，在很多性能优化的技术文章中会提到网卡中断绑定，不知道你有没有思考过为什么大部分文章中提到的都是操作硬中断号和CPU之间的绑定关系，但最终的效果却是软中断跟着一起调整了，软中断开销也被绑定到不同的CPU？你想过这是为什么吗？

3）Linux里的ksoftirqd内核线程是干什么的？

到服务器上执行"ps -ef | grep ksoftirqd"，看是不是有几个名字叫作"ksoftirqd/*"的内核线程。我把我手头虚拟机上的结果展示一下：

```
root         3     2  0 Jan04 ?        00:00:19 [ksoftirqd/0]
root        13     2  0 Jan04 ?        00:00:47 [ksoftirqd/1]
root        18     2  0 Jan04 ?        00:00:10 [ksoftirqd/2]
root        23     2  0 Jan04 ?        00:00:51 [ksoftirqd/3]
```

你知道这几个内核线程是做什么用的吗？你的机器上有几个？为什么有这么多？它们和软中断又是什么关系？

4）为什么网卡开启多队列能提升网络性能？

相信不少读者在关注网络性能优化时听说过用多队列网卡来提升网络性能，但是你是否清楚这一性能优化方案的基本原理是什么？理解了原理你也就能知道什么时候该动用这个方法，用的话开到几个队列合适。

5）tcpdump是如何工作的？

我们平时工作中经常会用到tcpdump，但你知道它是如何工作，如何和内核进行配合的吗？

6）iptable/netfilter是在哪一层实现的？

在网络包的收发过程中，我们可以通过iptable/netfilter配置一些规则来进行包的过滤。那么你知道它工作在内核中的哪一层吗？

7）tcpdump能否抓到被iptable封禁的包？

如果某些数据包被iptable封禁，是否可以通过tcpdump抓到？

8）网络接收过程中的CPU开销如何查看？

在网络接收过程中，CPU是如何被消耗的？CPU中的si、sy开销究竟是什么含义？

9）DPDK是什么神器？

老的还没学完，又有很多新技术出来了，比如DPDK究竟是什么，是否需要学习和使用它。其实，你理解不了这个新技术的根本原因可能是你对Linux内核的工作原理不清楚。当你掌握了Linux内核的网络处理过程后，回头再看DPDK这类Kernel-ByPass的技术，直接就有四五成的把握了。

可以看到，上面几个问题总体来说都和底层相关。我们为什么要了解这么底层呢？如果你负责的应用不是高并发的，流量也不大，确实没必要往下看。但是对于今天的互联网公司，由于我国人口基数大，几乎随便一个二线App都需要为百万、千万甚至上亿数量级的用户提供稳定的服务。深入理解Linux系统内部是如何实现的，以及各个部分之间是如何交互的，对你进行线上问题的处理、性能分析和优化将会有非常大的帮助。

带着这些疑问，让我们开始进入网络包接收过程的探寻之旅吧！

2.2　数据是如何从网卡到协议栈的

我们在应用层执行read调用后就能很方便地接收到来自网络的另一端发送过来的数据，其实在这一行代码下隐藏着非常多的内核组件细节工作。在本节中，将详细讲解包是如何从网卡跑到协议栈的。另外说明一下，本节提及的网卡驱动以Intel的igb网卡为例，其他类型的网卡工作过程类似。

2.2.1　Linux网络收包总览

在TCP/IP网络分层模型里，整个协议栈被分成了物理层、链路层、网络层、传输层和应用层。应用层对应的是我们常见的Nginx、FTP等各种应用，也包括我们写的各种服务端程序。Linux内核以及网卡驱动主要实现链路层、网络层和传输层这三层上的功能，内核为更上面的应用层提供socket接口来支持用户进程访问。以Linux的视角看到的TCP/IP网络分层模型应该是图2.1这样的。

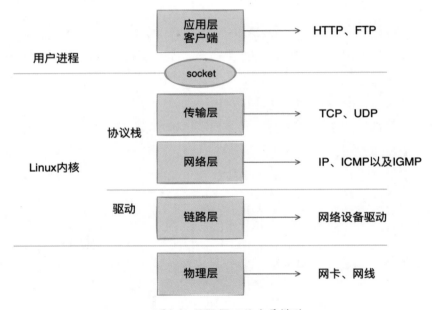

图2.1　TCP/IP网络分层模型

在Linux的源码中，网络设备驱动对应的逻辑位于driver/net/ethernet，其中Intel系列网卡的驱动在driver/net/ethernet/intel目录下，协议栈模块代码位于kernel和net目录下。

内核和网络设备驱动是通过中断的方式来处理的。当设备上有数据到达时，会给CPU的相关引脚触发一个电压变化，以通知CPU来处理数据。对于网络模块来说，由于处理过程比较复杂和耗时，如果在中断函数中完成所有的处理，将会导致中断处理函数（优先级过高）过度占用CPU，使得CPU无法响应其他设备，例如鼠标和键盘的消息。因此Linux中断处理函数是分上半部和下半部的。上半部只进行最简单的工作，快速处理然后释放CPU，接着CPU就可以允许其他中断进来。将剩下的绝大部分的工作都放到下半部，可以慢慢、从容处理。2.4以后的Linux内核版本采用的下半部实现方式是软中断，由ksoftirqd内核线程全权处理。硬中断是通过给CPU物理引脚施加电压变化实现的，而软中断是通过给内存中的一个变量赋予二进制值以标记有软中断发生。

好了，大概了解了网卡驱动、硬中断、软中断和ksoftirqd线程之后，在这几个概念的基础上给出一个内核收包的路径示意图，如图2.2所示。

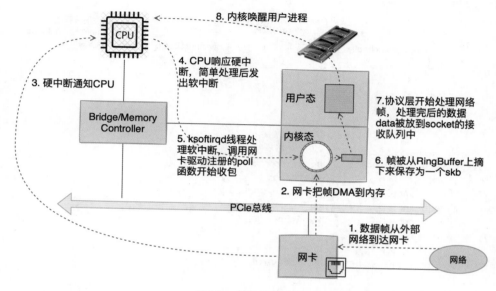

图2.2　内核收包路径

当网卡收到数据以后，以DMA的方式把网卡收到的帧写到内存里，再向CPU发起一个中断，以通知CPU有数据到达。当CPU收到中断请求后，会去调用网络设备驱动注册的中断处理函数。网卡的中断处理函数并不做过多工作，发出软中断请求，然后尽快释放CPU资源。ksoftirqd内核线程检测到有软中断请求到达，调用poll开始轮询收包，收到后交由各级协议栈处理。对于TCP包来说，会被放到用户socket的接收队列中。

相信读者通过图2.2已经能够从整体上把握Linux对数据包的处理过程，但是要想了解更多网络模块工作的细节，还得往下看。

2.2.2　Linux启动

Linux驱动、内核协议栈等模块在能够接收网卡数据包之前，要做很多的准备工作才行。比如要提前创建好ksoftirqd内核线程，要注册好各个协议对应的处理函数，网卡设备子系统要提前初始化好，网卡要启动好。只有这些都准备好后，我们才能真正开始接收数据包。那么我们现在来看看这些准备工作都是怎么做的。

创建ksoftirqd内核线程

Linux的软中断都是在专门的内核线程（ksoftirqd）中进行的，因此我们非常有必要看一下这些线程是怎么初始化的，这样才能在后面更准确地了解收包过程。该线程数量不是1个，而是N个，其中N等于你的机器的核数。

　　系统初始化的时候会执行到spawn_ksoftirqd（位于kernel/softirq.c）来创建出softirqd线程，执行过程如图2.3。

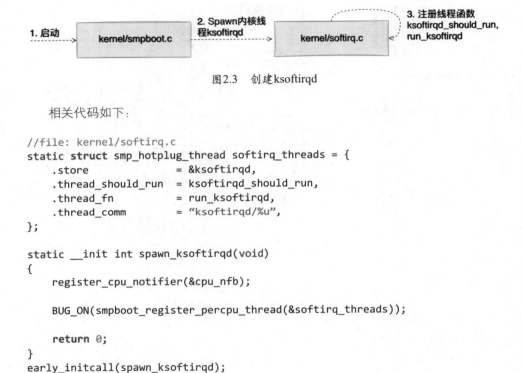

图2.3　创建ksoftirqd

　　相关代码如下：

```
//file: kernel/softirq.c
static struct smp_hotplug_thread softirq_threads = {
    .store              = &ksoftirqd,
    .thread_should_run  = ksoftirqd_should_run,
    .thread_fn          = run_ksoftirqd,
    .thread_comm        = "ksoftirqd/%u",
};

static __init int spawn_ksoftirqd(void)
{
    register_cpu_notifier(&cpu_nfb);

    BUG_ON(smpboot_register_percpu_thread(&softirq_threads));

    return 0;
}
early_initcall(spawn_ksoftirqd);
```

　　当ksoftirqd被创建出来以后，它就会进入自己的线程循环函数ksoftirqd_should_run和run_ksoftirqd了。接下来判断有没有软中断需要处理。这里需要注意的一点是，软中断不仅有网络软中断，还有其他类型。Linux内核在interrupt.h中定义了所有的软中断类型，如下所示：

```
//file: include/linux/interrupt.h
enum
{
    HI_SOFTIRQ=0,
    TIMER_SOFTIRQ,
    NET_TX_SOFTIRQ,
    NET_RX_SOFTIRQ,
    BLOCK_SOFTIRQ,
    BLOCK_IOPOLL_SOFTIRQ,
```

```
    TASKLET_SOFTIRQ,
    SCHED_SOFTIRQ,
    HRTIMER_SOFTIRQ,
    RCU_SOFTIRQ,
    NR_SOFTIRQS
};
```

网络子系统初始化

在网络子系统的初始化过程中，会为每个CPU初始化softnet_data，也会为RX_SOFTIRQ和TX_SOFTIRQ注册处理函数，流程如图2.4所示。

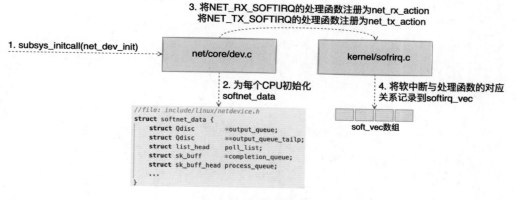

图2.4　网络子系统初始化

Linux内核通过调用subsys_initcall来初始化各个子系统，在源代码目录里你可以用grep命令搜索出许多对这个函数的调用。这里要说的是网络子系统的初始化，会执行net_dev_init函数。

```
//file: net/core/dev.c
static int __init net_dev_init(void)
{
    ......

    for_each_possible_cpu(i) {
        struct softnet_data *sd = &per_cpu(softnet_data, i);

        memset(sd, 0, sizeof(*sd));
        skb_queue_head_init(&sd->input_pkt_queue);
        skb_queue_head_init(&sd->process_queue);
        sd->completion_queue = NULL;
        INIT_LIST_HEAD(&sd->poll_list);
```

```
        ......
    }

    ......

    open_softirq(NET_TX_SOFTIRQ, net_tx_action);
    open_softirq(NET_RX_SOFTIRQ, net_rx_action);
}
subsys_initcall(net_dev_init);
```

在这个函数里，会为每个CPU都申请一个softnet_data数据结构，这个数据结构里的poll_list用于等待驱动程序将其 poll函数注册进来，稍后网卡驱动程序初始化的时候可以看到这一过程。

另外，open_softirq为每一种软中断都注册一个处理函数。NET_TX_SOFTIRQ的处理函数为net_tx_action，NET_RX_SOFTIRQ的处理函数为net_rx_action。继续跟踪open_softirq后发现这个注册的方式是记录在softirq_vec变量里的。后面ksoftirqd线程收到软中断的时候，也会使用这个变量来找到每一种软中断对应的处理函数。

```
//file: kernel/softirq.c
void open_softirq(int nr, void (*action)(struct softirq_action *))
{
    softirq_vec[nr].action = action;
}
```

协议栈注册

内核实现了网络层的IP协议，也实现了传输层的TCP协议和UDP协议。这些协议对应的实现函数分别是ip_rcv()、tcp_v4_rcv()和udp_rcv()。和平时写代码的方式不一样的是，内核是通过注册的方式来实现的。Linux内核中的fs_initcall和subsys_initcall类似，也是初始化模块的入口。fs_initcall调用inet_init后开始网络协议栈注册，通过inet_init，将这些函数注册到inet_protos和ptype_base数据结构中，如图2.5所示。

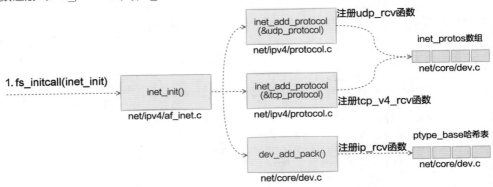

图2.5　协议栈注册

相关代码如下。

```
//file: net/ipv4/af_inet.c
static struct packet_type ip_packet_type __read_mostly = {
    .type = cpu_to_be16(ETH_P_IP),
    .func = ip_rcv,
};

static const struct net_protocol udp_protocol = {
    .handler =  udp_rcv,
    .err_handler =  udp_err,
    .no_policy =    1,
    .netns_ok = 1,
};

static const struct net_protocol tcp_protocol = {
    .early_demux    =   tcp_v4_early_demux,
    .handler    =   tcp_v4_rcv,
    .err_handler    =   tcp_v4_err,
    .no_policy  =   1,
    .netns_ok   =   1,
};

static int __init inet_init(void)
{
    ......

    if (inet_add_protocol(&icmp_protocol, IPPROTO_ICMP) < 0)
        pr_crit("%s: Cannot add ICMP protocol\n", __func__);
    if (inet_add_protocol(&udp_protocol, IPPROTO_UDP) < 0)
        pr_crit("%s: Cannot add UDP protocol\n", __func__);
    if (inet_add_protocol(&tcp_protocol, IPPROTO_TCP) < 0)
        pr_crit("%s: Cannot add TCP protocol\n", __func__);

    ......

    dev_add_pack(&ip_packet_type);
}
```

从上面的代码中可以看到，udp_protocol结构体中的handler是udp_rcv，tcp_protocol结构体中的handler是tcp_v4_rcv，它们通过inet_add_protocol函数被初始化进来。

```
//file: net/ipv4/protocol.c
int inet_add_protocol(const struct net_protocol *prot, unsigned char protocol)
{
    if (!prot->netns_ok) {
        pr_err("Protocol %u is not namespace aware, cannot register.\n",
            protocol);
        return -EINVAL;
```

```
    }

    return !cmpxchg((const struct net_protocol **)&inet_protos[protocol],
            NULL, prot) ? 0 : -1;
}
```

inet_add_protocol函数将TCP和UDP对应的处理函数都注册到inet_protos数组中了。
再看 "dev_add_pack(&ip_packet_type);" 这一行，ip_packet_type结构体中的type是协议
名，func是ip_rcv函数，它们在dev_add_pack中会被注册到ptype_base 哈希表中。

```
//file: net/core/dev.c
void dev_add_pack(struct packet_type *pt)
{
    struct list_head *head = ptype_head(pt);
    ......
}

static inline struct list_head *ptype_head(const struct packet_type *pt)
{
    if (pt->type == htons(ETH_P_ALL))
        return &ptype_all;
    else
        return &ptype_base[ntohs(pt->type) & PTYPE_HASH_MASK];
}
```

这里需要记住inet_protos记录着UDP、TCP的处理函数地址，ptype_base存储着ip_
rcv()函数的处理地址。后面将讲到软中断中会通过ptype_base找到ip_rcv函数地址，进而
将IP包正确地送到ip_rcv()中执行。在ip_rcv中将会通过inet_protos找到TCP或者UDP的处理
函数，再把包转发给udp_rcv()或tcp_v4_rcv()函数。建议大家好好读一读inet_init这个函数
的代码。

扩展一下，如果看一下ip_rcv和udp_rcv等函数的代码，能看到很多协议的处理过
程。例如，ip_rcv中会处理iptable netfilter过滤，udp_rcv中会判断socket接收队列是否满
了，对应的相关内核参数是net.core.rmem_max和net.core.rmem_default。

网卡驱动初始化

每一个驱动程序（不仅仅包括网卡驱动程序）会使用module_init向内核注册一个初
始化函数，当驱动程序被加载时，内核会调用这个函数。比如igb网卡驱动程序的代码位
于drivers/net/ethernet/intel/igb/igb_main.c中。

```
//file: drivers/net/ethernet/intel/igb/igb_main.c
static struct pci_driver igb_driver = {
    .name       = igb_driver_name,
```

```
    .id_table = igb_pci_tbl,
    .probe    = igb_probe,
    .remove   = igb_remove,
    ......
};

static int __init igb_init_module(void)
{
    ......
    ret = pci_register_driver(&igb_driver);
    return ret;
}
```

驱动的pci_register_driver调用完成后，Linux内核就知道了该驱动的相关信息，比如igb网卡驱动的igb_driver_name和igb_probe函数地址，等等。当网卡设备被识别以后，内核会调用其驱动的probe方法（igb_driver的probe方法是igb_probe）。驱动的probe方法执行的目的就是让设备处于ready状态。对于igb网卡，其igb_probe位于drivers/net/ethernet/intel/igb/igb_main.c下。函数igb_probe主要执行的操作如图2.6所示。

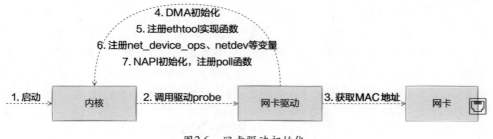

图2.6　网卡驱动初始化

可以看到在第5步中，网卡驱动实现了ethtool所需要的接口，也在这里完成函数地址的注册。当ethtool发起一个系统调用之后，内核会找到对应操作的回调函数。对于igb网卡来说，其实现函数都在drivers/net/ethernet/intel/igb/igb_ethtool.c下。你这次能彻底理解ethtool的工作原理了吧？ 这个命令之所以能查看网卡收发包统计、能修改网卡自适应模式、能调整RX队列的数量和大小，是因为ethtool命令最终调用到了网卡驱动的相应方法，而不是ethtool本身有这个超能力。

第 6 步注册net_device_ops用的是igb_netdev_ops变量，其中包含了igb_open，该函数在网卡被启动的时候会被调用。

```
//file: drivers/net/ethernet/intel/igb/igb_main.c
static const struct net_device_ops igb_netdev_ops = {
  .ndo_open               = igb_open,
  .ndo_stop               = igb_close,
  .ndo_start_xmit         = igb_xmit_frame,
  .ndo_get_stats64        = igb_get_stats64,
  .ndo_set_rx_mode        = igb_set_rx_mode,
  .ndo_set_mac_address    = igb_set_mac,
  .ndo_change_mtu         = igb_change_mtu,
  .ndo_do_ioctl           = igb_ioctl,......
```

第7步在igb_probe初始化过程中，还调用到了igb_alloc_q_vector。它注册了一个NAPI机制必需的poll函数，对于igb网卡驱动来说，这个函数就是igb_poll，代码如下所示。

```
//file: drivers/net/ethernet/intel/igb/igb_main.c
static int igb_alloc_q_vector(...)
{
    ......
    /* initialize NAPI */
    netif_napi_add(adapter->netdev, &q_vector->napi,
            igb_poll, 64);
}
```

启动网卡

当上面的初始化都完成以后，就可以启动网卡了。回忆前面网卡驱动初始化时，曾提到了驱动向内核注册了struct net_device_ops变量，它包含着网卡启用、发包、设置MAC地址等回调函数（函数指针）。当启用一个网卡时（例如，通过ifconfig eth0 up），net_device_ops变量中定义的ndo_open方法会被调用。这是一个函数指针，对于igb网卡来说，该指针指向的是igb_open方法。它通常会做如图2.7 所示的事情。

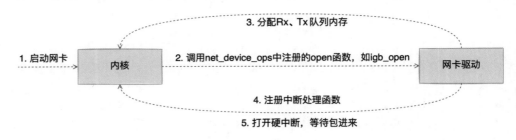

图2.7　启动网卡的过程

下面来看看源码。

```
//file: drivers/net/ethernet/intel/igb/igb_main.c
static int __igb_open(struct net_device *netdev, bool resuming)
```

```
{
    // 分配传输描述符数组
    err = igb_setup_all_tx_resources(adapter);

    // 分配接收描述符数组
    err = igb_setup_all_rx_resources(adapter);

    // 注册中断处理函数
    err = igb_request_irq(adapter);
    if (err)
        goto err_req_irq;

    // 启用NAPI
    for (i = 0; i < adapter->num_q_vectors; i++)
        napi_enable(&(adapter->q_vector[i]->napi));

    ......
}
```

以上代码中，_igb_open函数调用了igb_setup_all_tx_resources和igb_setup_all_rx_resources。在调用igb_setup_all_rx_resources这一步操作中，分配了RingBuffer，并建立内存和Rx队列的映射关系。（Rx和Tx队列的数量和大小可以通过ethtool进行配置。）

```
//file: drivers/net/ethernet/intel/igb/igb_main.c
static int igb_setup_all_rx_resources(struct igb_adapter *adapter)
{
    ...
    for (i = 0; i < adapter->num_rx_queues; i++) {
        err = igb_setup_rx_resources(adapter->rx_ring[i]);
        ...
    }
    return err;
}
```

在上面的源码中，通过循环创建了若干个接收队列，如图2.8所示。

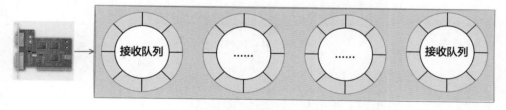

图2.8 接收队列

再来看看每一个队列是如何创建出来的。

```
//file: drivers/net/ethernet/intel/igb/igb_main.c
int igb_setup_rx_resources(struct igb_ring *tx_ring)
{
    //1. 申请 igb_rx_buffer 数组内存
    size = sizeof(struct igb_rx_buffer) * rx_ring->count;
    rx_ring->rx_buffer_info = vzalloc(size);

    //2. 申请 e1000_adv_rx_desc DMA 数组内存
    rx_ring->size = rx_ring->count * sizeof(union e1000_adv_rx_desc);
    rx_ring->size = ALIGN(rx_ring->size, 4096);
    rx_ring->desc = dma_alloc_coherent(dev, rx_ring->size,
                        &rx_ring->dma, GFP_KERNEL);

    //3.初始化队列成员
    rx_ring->next_to_alloc = 0;
    rx_ring->next_to_clean = 0;
    rx_ring->next_to_use = 0;

    return 0;
}
```

从上述源码可以看到，实际上一个RingBuffer的内部不是仅有一个环形队列数组，而是有两个，如图2.9所示。

1）**igb_rx_buffer数组**：这个数组是内核使用的，通过vzalloc申请的。

2）**e1000_adv_rx_desc数组**：这个数组是网卡硬件使用的，通过dma_alloc_coherent分配。

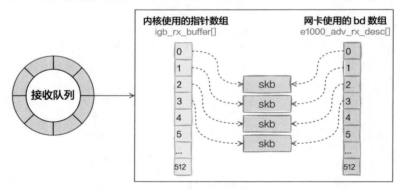

图2.9 接收队列内部

再接着看中断函数是如何注册的，注册过程见igb_request_irq。

```
//file: drivers/net/ethernet/intel/igb/igb_main.c
static int igb_request_irq(struct igb_adapter *adapter)
{
    if (adapter->msix_entries) {
        err = igb_request_msix(adapter);
        if (!err)
```

```
            goto request_done;
        ......
    }
}

static int igb_request_msix(struct igb_adapter *adapter)
{
    ......
    for (i = 0; i < adapter->num_q_vectors; i++) {
        ......
        err = request_irq(adapter->msix_entries[vector].vector,
                igb_msix_ring, 0, q_vector->name,
    }
```

在上面的代码中跟踪函数调用，调用顺序为__igb_open => igb_request_irq => igb_request_msix。在igb_request_msix中可以看到，对于多队列的网卡，为每一个队列都注册了中断，其对应的中断处理函数是igb_msix_ring（该函数也在drivers/net/ethernet/intel/igb/igb_main.c 下）。还可以看到，在msix方式下，每个RX 队列有独立的MSI-X中断，从网卡硬件中断的层面就可以设置让收到的包被不同的CPU处理。（可以通过 irqbalance，或者修改 /proc/irq/IRQ_NUMBER/smp_affinity，从而修改和CPU的绑定行为。）

当做好以上准备工作以后，就可以开门迎客（接收数据包）了!

2.2.3　迎接数据的到来

硬中断处理

首先，当数据帧从网线到达网卡上的时候，第一站是网卡的接收队列。网卡在分配给自己的RingBuffer中寻找可用的内存位置，找到后DMA引擎会把数据DMA到网卡之前关联的内存里，到这个时候CPU都是无感的。当DMA操作完成以后，网卡会向CPU发起一个硬中断，通知CPU有数据到达。硬中断的处理过程如图2.10所示。

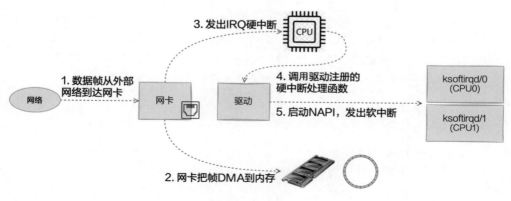

图2.10　硬中断处理

> ★
> 注
> 意
>
> 当RingBuffer满的时候，新来的数据包将被丢弃。使用ifconfig命令查看网卡的时候，可以看到里面有个overruns，表示因为环形队列满被丢弃的包数。如果发现有丢包，可能需要通过ethtool命令来加大环形队列的长度。

在前面的"启动网卡"部分，讲到了网卡的硬中断注册的处理函数是igb_msix_ring。

```c
//file: drivers/net/ethernet/intel/igb/igb_main.c
static irqreturn_t igb_msix_ring(int irq, void *data)
{
    struct igb_q_vector *q_vector = data;

    /* Write the ITR value calculated from the previous interrupt. */
    igb_write_itr(q_vector);

    napi_schedule(&q_vector->napi);

    return IRQ_HANDLED;
}
```

其中的igb_write_itr只记录硬件中断频率（据说是在减少对CPU的中断频率时用到）。顺着napi_schedule调用一路跟踪下去，调用顺序为__napi_schedule => ____napi_schedule。

```c
//file: net/core/dev.c
static inline void ____napi_schedule(struct softnet_data *sd,
                    struct napi_struct *napi)
{
    list_add_tail(&napi->poll_list, &sd->poll_list);
    __raise_softirq_irqoff(NET_RX_SOFTIRQ);
}
```

这里可以看到，list_add_tail修改了Per-CPU变量softnet_data里的poll_list，将驱动napi_struct传过来的poll_list添加了进来。softnet_data中的poll_list是一个双向列表，其中的设备都带有输入帧等着被处理。紧接着__raise_softirq_irqoff触发了一个软中断NET_RX_SOFTIRQ，这个所谓的触发过程只是对一个变量进行了一次或运算而已。

```c
//file:kernel/softirq.c
void __raise_softirq_irqoff(unsigned int nr)
{
    trace_softirq_raise(nr);
    or_softirq_pending(1UL << nr);
}
//file: include/linux/interrupt.h
```

```
#define or_softirq_pending(x)  (local_softirq_pending() |= (x))

//file: include/linux/irq_cpustat.h
#define local_softirq_pending() \
    __IRQ_STAT(smp_processor_id(), __softirq_pending)
```

之前讲过，Linux在硬中断里只完成简单必要的工作，剩下的大部分的处理都是转交给软中断的。通过以上代码可以看到，硬中断处理过程真的非常短，只是记录了一个寄存器，修改了一下CPU的poll_list，然后发出一个软中断。就这么简单，硬中断的工作就算是完成了。

ksoftirqd内核线程处理软中断

网络包的接收处理过程主要都在ksoftirqd内核线程中完成，软中断都是在这里处理的，流程如图2.11所示。

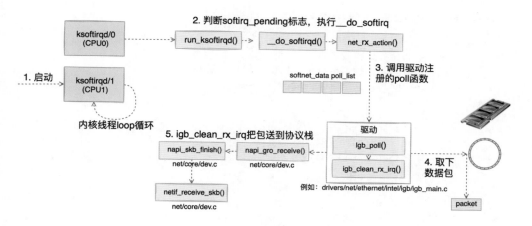

图2.11　软中断处理

前文介绍内核线程初始化的时候，曾介绍了ksoftirqd中两个线程函数ksoftirqd_should_run和run_ksoftirqd。其中ksoftirqd_should_run函数的代码如下：

```
//file: kernel/softirq.c
static int ksoftirqd_should_run(unsigned int cpu)
{
    return local_softirq_pending();
}
#define local_softirq_pending() \
    __IRQ_STAT(smp_processor_id(), __softirq_pending)
```

从以上代码可以看到，此函数和硬中断中调用了同一个函数local_softirq_pending。使用方式的不同之处在于，在硬中断处理中是为了写入标记，这里只是读取。如果硬中断中设置了NET_RX_SOFTIRQ，这里自然能读取到。接下来会真正进入内核线程处理函数run_ksoftirqd进行处理：

```
//file: kernel/softirq.c
static void run_ksoftirqd(unsigned int cpu)
{
    local_irq_disable();
    if (local_softirq_pending()) {
        __do_softirq();
        ...
    }
    local_irq_enable();
}
```

在__do_softirq中，判断根据当前CPU的软中断类型，调用其注册的action方法。

```
asmlinkage void __do_softirq(void)
{
    do {
        if (pending & 1) {
            unsigned int vec_nr = h - softirq_vec;
            int prev_count = preempt_count();

            ...
            trace_softirq_entry(vec_nr);
            h->action(h);
            trace_softirq_exit(vec_nr);
            ...
        }
        h++;
        pending >>= 1;
    } while (pending);
}
```

这里需要注意一个细节，硬中断中的设置软中断标记，和ksoftirqd中的判断是否有软中断到达，都是基于smp_processor_id()的。这意味着**只要硬中断在哪个CPU上被响应，那么软中断也是在这个CPU上处理的**。所以说，如果你发现Linux软中断的CPU消耗都集中在一个核上，正确的做法应该是调整硬中断的CPU亲和性，将硬中断打散到不同的CPU核上去。看到这里大家也就弄清楚了本章开篇处提到的第二个疑惑。

我们再来把精力集中到这个核心函数net_rx_action上来。

```
//file:net/core/dev.c
static void net_rx_action(struct softirq_action *h)
{
    struct softnet_data *sd = &__get_cpu_var(softnet_data);
    unsigned long time_limit = jiffies + 2;
```

```
    int budget = netdev_budget;
    void *have;

    local_irq_disable();

    while (!list_empty(&sd->poll_list)) {
        ......
        n = list_first_entry(&sd->poll_list, struct napi_struct, poll_list);

        work = 0;
        if (test_bit(NAPI_STATE_SCHED, &n->state)) {
            work = n->poll(n, weight);
            trace_napi_poll(n);
        }

        budget -= work;
        ...
    }
}
```

有人问在硬中断中将设备添加到poll_list，会不会重复添加呢？答案是不会的，在软中断处理函数net_rx_action这里，一进来就调用local_irq_disable把当前CPU的硬中断关了，不会给硬中断重复添加poll_list的机会。硬中断的处理函数本身也有类似的判断机制，打磨了几十年的内核在细节考虑上还是很完善的。

函数开头的time_limit和budget是用来控制net_rx_action函数主动退出的，目的是保证网络包的接收不霸占CPU不放，等下次网卡再有硬中断过来的时候再处理剩下的接收数据包。其中budget可以通过内核参数调整。这个函数中剩下的核心逻辑是获取当前CPU变量softnet_data，对其poll_list进行遍历，然后执行到网卡驱动注册到的poll函数。对于igb网卡来说，就是igb驱动里的igb_poll函数。

```
//file: drivers/net/ethernet/intel/igb/igb_main.c
static int igb_poll(struct napi_struct *napi, int budget)
{
    ...
    if (q_vector->tx.ring)
        clean_complete = igb_clean_tx_irq(q_vector);

    if (q_vector->rx.ring)
        clean_complete &= igb_clean_rx_irq(q_vector, budget);
    ...
}
```

在读取操作中，igb_poll的重点工作是对igb_clean_rx_irq的调用。

```
//file: drivers/net/ethernet/intel/igb/igb_main.c
static bool igb_clean_rx_irq(struct igb_q_vector *q_vector, const int budget){
    ...
```

```
        do {
                /* retrieve a buffer from the ring */
                skb = igb_fetch_rx_buffer(rx_ring, rx_desc, skb);

                /* fetch next buffer in frame if non-eop */
                if (igb_is_non_eop(rx_ring, rx_desc))
                        continue;
                }

                /* verify the packet layout is correct */
                if (igb_cleanup_headers(rx_ring, rx_desc, skb)) {
                        skb = NULL;
                        continue;
                }

                /* populate checksum, timestamp, VLAN, and protocol */
                igb_process_skb_fields(rx_ring, rx_desc, skb);

                napi_gro_receive(&q_vector->napi, skb);
                ...
        } while (likely(total_packets < budget));
}
```

igb_fetch_rx_buffer和igb_is_non_eop的作用就是把数据帧从 RingBuffer取下来。

skb被从RingBuffer取下来以后，会通过igb_alloc_rx_buffers申请新的skb再重新挂上去。所以不要担心后面新包到来的时候没有 skb 可用。

为什么需要两个函数呢？因为有可能数据帧要占多个RingBuffer，所以是在一个循环中获取的，直到帧尾部。获取的一个数据帧用一个sk_buff 来表示。收取完数据后，对其进行一些校验，然后开始设置skb变量的timestamp、VLAN id、protocol等字段。接下来进入napi_gro_receive函数。

```
//file: net/core/dev.c
gro_result_t napi_gro_receive(struct napi_struct *napi, struct sk_buff *skb)
{
    skb_gro_reset_offset(skb);
    return napi_skb_finish(dev_gro_receive(napi, skb), skb);
}
```

dev_gro_receive这个函数代表的是网卡GRO特性，可以简单理解成把相关的小包合并成一个大包，目的是减少传送给网络栈的包数，这有助于减少对CPU的使用量。暂且忽略这些，直接看napi_skb_finish，这个函数主要就是调用了netif_receive_skb。

```
//file: net/core/dev.c
static gro_result_t napi_skb_finish(gro_result_t ret, struct sk_buff *skb)
{
    switch (ret) {
```

```
case GRO_NORMAL:
    if (netif_receive_skb(skb))
        ret = GRO_DROP;
    break;
......
}
```

在netif_receive_skb中，数据包将被送到协议栈中。

网络协议栈处理

netif_receive_skb函数会根据包的协议进行处理，假如是UDP包，将包依次送到 ip_rcv、udp_rcv等协议处理函数中进行处理，如图2.12 所示。

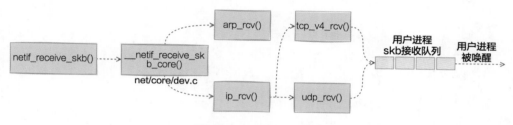

图2.12　网络协议栈处理

```
//file: net/core/dev.c
int netif_receive_skb(struct sk_buff *skb)
{
    // RPS处理逻辑，先忽略
    ......

    return __netif_receive_skb(skb);
}

static int __netif_receive_skb(struct sk_buff *skb)
{
    ......
    ret = __netif_receive_skb_core(skb, false);
}

static int __netif_receive_skb_core(struct sk_buff *skb, bool pfmemalloc)
{
    ......
    // pcap逻辑，这里会将数据送入抓包点。tcpdump就是从这个入口获取包的
    list_for_each_entry_rcu(ptype, &ptype_all, list) {
        if (!ptype->dev || ptype->dev == skb->dev) {
            if (pt_prev)
                ret = deliver_skb(skb, pt_prev, orig_dev);
            pt_prev = ptype;
```

```
    }
  }

  ......
  list_for_each_entry_rcu(ptype,
          &ptype_base[ntohs(type) & PTYPE_HASH_MASK], list) {
      if (ptype->type == type &&
          (ptype->dev == null_or_dev || ptype->dev == skb->dev ||
           ptype->dev == orig_dev)) {
          if (pt_prev)
              ret = deliver_skb(skb, pt_prev, orig_dev);
          pt_prev = ptype;
      }
  }
}
```

在__netif_receive_skb_core中，我看到了原来经常使用的tcpdump命令的抓包点。tcpdump是通过虚拟协议的方式工作的，它会将抓包函数以协议的形式挂到ptype_all上。设备层遍历所有的"协议"，这样就能抓到数据包来供我们查看了。tcpdump会执行到packet_create。

```
//file: net/packet/af_packet.c
static int packet_create(struct net *net, struct socket *sock, ...)
{
  ...
  po->prot_hook.func = packet_rcv;

      if (sock->type == SOCK_PACKET)
              po->prot_hook.func = packet_rcv_spkt;

      po->prot_hook.af_packet_priv = sk;
  register_prot_hook(sk);
}
```

register_prot_hook函数会把tcpdump用到的"协议"挂到ptype_all上。我看到这里很是激动，看来读一遍源码的时间真的没白费。

接着__netif_receive_skb_core函数取出protocol，它会从数据包中取出协议信息，然后遍历注册在这个协议上的回调函数列表。ptype_base是一个哈希表，在前面的"协议栈注册"部分提到过。ip_rcv函数地址就是存在这个哈希表中的。

```
//file: net/core/dev.c
static inline int deliver_skb(struct sk_buff *skb,
                    struct packet_type *pt_prev,
                    struct net_device *orig_dev)
{
    ......
    return pt_prev->func(skb, skb->dev, pt_prev, orig_dev);
}
```

pt_prev->func这一行就调用到了协议层注册的处理函数。对于IP包来讲，就会进入
ip_rcv（如果是ARP包，会进入arp_rcv）。

IP层处理

再来看看Linux在IP层都做了什么，包又是怎样进一步被送到UDP或TCP处理函数中
的。下面是IP层接收网络包的主入口ip_rcv。

```
//file: net/ipv4/ip_input.c
int ip_rcv(struct sk_buff *skb, ...)
{
    ......
    return NF_HOOK(NFPROTO_IPV4, NF_INET_PRE_ROUTING, skb, dev, NULL,
            ip_rcv_finish);
}
```

这里的NF_HOOK是一个钩子函数，它就是我们日常工作中经常用到的iptables netfilter
过滤。如果你有很多或者很复杂的netfilter规则，会在这里消耗过多的CPU资源，加大网络
延迟。另外，使用NF_HOOK在源码中搜索可以搜到很多filter的过滤点，想深入研究netfilter
可以从搜索NF_HOOK的这些引用处入手。通过搜索结果可以看到，主要是在IP、ARP等层
实现的。

```
# grep -r "NF_HOOK" *
net/ipv4/arp.c: NF_HOOK(NFPROTO_ARP, NF_ARP_OUT, skb, NULL, skb->dev, dev_queue_xmit);
net/ipv4/arp.c: return NF_HOOK(NFPROTO_ARP, NF_ARP_IN, skb, dev, NULL, arp_process);
net/ipv4/ip_input.c: return NF_HOOK(NFPROTO_IPV4, NF_INET_LOCAL_IN, skb, skb->dev, NULL,
net/ipv4/ip_input.c: return NF_HOOK(NFPROTO_IPV4, NF_INET_PRE_ROUTING, skb, dev, NULL,
net/ipv4/ip_forward.c: return NF_HOOK(NFPROTO_IPV4, NF_INET_FORWARD, skb, skb->dev,
net/ipv4/xfrm4_output.c: return NF_HOOK_COND(NFPROTO_IPV4, NF_INET_POST_ROUTING, skb,
net/ipv4/ip_output.c: NF_HOOK(NFPROTO_IPV4, NF_INET_POST_ROUTING,
net/ipv4/ip_output.c: NF_HOOK(NFPROTO_IPV4, NF_INET_POST_ROUTING, newskb,
net/ipv4/ip_output.c: return NF_HOOK_COND(NFPROTO_IPV4, NF_INET_POST_ROUTING, skb, NULL,
net/ipv4/ip_output.c: return NF_HOOK_COND(NFPROTO_IPV4, NF_INET_POST_ROUTING, skb, NULL,
......
```

当执行完注册的钩子后就会执行到最后一个参数指向的函数ip_rcv_finish。

```
static int ip_rcv_finish(struct sk_buff *skb)
{
    ......

    if (!skb_dst(skb)) {
```

```
        int err = ip_route_input_noref(skb, iph->daddr, iph->saddr,
                             iph->tos, skb->dev);
        ...
    }

    ......

    return dst_input(skb);
}
```

跟踪ip_route_input_noref后看到它又调用了ip_route_input_mc。在ip_route_input_mc中，函数ip_local_deliver被赋值给了dst.input。

```
//file: net/ipv4/route.c
static int ip_route_input_mc(struct sk_buff *skb, __be32 daddr, __be32 saddr,
                u8 tos, struct net_device *dev, int our)
{
    if (our) {
        rth->dst.input= ip_local_deliver;
        rth->rt_flags |= RTCF_LOCAL;
    }
}
```

所以回到ip_rcv_finish中的return dst_input(skb)。

```
//file: include/net/dst.h
static inline int dst_input(struct sk_buff *skb)
{
    return skb_dst(skb)->input(skb);
}
```

skb_dst(skb)->input调用的input方法就是路由子系统赋的ip_local_deliver。

```
//file: net/ipv4/ip_input.c
int ip_local_deliver(struct sk_buff *skb)
{
    if (ip_is_fragment(ip_hdr(skb))) {
        if (ip_defrag(skb, IP_DEFRAG_LOCAL_DELIVER))
            return 0;
    }

    return NF_HOOK(NFPROTO_IPV4, NF_INET_LOCAL_IN, skb, skb->dev, NULL,
                ip_local_deliver_finish);
}
//file: net/ipv4/ip_input.c
```

```
static int ip_local_deliver_finish(struct sk_buff *skb)
{
    ......

    int protocol = ip_hdr(skb)->protocol;
    const struct net_protocol *ipprot;

    ipprot = rcu_dereference(inet_protos[protocol]);
    if (ipprot != NULL) {
        ret = ipprot->handler(skb);
    }
}
```

如"协议栈注册"部分所讲，inet_protos中保存着tcp_v4_rcv和udp_rcv的函数地址。这里将会根据包中的协议类型选择分发，在这里skb包将会进一步被派送到更上层的协议中，UDP和TCP。

2.2.4　收包小结

网络模块是Linux内核中最复杂的模块了，看起来一个简简单单的收包过程就涉及许多内核组件之间的交互，如网卡驱动、协议栈、内核ksoftirqd线程等。看起来很复杂，本节想通过源码 + 图示的方式，尽量以容易理解的方式来将内核收包过程讲清楚。现在让我们再串一串整个收包过程。

当用户执行完recvfrom调用后，用户进程就通过系统调用进行到内核态工作了。如果接收队列没有数据，进程就进入睡眠状态被操作系统挂起。这块相对比较简单，剩下大部分的"戏份"都是由Linux内核其他模块来"表演"了。

首先在开始收包之前，Linux要做许多的准备工作：

- 创建ksoftirqd线程，为它设置好它自己的线程函数，后面指望着它来处理软中断呢。
- 协议栈注册，Linux要实现许多协议，比如ARP、ICMP、IP、UDP和TCP，每一个协议都会将自己的处理函数注册一下，方便包来了迅速找到对应的处理函数。
- 网卡驱动初始化，每个驱动都有一个初始化函数，内核会让驱动也初始化一下。在这个初始化过程中，把自己的DMA准备好，把NAPI的poll函数地址告诉内核。
- 启动网卡，分配RX、TX队列，注册中断对应的处理函数。

以上是内核准备收包之前的重要工作，当上面这些都准备好之后，就可以打开硬中断，等待数据包的到来了。

当数据到来以后，第一个迎接它的是网卡，然后是硬中断、软中断、协议栈等环节的处理，参考图5.5的流程图。

- 网卡将数据帧DMA到内存的RingBuffer中，然后向CPU发起中断通知。

- CPU响应中断请求，调用网卡启动时注册的中断处理函数。
- 中断处理函数几乎没干什么，只发起了软中断请求。
- 内核线程ksoftirqd发现有软中断请求到来，先关闭硬中断。
- ksoftirqd线程开始调用驱动的poll函数收包。
- poll函数将收到的包送到协议栈注册的ip_rcv函数中。
- ip_rcv函数将包送到udp_rcv函数中（对于TCP包是送到tcp_rcv_v4）。

2.3　本章总结

本章讲述了网络包是如何一步一步地从网卡、RingBuffer最后到接收缓存区中的，然后内核又是如何进一步处理把它送到协议栈的。理解了之后，我们回顾一下本章开篇提到的几个问题。

1）RingBuffer到底是什么，RingBuffer为什么会丢包？

RingBuffer是内存中的一块特殊区域，平时所说的环形队列其实是笼统的说法。事实上这个数据结构包括igb_rx_buffer环形队列数组、e1000_adv_rx_desc环形队列数组及众多的skb，参见图2.9。

网卡在收到数据的时候以DMA的方式将包写到RingBuffer中。软中断收包的时候来这里把skb取走，并申请新的skb重新挂上去。有些网上的技术文章讲到RingBuffer内存是预先分配好的，有的文章则认为RingBuffer里使用的内存是随着网络包的收发而动态分配的。这两个说法之所以看起来有点混乱，是因为没有说清楚是指针数组还是skb。指针数组是预先分配好的，而skb虽然也会预分配好，但是在后面收包过程中会不断动态地分配申请。

这个RingBuffer是有大小和长度限制的，长度可以通过ethtool工具查看。

```
# ethtool -g eth0
Ring parameters for eth0:
Pre-set maximums:
RX:     4096
RX Mini:   0
RX Jumbo:  0
TX:     4096
Current hardware settings:
RX:     512
RX Mini:   0
RX Jumbo:  0
TX:     512
```

Pre-set maximums 指的是RingBuffer的最大值，Current hardware settings指的是当前的设置。从上面代码中可以看到我的网卡设置RingBuffer最大允许值为4096，目前的实际设置是512。

如果内核处理得不及时导致RingBuffer满了，那后面新来的数据包就会被丢弃，通过ethtool或ifconfig工具可以查看是否有RingBuffer溢出发生。

```
# ethtool -S eth0
......
rx_fifo_errors: 0
tx_fifo_errors: 0
```

rx_fifo_errors如果不为0的话（在ifconfig中体现为overruns指标增长），就表示有包因为RingBuffer装不下而被丢弃了。那么怎么解决这个问题呢？很自然，首先我们想到的是加大RingBuffer这个"中转仓库"的大小。通过ethtool就可以修改。

```
# ethtool -G eth1 rx 4096 tx 4096
```

这样网卡会被分配更大一点的"中转站"，可以解决偶发的瞬时的丢包。不过这种方法有个小副作用，那就是排队的包过多会增加处理网络包的延时。所以另外一种解决思路更好，那就是让内核处理网络包的速度更快一些，而不是让网络包傻傻地在RingBuffer中排队。怎么加快内核消费RingBuffer中任务的速度呢，接下来的内容会提到。

2）网络相关的硬中断、软中断都是什么？

在网卡将数据放到RingBuffer中后，接着就发起硬中断，通知CPU进行处理。不过在硬中断的上下文里做的工作很少，将传过来的poll_list添加到了Per-CPU变量softnet_data的poll_list里（softnet_data中的poll_list是一个双向列表，其中的设备都带有输入帧等着被处理），接着触发软中断NET_RX_SOFTIRQ。

在软中断中对softnet_data的设备列表poll_list进行遍历，执行网卡驱动提供的poll来收取网络包。处理完后会送到协议栈的ip_rcv、udp_rcv、tcp_rcv_v4等函数中。

3）Linux里的ksoftirqd内核线程是干什么的？

在飞哥手头的一台四核的虚拟机上有四个ksoftirqd内核线程。是的没错，机器上有几个核，内核就会创建几个ksoftirqd线程出来。

```
root         3     2  0 Jan04 ?        00:00:19 [ksoftirqd/0]
root        13     2  0 Jan04 ?        00:00:47 [ksoftirqd/1]
root        18     2  0 Jan04 ?        00:00:10 [ksoftirqd/2]
root        23     2  0 Jan04 ?        00:00:51 [ksoftirqd/3]
```

内核线程ksoftirqd包含了所有的软中断处理逻辑，当然也包括这里提到的NET_RX_SOFTIRQ。在__do_softirq中根据软中断的类型，执行不同的处理函数。对于软中断NET_RX_SOFTIRQ来说是net_rx_action函数。

```
//file: kernel/softirq.c
asmlinkage void __do_softirq(void){
    do {
```

```
        if (pending & 1) {
            unsigned int vec_nr = h - softirq_vec;
            int prev_count = preempt_count();
            ...
            trace_softirq_entry(vec_nr);
            h->action(h);
            trace_softirq_exit(vec_nr);
            ...
        }
        h++;
        pending >>= 1;
    } while (pending);
}
```

可见，软中断是在ksoftirqd内核线程中执行的。软中断的信息可以从/proc/softirqs读取。

```
$ cat /proc/softirqs
                    CPU0         CPU1         CPU2         CPU3
         HI:          0            2            2            0
      TIMER:  704301348   1013086839    831487473   2202821058
     NET_TX:      33628        31329        32891       105243
     NET_RX:  418082154   2418421545    429443219   1504510793
      BLOCK:         37            0            0     25728280
BLOCK_IOPOLL:        0            0            0            0
    TASKLET:     271783       273780       276790       341003
      SCHED: 1544746947   1374552718   1287098690   2221303707
    HRTIMER:          0            0            0            0
        RCU: 3200539884   3336543147   3228730912   3584743459
```

这里显示了每一个CPU上执行的各种类型的软中断的次数。拿CPU0来举例，执行了418 082 154次NET_RX、33 628次NET_TX。至于为什么NET_RX比NET_TX高这么多，将在第4章讲解。

4）为什么网卡开启多队列能提升网络性能？

在讲这个之前，先讲一下多队列网卡。现在的主流网卡基本上都是支持多队列的，通过ethtool可以查看当前网卡的多队列情况。拿我手头的一台物理实机来举例。

```
# ethtool -l eth0
Channel parameters for eth0:
Pre-set maximums:
RX:      0
TX:      0
Other:       1
Combined:    63
Current hardware settings:
```

```
RX:         0
TX:         0
Other:      1
Combined:   8
```

上述结果表示当前网卡支持的最大队列数是63，当前开启的队列数是8。通过sysfs伪文件系统也可以看到真正生效的队列数。

```
# ls /sys/class/net/eth0/queues
rx-0  rx-1  rx-2  rx-3  rx-4  rx-5  rx-6  rx-7
tx-0  tx-1  tx-2  tx-3  tx-4  tx-5  tx-6  tx-7
```

如果想加大队列数，ethtool工具可以搞定。

```
#ethtool -L eth0 combined 32
```

通过/proc/interrupts可以看到该队列对应的硬件中断号（由于32核的实机展示起来太多了，所以下面的结果中删掉了不少CPU列的数据）。

```
# cat /proc/interrupts
            CPU0      CPU1      CPU...      CPU31
   52:      3172      0         0           0    IR-PCI-MSI-edge     eth0-TxRx-0
   53:      527       0         0           0    IR-PCI-MSI-edge     eth0-TxRx-1
   54:      577       0         0           0    IR-PCI-MSI-edge     eth0-TxRx-2
   55:      31        0         0           0    IR-PCI-MSI-edge     eth0-TxRx-3
   56:      33        0         0           0    IR-PCI-MSI-edge     eth0-TxRx-4
   57:      21        0         0           0    IR-PCI-MSI-edge     eth0-TxRx-5
   58:      21        0         0           0    IR-PCI-MSI-edge     eth0-TxRx-6
   59:      23        0         0           0    IR-PCI-MSI-edge     eth0-TxRx-7
```

以上内容显示网卡输入队列eth0-TxRx-0的中断号是52，eth0-TxRx-1的中断号是53，总共开启了8个接收队列。

通过该中断号对应的smp_affinity可以查看到亲和的CPU核是哪一个。

```
#cat /proc/irq/53/smp_affinity
8
```

这个亲和性是通过二进制中的比特位来标记的。例如8是二进制的1000，第4位为1，代表的就是第4个CPU核心——CPU3。

从以上内容可知，每个队列都会有独立的、不同的中断号。所以不同的队列在将数据收取到自己的RingBuffer后，可以分别向不同的CPU发起硬中断通知。而在硬中断的处理中，有一个不起眼但是特别重要的小细节，调用__raise_softirq_irqoff发起软中断的时候，是基于当前CPU核smp_processor_id（local_softirq_pending）的。

```
//__raise_softirq_irqoff => or_softirq_pending => local_softirq_pending
```

```
//file: include/linux/irq_cpustat.h
#define local_softirq_pending() \
    __IRQ_STAT(smp_processor_id(), __softirq_pending)
```

这意味着**哪个核响应的硬中断，那么该硬中断发起的软中断任务就必然由这个核来处理。**

所以在工作实践中，如果网络包的接收频率高而导致个别核si偏高，那么通过加大网卡队列数，并设置每个队列中断号上的smp_affinity，将各个队列的硬中断打散到不同的CPU上就行了。这样硬中断后面的软中断CPU开销也将由多个核来分担。

5）tcpdump是如何工作的？

tcpdump工作在设备层，是通过虚拟协议的方式工作的。它通过调用packet_create将抓包函数以协议的形式挂到ptype_all上。

当收包的时候，驱动中实现的igb_poll函数最终会调用到__netif_receive_skb_core，这个函数会在将包送到协议栈函数（ip_rcv、arp_rcv等）之前，将包先送到ptype_all 抓包点。我们平时工作中经常会用到的tcpdump就是基于这些抓包点来工作的。

这次你知道 tcpdump是如何和内核进行配合的了吧！

6) iptable/netfilter是在哪一层实现的？

netfilter主要是在IP、ARP等层实现的。可以通过搜索对NF_HOOK函数的引用来深入了解 netfilter的实现。如果配置过于复杂的规则，则会消耗过多的CPU，加大网络延迟。

7）tcpdump 能否抓到被 iptable 封禁的包？

通过本章的深入分析可以得知，tcpdump工作在设备层，将包送到IP层以前就能处理。而netfilter工作在IP、ARP等层。从图2.13收包流程处理顺序上来看，netfilter是在tcpdump后面工作的，所以iptable封禁规则影响不到tcpdump的抓包。

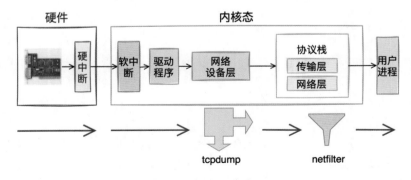

图2.13　收包工作过程

不过发包过程恰恰相反，发包的时候，netfilter在协议层就被过滤掉了，所以tcpdump什么也看不到，如图2.14所示。

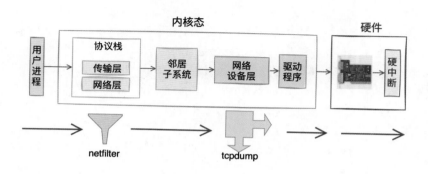

图2.14 发包工作过程

8）网络接收过程中的CPU开销如何查看？

在网络包的接收处理过程中，主要工作集中在硬中断和软中断上，二者的消耗都可以通过top命令来查看。

```
# top
top - 13:22:55 up 403 days, 19:31,  4 users,  load average: 0.00, 0.01, 0.05
Tasks: 435 total,   1 running, 434 sleeping,   0 stopped,   0 zombie
%Cpu0  :  0.0 us,  0.3 sy,  0.3 ni, 99.3 id,  0.0 wa,  0.0 hi,  0.0 si,  0.0 st
%Cpu1  :  0.0 us,  0.0 sy,  0.3 ni, 99.7 id,  0.0 wa,  0.0 hi,  0.0 si,  0.0 st
...
%Cpu31 :  0.0 us,  0.0 sy,  0.0 ni,100.0 id,  0.0 wa,  0.0 hi,  0.0 si,  0.0 st
```

其中hi是CPU处理硬中断的开销，si是处理软中断的开销，都是以百分比的形式来展示的。

另外这里多说一下，如果发现某个核的si过高，那么很有可能你的业务上当前数据包的接收已经非常频繁了，需要通过上面说的多队列网卡配置来让其他核参与进来，分担这个核接收包的内核工作量。

9）DPDK是什么神器？

通过前面的内容可以看到，对于数据包的接收，内核需要进行非常复杂的工作。而且在数据接收完之后，还需要将数据复制到用户空间的内存中。如果用户进程当前是阻塞的，还需要唤醒它，又是一次上下文切换的开销。

那么有没有办法让用户进程能绕开内核协议栈，自己直接从网卡接收数据呢？如果这样可行，那繁杂的内核协议栈处理、内核态到用户态内存拷贝开销、唤醒用户进程开销等就可以省掉了。确实有，DPDK就是其中的一种。很多时候对新技术不够了解，原因是对老技术没有真正理解透彻。

在本章中，详细分析了网络包是如何从网卡中一步一步地达到内核协议栈的。通过对源码的详细了解，我们也彻底弄清楚了多任务队列网卡、RingBuffer、硬中断、软中断等概念，也明白了该如何查看内核在接收网络包时的CPU开销。

理解了这些以后，你将能得到一幅"地图"。在这张"地图"上你能找到之前听说过的各个技术点的正确位置，例如tcpdump、netfilter等。有了它，你再看各个技术点的前后依赖关系就能理解得更清晰。相当于你以前只看到了单个点，只能见树，这次终于可以看见林了。

不过在本章数据只到了协议栈，还没有达到用户进程，下一章我们继续深入分析！

第3章

内核是如何与用户进程协作的

3.1 相关实际问题

在上一章中讲述了网络包是如何被从网卡送到协议栈的，接下来内核还有一项重要的工作，就是在协议栈接收处理完输入包以后，要能通知到用户进程，让用户进程能够收到并处理这些数据。进程和内核配合有很多种方案，本章只深入分析两种典型的。

第一种是同步阻塞的方案（在Java中习惯叫BIO），一般都是在客户端使用。它的优点是使用起来非常方便，非常符合人的思维方式，但缺点就是性能较差。典型的用户进程代码如下。

```
int main()
{
    int sk = socket(AF_INET, SOCK_STREAM, 0);
    connect(sk, ...)
    recv(sk, ...)
}
```

第二种是多路IO复用的方案，这种方案在服务端用得比较多。Linux上多路复用方案有select、poll、epoll，它们三个中epoll的性能表现是最优秀的。在本章中只分析epoll（Java中对应的是NIO）。一段典型的使用epoll的C代码如下。

```
int main(){
    listen(lfd, ...);

    cfd1 = accept(...);
    cfd2 = accept(...);
    efd = epoll_create(...);

    epoll_ctl(efd, EPOLL_CTL_ADD, cfd1, ...);
    epoll_ctl(efd, EPOLL_CTL_ADD, cfd2, ...);
    epoll_wait(efd, ...)
}
```

无论是这两种方案中的哪一种，内核都能在接收到数据的时候和用户进程协作，通知用户进程进行下一步处理。但是在高并发情况下，同步阻塞的IO方案的性能比较差，epoll的表现较好。具体原因是什么，在本章中将进行深入的分析。学习完本章以后，你将深刻地理解以下几个工作实践中的问题。

1）阻塞到底是怎么一回事？

在网络开发模型中，经常会遇到阻塞和非阻塞的概念。更要命的是还有人经常把这两个概念和同步、异步放到一起，让本来就理解得不是很清楚的概念更是变成一团浆糊。通过本章对源码的分析，你将深刻理解阻塞到底是怎么一回事。

2）同步阻塞IO都需要哪些开销？

都说同步阻塞IO性能差，我觉得这个说法太笼统。我们应该更深入地了解这种方式下都需要哪些CPU开销，而不是只简单地说差。

3）多路复用epoll为什么就能提高网络性能？

多路复用的概念在网络编程里非常重要，但可惜很多人对它理解得不够彻底。比如为什么epoll就比同步阻塞的IO模型性能好？可能有的人能隐隐约约知道内部的一个红黑树，但其实这仍然不是epoll性能优越的根本原因。

4）epoll也是阻塞的？

很多人以为只要一提到阻塞，就是性能差。当听说epoll也是可能会阻塞进程的以后，感觉诧异，阻塞咋还能性能高？这都是对epoll理解不深造成的，本章将会深度拆解epoll的工作原理。epoll的阻塞并不影响它高性能。

5）为什么Redis的网络性能很突出？

大家平时除了写代码，也会用到很多开源组件。在这些开源组件中，Redis的性能表现非常抢眼。那么它性能优异的秘诀究竟在哪里？我们在开发自己的接口的时候是否有可以学习它的点？

3.2　socket的直接创建

在开始介绍网络IO模型之前，需要先介绍一个前序知识，那就是socket是如何在内核中表示的。在后面分析阻塞或者epoll的时候，我们需要不定时来回顾socket的内核结构。

从开发者的角度来看，调用socket函数可以创建一个socket。

```
int main()
{
    int sk = socket(AF_INET, SOCK_STREAM, 0);
    ...
}
```

等这个socket函数调用执行完以后，用户层面看到返回的是一个整数型的句柄，但其实内核在内部创建了一系列的socket相关的内核对象（是的，不是只有一个）。它们互相之间的关系如图3.1所示。当然了，这个对象比图示的更复杂，图中只展示关键内容。

我们来翻翻源码，看看图3.1中所示的结构是如何被创造出来的。

```
//file:net/socket.c
SYSCALL_DEFINE3(socket, int, family, int, type, int, protocol)
```

```
{
    ......
    retval = sock_create(family, type, protocol, &sock);
}
```

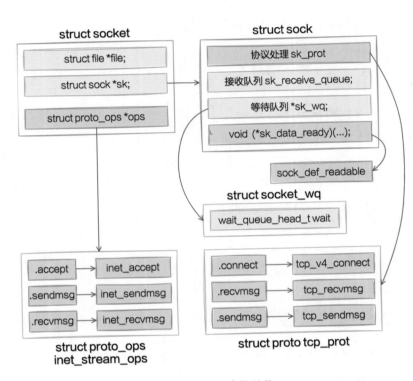

图3.1   socket内核结构

sock_create是创建socket的主要位置，其中sock_create又调用了__sock_create。

```
//file:net/socket.c
int __sock_create(struct net *net, int family, ...)
{
    struct socket *sock;
    const struct net_proto_family *pf;
    ......

    //分配socket对象
    sock = sock_alloc();

    //获得每个协议族的操作表
    pf = rcu_dereference(net_families[family]);
```

```
        //调用指定协议族的创建函数，对于AF_INET对应的是inet_create
        err = pf->create(net, sock, protocol, kern);
}
```

在__sock_create里，首先调用socket_alloc来分配一个struct socket内核对象，接着获取协议族的操作函数表，并调用其create方法。对于AF_INET协议族来说，执行到的是inet_create方法。

```
//file:net/ipv4/af_inet.c
static int inet_create(struct net *net, struct socket *sock, int protocol,int
kern)
{
        struct sock *sk;

        //static struct inet_protosw inetsw_array[] =
        //{
        //    {
        //        .type =         SOCK_STREAM,
        //        .protocol =     IPPROTO_TCP,
        //        .prot =         &tcp_prot,
        //        .ops =          &inet_stream_ops,
        //        .no_check =     0,
        //        .flags =        INET_PROTOSW_PERMANENT |
        //                        INET_PROTOSW_ICSK,
        //    },
        //}
    list_for_each_entry_rcu(answer, &inetsw[sock->type], list) {

        //将 inet_stream_ops 赋到socket->ops 上
        sock->ops = answer->ops;

        //获得 tcp_prot
        answer_prot = answer->prot;

        //分配 sock对象，并把 tcp_prot 赋到sock->sk_prot 上
        sk = sk_alloc(net, PF_INET, GFP_KERNEL, answer_prot);

        //对 sock对象进行初始化
        sock_init_data(sock, sk);
}
```

在inet_create中，根据类型SOCK_STREAM查找到对于TCP定义的操作方法实现集合inet_stream_ops和tcp_prot，并把它们分别设置到socket->ops和sock->sk_prot上，如图3.2所示。

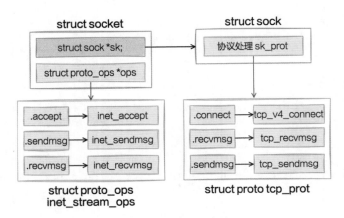

图3.2 socket ops方法

再往下看到了sock_init_data。在这个方法中将sock中的sk_data_ready函数指针进行了初始化，设置为默认sock_def_readable，如图3.3所示。

图3.3 sk_data_ready初始化

```
//file: net/core/sock.c
void sock_init_data(struct socket *sock, struct sock *sk)
{
    sk->sk_data_ready   =   sock_def_readable;
    sk->sk_write_space  =   sock_def_write_space;
    sk->sk_error_report =   sock_def_error_report;
}
```

当软中断上收到数据包时会通过调用sk_data_ready函数指针（实际被设置成了sock_def_readable()）来唤醒在sock上等待的进程。这个将在后面介绍软中断的时候再说，目前记住这个就行了。

至此，一个tcp对象，确切地说是AF_INET协议族下的SOCK_STREAM对象就算创建完成了。这里花费了一次socket系统调用的开销。

3.3 内核和用户进程协作之阻塞方式

本章开头说过同步阻塞的网络IO（在Java中习惯叫BIO）的优点是使用起来非常方便，但缺点就是性能非常差。俗话说得好，"知己知彼，方能百战百胜"。下面来深入分析同步阻塞网络IO的内部实现。

在同步阻塞IO模型中，虽然用户进程里在最简单的情况下只有两三行代码，但实际上用户进程和内核配合做了非常多的工作。先是用户进程发起创建socket的指令，然后切换到内核态完成了内核对象的初始化。接下来，Linux在数据包的接收上，是硬中断和ksoftirqd线程在进行处理。当ksoftirqd线程处理完以后，再通知相关的用户进程。

从用户进程创建socket，到一个网络包抵达网卡被用户进程接收，同步阻塞IO总体上的流程如图3.4所示。

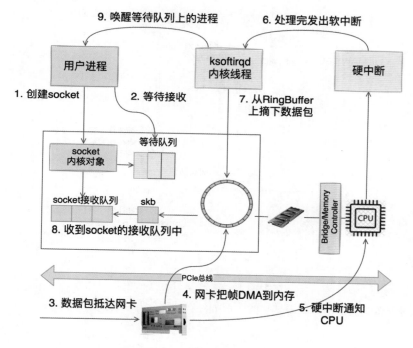

图3.4 同步阻塞工作流程

下面用图解加源码分析的方式来详细拆解上面的每一个步骤，来看一下在内核里它们是怎么实现的。阅读完本章，你将深刻理解同步阻塞的网络IO性能低下的原因！

3.3.1 等待接收消息

接下来看recv函数依赖的底层实现。首先通过strace命令跟踪，可以看到clib库函数recv会执行recvfrom系统调用。

进入系统调用后，用户进程就进入了内核态，执行一系列的内核协议层函数，然后到socket对象的接收队列中查看是否有数据，没有的话就把自己添加到socket对应的等待队列里。最后让出CPU，操作系统会选择下一个就绪状态的进程来执行。整个流程如图3.5所示。

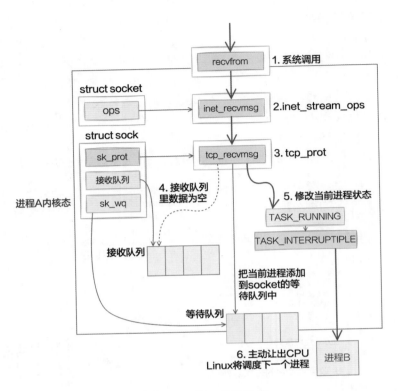

图3.5　recvfrom系统调用

看完整个流程图，接下来根据源码来看更具体的细节。其中**要关注的重点是recvfrom最后是怎么把自己的进程阻塞掉的**（假如没有使用O_NONBLOCK标记）。

```
//file: net/socket.c
SYSCALL_DEFINE6(recvfrom, int, fd, void __user *, ubuf, size_t, size,
            unsigned int, flags, struct sockaddr __user *, addr,
            int __user *, addr_len)
{
    struct socket *sock;

    //根据用户传入的fd找到socket对象
    sock = sockfd_lookup_light(fd, &err, &fput_needed);
    ......
    err = sock_recvmsg(sock, &msg, size, flags);
    ......
}
```

接下来的调用顺序为：

sock_recvmsg ==> __sock_recvmsg => __sock_recvmsg_nosec

```
static inline int __sock_recvmsg_nosec(struct kiocb *iocb, struct socket
*sock, struct msghdr *msg, size_t size, int flags)
{
    ......
    return sock->ops->recvmsg(iocb, sock, msg, size, flags);
}
```

　　调用socket对象ops里的recvmsg，从图3.6可以看到recvmsg指向的是inet_recvmsg方法。

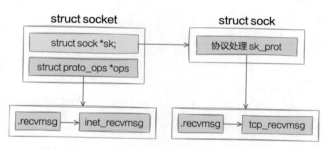

图3.6　recvmsg方法

```
//file: net/ipv4/af_inet.c
int inet_recvmsg(struct kiocb *iocb, struct socket *sock, struct msghdr *msg,
                 size_t size, int flags)
{
    ......

    err = sk->sk_prot->recvmsg(iocb, sk, msg, size, flags & MSG_DONTWAIT,
flags & ~MSG_DONTWAIT, &addr_len);
```

　　这里又遇到一个函数指针，这次调用的是socket对象里的sk_prot下的recvmsg方法。同样从图3.6中得出这个recvmsg方法对应的是tcp_recvmsg方法。

```
//file: net/ipv4/tcp.c
int tcp_recvmsg(struct kiocb *iocb, struct sock *sk, struct msghdr *msg,
size_t len, int nonblock, int flags, int *addr_len)
{
    int copied = 0;
    ......
    do {
        //遍历接收队列接收数据
        skb_queue_walk(&sk->sk_receive_queue, skb) {
            ......
        }
        ......
    }
```

```
    if (copied >= target) {
            release_sock(sk);
            lock_sock(sk);
    } else //没有收到足够数据，启用sk_wait_data 阻塞当前进程
            sk_wait_data(sk, &timeo);
}
```

终于看到了我们想要看的内容，skb_queue_walk在访问sock对象下的接收队列了，如图3.7所示。

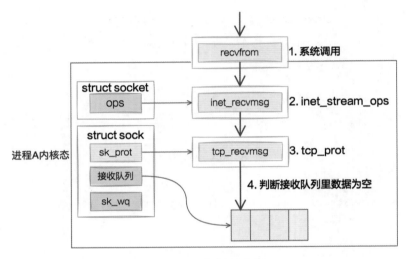

图3.7　接收队列读取

如果没有收到数据，或者收到的不够多，则调用sk_wait_data把当前进程阻塞掉。

```
//file: net/core/sock.c
int sk_wait_data(struct sock *sk, long *timeo)
{
    //当前进程(current)关联到所定义的等待队列项上
    DEFINE_WAIT(wait);

    // 调用sk_sleep获取sock对象下的wait
    // 并准备挂起，将进程状态设置为可打断（INTERRUPTIBLE）
    prepare_to_wait(sk_sleep(sk), &wait, TASK_INTERRUPTIBLE);
    set_bit(SOCK_ASYNC_WAITDATA, &sk->sk_socket->flags);

    // 通过调用schedule_timeout让出CPU，然后进行睡眠
    rc = sk_wait_event(sk, timeo, !skb_queue_empty(&sk->sk_receive_queue));
    ......
```

下面再来详细看看sk_wait_data是怎样把当前进程给阻塞掉的，如图3.8所示。

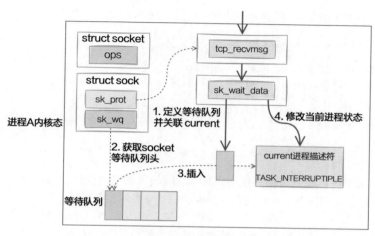

图3.8　进程阻塞

首先在DEFINE_WAIT宏下，定义了一个等待队列项wait。在这个新的等待队列项上，注册了回调函数autoremove_wake_function，并把当前进程描述符current关联到其.private成员上。

```
//file: include/linux/wait.h
#define DEFINE_WAIT(name) DEFINE_WAIT_FUNC(name, autoremove_wake_function)

#define DEFINE_WAIT_FUNC(name, function)                              \
    wait_queue_t name = {                                             \
            .private      = current,                                  \
            .func         = function,                                 \
            .task_list    = LIST_HEAD_INIT((name).task_list),        \
    }
```

紧接着在sk_wait_data中调用sk_sleep获取sock对象下的等待队列列表头wait_queue_head_t。sk_sleep源码如下。

```
//file: include/net/sock.h
static inline wait_queue_head_t *sk_sleep(struct sock *sk)
{
    BUILD_BUG_ON(offsetof(struct socket_wq, wait) != 0);
    return &rcu_dereference_raw(sk->sk_wq)->wait;
}
```

接着调用prepare_to_wait来把新定义的等待队列项wait插入sock对象的等待队列。

```
//file: kernel/wait.c
```

```
void prepare_to_wait(wait_queue_head_t *q, wait_queue_t *wait, int state)
{
        unsigned long flags;

        wait->flags &= ~WQ_FLAG_EXCLUSIVE;
        spin_lock_irqsave(&q->lock, flags);
        if (list_empty(&wait->task_list))
                __add_wait_queue(q, wait);
        set_current_state(state);
        spin_unlock_irqrestore(&q->lock, flags);
}
```

这样后面当内核收完数据产生就绪事件的时候，就可以查找socket等待队列上的等待项，进而可以找到回调函数和在等待该socket就绪事件的进程了。

最后调用sk_wait_event让出CPU，进程将进入睡眠状态，这会导致一次进程上下文的开销，而这个开销是昂贵的，大约需要消耗几个微秒的CPU时间。

在接下来的内容里将能看到进程是如何被唤醒的。

3.3.2　软中断模块

接着我们再转换一下视角，来看负责接收和处理数据包的软中断这边。第2章讲到了网络包到网卡后是怎么被网卡接收，最后再交由软中断处理的，这里直接从TCP协议的接收函数tcp_v4_rcv看起，总体接收流程见图3.9。

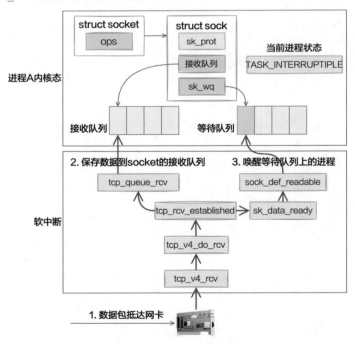

图3.9　软中断接收数据过程

　　软中断（也就是Linux里的ksoftirqd线程）里收到数据包以后，发现是TCP包就会执行tcp_v4_rcv函数。接着往下，如果是ESTABLISH状态下的数据包，则最终会把数据拆出来放到对应socket的接收队列中，然后调用sk_data_ready来唤醒用户进程。

　　我们看更详细一些的代码。

```
// file: net/ipv4/tcp_ipv4.c
int tcp_v4_rcv(struct sk_buff *skb)
{
    ......
    th = tcp_hdr(skb); //获取tcp header
    iph = ip_hdr(skb); //获取ip header

    //根据数据包 header中的IP、端口信息查找到对应的socket
    sk = __inet_lookup_skb(&tcp_hashinfo, skb, th->source, th->dest);
    ......

    //socket未被用户锁定
    if (!sock_owned_by_user(sk)) {
        {
            if (!tcp_prequeue(sk, skb))
                ret = tcp_v4_do_rcv(sk, skb);
        }
    }
}
```

　　在tcp_v4_rcv中，首先根据收到的网络包的header里的source和dest信息在本机上查询对应的socket。找到以后，直接进入接收的主体函数tcp_v4_do_rcv来一探究竟。

```
//file: net/ipv4/tcp_ipv4.c
int tcp_v4_do_rcv(struct sock *sk, struct sk_buff *skb)
{
    if (sk->sk_state == TCP_ESTABLISHED) {

        //执行连接状态下的数据处理
        if (tcp_rcv_established(sk, skb, tcp_hdr(skb), skb->len)) {
            rsk = sk;
            goto reset;
        }
        return 0;
    }

    //其他非ESTABLISH状态的数据包处理
    ......
}
```

假设处理的是ESTABLISH状态下的包，这样就又进入tcp_rcv_established函数进行
处理。

```
//file: net/ipv4/tcp_input.c
int tcp_rcv_established(struct sock *sk, struct sk_buff *skb,
                        const struct tcphdr *th, unsigned int len)
{
    ......

    //接收数据放到队列中
    eaten = tcp_queue_rcv(sk, skb, tcp_header_len, &fragstolen);

    //数据准备好，唤醒socket上阻塞掉的进程
    sk->sk_data_ready(sk, 0);
```

在tcp_rcv_established中通过调用tcp_queue_rcv函数，完成了将接收到的数据放到
socket的接收队列上，如图3.10所示。

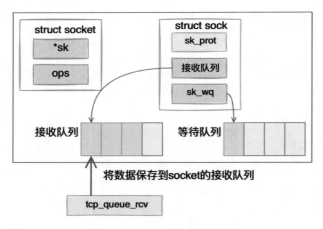

图3.10　添加到接收队列

函数tcp_queue_rcv的源码如下。

```
//file: net/ipv4/tcp_input.c
static int __must_check tcp_queue_rcv(struct sock *sk, struct sk_buff *skb,
int hdrlen,
            bool *fragstolen)
{
    //把接收到的数据放到socket的接收队列的尾部
    if (!eaten) {
        __skb_queue_tail(&sk->sk_receive_queue, skb);
        skb_set_owner_r(skb, sk);
    }
```

```
        return eaten;
}
```

调用tcp_queue_rcv接收完成之后，接着调用sk_data_ready来唤醒在socket上等待的用户进程。这又是一个函数指针。回想在3.2节曾介绍过，在创建socket的流程里执行到的sock_init_data函数已经把sk_data_ready指针设置成sock_def_readable函数了。它是默认的数据就绪处理函数。

```
//file: net/core/sock.c
static void sock_def_readable(struct sock *sk, int len)
{
        struct socket_wq *wq;

        rcu_read_lock();
        wq = rcu_dereference(sk->sk_wq);

        //有进程在此socket的等待队列
        if (wq_has_sleeper(wq))
                //唤醒等待队列上的进程
                wake_up_interruptible_sync_poll(&wq->wait, POLLIN | POLLPRI |
                                                POLLRDNORM | POLLRDBAND);
        sk_wake_async(sk, SOCK_WAKE_WAITD, POLL_IN);
        rcu_read_unlock();
}
```

在sock_def_readable中再一次访问到了sock->sk_wq下的wait。回忆一下前面调用recvfrom时，在执行过程的最后，通过DEFINE_WAIT(wait)将当前进程关联的等待队列添加到sock->sk_wq下的wait里了。

那接下来就是调用wake_up_interruptible_sync_poll来唤醒在socket上因为等待数据而被阻塞掉的进程了，如图3.11所示。

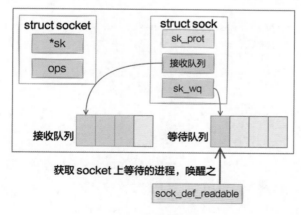

图3.11　唤醒等待进程

```
//file: include/linux/wait.h
#define wake_up_interruptible_sync_poll(x, m)                              \
        __wake_up_sync_key((x), TASK_INTERRUPTIBLE, 1, (void *) (m))
//file: kernel/sched/core.c
void __wake_up_sync_key(wait_queue_head_t *q, unsigned int mode,
                        int nr_exclusive, void *key)
{
        unsigned long flags;
        int wake_flags = WF_SYNC;

        if (unlikely(!q))
                return;

        if (unlikely(!nr_exclusive))
                wake_flags = 0;

        spin_lock_irqsave(&q->lock, flags);
        __wake_up_common(q, mode, nr_exclusive, wake_flags, key);
        spin_unlock_irqrestore(&q->lock, flags);
}
```

　　__wake_up_common实现唤醒。这里注意一下，该函数调用的参数nr_exclusive传入的是1，这里指的是**即使有多个进程都阻塞在同一个socket上，也只唤醒一个进程。其作用是为了避免"惊群"，而不是把所有的进程都唤醒。**

```
//file: kernel/sched/core.c
static void __wake_up_common(wait_queue_head_t *q, unsigned int mode,
                        int nr_exclusive, int wake_flags, void *key)
{
        wait_queue_t *curr, *next;

        list_for_each_entry_safe(curr, next, &q->task_list, task_list) {
                unsigned flags = curr->flags;

                if (curr->func(curr, mode, wake_flags, key) &&
                                (flags & WQ_FLAG_EXCLUSIVE) && !--nr_exclusive)
                        break;
        }
}
```

　　在__wake_up_common中找出一个等待队列项curr，然后调用其curr->func。回忆前面在recv函数执行的时候，使用DEFINE_WAIT()定义等待队列项的细节，内核把curr->func设置成了autoremove_wake_function。

```
//file: include/linux/wait.h
#define DEFINE_WAIT(name) DEFINE_WAIT_FUNC(name, autoremove_wake_function)

#define DEFINE_WAIT_FUNC(name, function)                            \
    wait_queue_t name = {                                           \
            .private        = current,                              \
            .func           = function,                             \
            .task_list      = LIST_HEAD_INIT((name).task_list),     \
    }
```

在autoremove_wake_function中，调用了default_wake_function。

```
//file: kernel/sched/core.c
int default_wake_function(wait_queue_t *curr, unsigned mode, int wake_flags,
                    void *key)
{
    return try_to_wake_up(curr->private, mode, wake_flags);
}
```

调用try_to_wake_up时传入的task_struct是curr->private，这个就是当时因为等待而被阻塞的进程项。当这个函数执行完的时候，**在socket上等待而被阻塞的进程就被推入可运行队列里了，这又将产生一次进程上下文切换的开销。**

3.3.3　同步阻塞总结

好了，我们把上面的流程总结一下。同步阻塞方式接收网络包的整个过程分为两部分：

- 第一部分是我们自己的代码所在的进程，我们调用的socket()函数会进入内核态创建必要内核对象。recv()函数在进入内核态以后负责查看接收队列，以及在没有数据可处理的时候把当前进程阻塞掉，让出CPU。
- 第二部分是硬中断、软中断上下文（系统线程ksoftirqd）。在这些组件中，将包处理完后会放到socket的接收队列中。然后根据socket内核对象找到其等待队列中正在因为等待而被阻塞掉的进程，把它唤醒。

同步阻塞总体流程如图3.12所示。每次一个进程专门为了等一个socket上的数据就被从CPU上拿下来，然后换上另一个进程，如图3.13所示。等到数据准备好，睡眠的进程又会被唤醒，总共产生两次进程上下文切换开销。根据业界的测试，每一次切换大约花费3~5微秒，在不同的服务器上会有一点儿出入，但上下浮动不会太大。

要知道从开发者角度来看，进程上下文切换其实没有做有意义的工作。如果是网络IO密集型的应用，CPU就会被迫不停地做进程切换这种无用功。

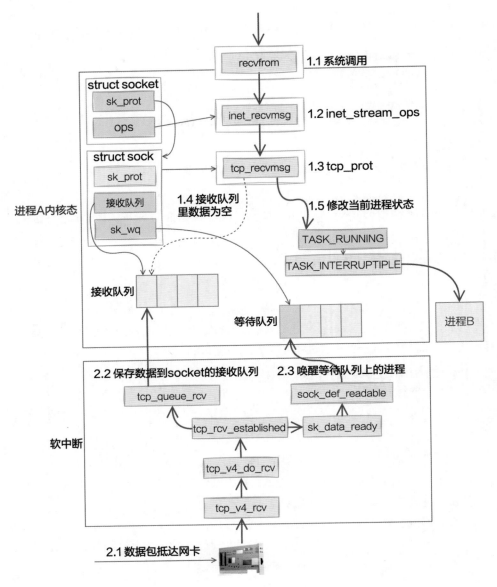

图3.12　同步阻塞流程汇总

图3.13　进程切换

这种模式在客户端角色上，现在还存在使用的情形。因为你的进程可能确实要等MySQL的数据返回成功之后，才能渲染页面返回给用户，否则什么也干不了。

> ★注意
>
> 注意一下，这里说的是角色，不是具体的机器。例如对于你的PHP/Java/Golang接口机，接收用户请求的时候，是服务端角色，但在请求Redis的时候，就变为客户端角色了。

不过现在有一些封装得很好的网络框架，例如Sogou Workflow、Golang的net包等，在网络客户端角色上也早已摒弃了这种低效的模式！

在服务端角色上，这种模式完全没办法使用。因为这种简单模型里的socket和进程是一对一的。现在要在单台机器上承载成千上万，甚至十几万、上百万的用户连接请求。如果用上面的方式，就得为每个用户请求都创建一个进程。相信你在无论多原始的服务端网络编程里，都没见过有人这么干吧。

如果让我给它起一个名字的话，就叫**单路不复用**（飞哥自创名词）。那么有没有更高效的网络IO模型呢？当然有，那就是你所熟知的select、poll和epoll了。下一节再开始拆解epoll的实现！

3.4　内核和用户进程协作之epoll

在上一节的recvfrom中，我们看到用户进程为了等待一个socket就得被阻塞掉。进程在Linux上是一个开销不小的家伙，先不说创建，仅是上下文切换一次就得几微秒。所以为了高效地对海量用户提供服务，必须要让一个进程能同时处理很多TCP连接才行。现在假设一个进程保持了1万条连接，那么如何发现哪条连接上有数据可读了、哪条连接可写了？

一种方法是我们可以采用循环遍历的方式来发现IO事件，以非阻塞的方式for循环遍历查看所有的socket。但这种方式太低级了，我们希望有一种更高效的机制，在很多连接中的某条上有IO事件发生时直接快速把它找出来。其实这个事情Linux操作系统已经替我们都做好了，它就是我们所熟知的**IO多路复用**机制。这里的复用指的就是对进程的复用。

在Linux上多路复用方案有select、poll、epoll。它们三个中的epoll的性能表现是最优秀的，能支持的并发量也最大。所以下面把epoll作为要拆解的对象，深入揭秘内核是如何实现多路的IO管理的。

为了方便讨论，还是把epoll的简单示例搬出来（只是个例子，实践中不这么写）。

```
int main(){
    listen(lfd, ...);
```

```
        cfd1 = accept(...);
        cfd2 = accept(...);
        efd = epoll_create(...);

        epoll_ctl(efd, EPOLL_CTL_ADD, cfd1, ...);
        epoll_ctl(efd, EPOLL_CTL_ADD, cfd2, ...);
        epoll_wait(efd, ...)
}
```

其中和epoll相关的函数是如下三个：

- epoll_create：创建一个epoll对象。
- epoll_ctl：向epoll对象添加要管理的连接。
- epoll_wait：等待其管理的连接上的IO事件。

借助这个demo来展开对epoll原理的深度拆解。相信等你理解了本节内容以后，对epoll的驾驭能力将变得炉火纯青！

3.4.1　epoll内核对象的创建

在用户进程调用epoll_create时，内核会创建一个struct eventpoll的内核对象，并把它关联到当前进程的已打开文件列表中，如图3.14所示。

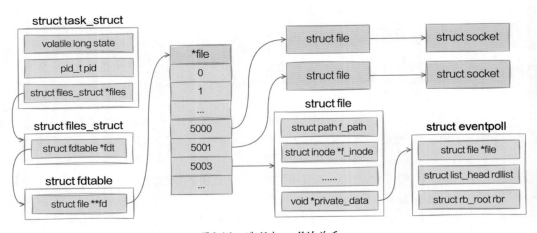

图3.14　进程与epoll的关系

对于struct eventpoll对象，更详细的结构如图3.15所示（同样只列出和本章主题相关的成员）。

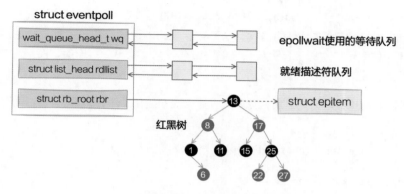

图3.15　eventpoll对象

epoll_create的源代码相对比较简单，在fs/eventpoll.c中。

```c
// file: fs/eventpoll.c
SYSCALL_DEFINE1(epoll_create1, int, flags)
{
    struct eventpoll *ep = NULL;

    //创建一个eventpoll对象
    error = ep_alloc(&ep);
}
```

struct eventpoll的定义也在这个源文件中。

```c
// file: fs/eventpoll.c
struct eventpoll {

    //sys_epoll_wait用到的等待队列
    wait_queue_head_t wq;

    //接收就绪的描述符都会放到这里
    struct list_head rdllist;

    //每个epoll对象中都有一棵红黑树
    struct rb_root rbr;

    ......
}
```

eventpoll这个结构体中的几个成员的含义如下：

- **wq**：等待队列链表。软中断数据就绪的时候会通过wq来找到阻塞在epoll对象上的用户进程。
- **rbr**：一棵红黑树。为了支持对海量连接的高效查找、插入和删除，eventpoll内部使用了一棵红黑树。通过这棵树来管理用户进程下添加进来的所有socket连接。

- **rdllist**：就绪的描述符的链表。当有连接就绪的时候，内核会把就绪的连接放到rdllist链表里。这样应用进程只需要判断链表就能找出就绪连接，而不用去遍历整棵树。

当然这个结构被申请完之后，需要做一点点的初始化工作，这都在ep_alloc中完成。

```c
//file:fs/eventpoll.c
static int ep_alloc(struct eventpoll **pep)
{
    struct eventpoll *ep;

    //申请eventpoll内存
    ep = kzalloc(sizeof(*ep), GFP_KERNEL);

    //初始化等待队列头
    init_waitqueue_head(&ep->wq);

    //初始化就绪列表
    INIT_LIST_HEAD(&ep->rdllist);

    //初始化红黑树指针
    ep->rbr = RB_ROOT;

    ......
}
```

说到这里，这些成员其实只是刚被定义或初始化了，还都没有被使用。它们会在下面被用到。

3.4.2　为epoll添加socket

理解这一步是理解整个epoll的关键。

为了简单起见，我们只考虑使用EPOLL_CTL_ADD添加socket，先忽略删除和更新。

假设现在和客户端的多个连接的socket都创建好了，也创建好了epoll内核对象。在使用epoll_ctl注册每一个socket的时候，内核会做如下三件事情：

1. 分配一个红黑树节点对象epitem。
2. 将等待事件添加到socket的等待队列中，其回调函数是ep_poll_callback。
3. 将epitem插入epoll对象的红黑树。

通过epoll_ctl添加两个socket以后，这些内核数据结构最终在进程中的关系大致如图3.16所示。

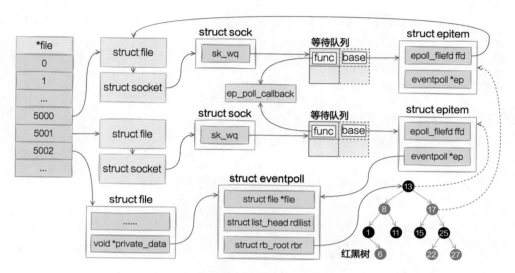

图3.16 为epoll添加两个socket的进程

我们来详细看看socket是如何添加到epoll对象里的，找到epoll_ctl的源码。

```c
// file: fs/eventpoll.c
SYSCALL_DEFINE4(epoll_ctl, int, epfd, int, op, int, fd,
        struct epoll_event __user *, event)
{
    struct eventpoll *ep;
    struct file *file, *tfile;

    //根据epfd找到eventpoll内核对象
    file = fget(epfd);
    ep = file->private_data;

    //根据socket句柄号，找到其file内核对象
    tfile = fget(fd);

    switch (op) {
    case EPOLL_CTL_ADD:
        if (!epi) {
            epds.events |= POLLERR | POLLHUP;
            error = ep_insert(ep, &epds, tfile, fd);
        } else
            error = -EEXIST;
        clear_tfile_check_list();
        break;
}
```

在epoll_ctl中首先根据传入fd找到eventpoll、socket相关的内核对象。对于EPOLL_

CTL_ADD操作来说，然后会执行到ep_insert函数。所有的注册都是在这个函数中完成的。

```c
//file: fs/eventpoll.c
static int ep_insert(struct eventpoll *ep,
                struct epoll_event *event,
                struct file *tfile, int fd)
{
    //1 分配并初始化epitem
    //分配一个epi对象
    struct epitem *epi;
    if (!(epi = kmem_cache_alloc(epi_cache, GFP_KERNEL)))
        return -ENOMEM;

    //对分配的epi对象进行初始化
    //epi->ffd中存了句柄号和struct file对象地址
    INIT_LIST_HEAD(&epi->pwqlist);
    epi->ep = ep;
    ep_set_ffd(&epi->ffd, tfile, fd);

    //2 设置socket等待队列
    //定义并初始化ep_pqueue对象
    struct ep_pqueue epq;
    epq.epi = epi;
    init_poll_funcptr(&epq.pt, ep_ptable_queue_proc);

    //调用ep_ptable_queue_proc注册回调函数
    //实际注入的函数为ep_poll_callback
    revents = ep_item_poll(epi, &epq.pt);

    ......
    //3 将epi插入eventpoll对象的红黑树中
    ep_rbtree_insert(ep, epi);
    ......
}
```

分配并初始化epitem

对于每一个socket，调用epoll_ctl的时候，都会为之分配一个epitem。该结构的主要数据结构如下：

```c
//file: fs/eventpoll.c
struct epitem {
    //红黑树节点
    struct rb_node rbn;

    //socket文件描述符信息
    struct epoll_filefd ffd;
```

```
//所归属的eventpoll对象
struct eventpoll *ep;

//等待队列
struct list_head pwqlist;
}
```

对epitem进行一些初始化，首先在epi->ep = ep这行代码中将其ep指针指向eventpoll对象。另外用要添加的socket的file、fd来填充epitem->ffd。epitem初始化后的关联关系如图3.17所示。

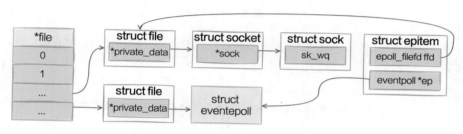

图3.17　epitem初始化

其中使用到的ep_set_ffd函数如下。

```
static inline void ep_set_ffd(struct epoll_filefd *ffd,
                   struct file *file, int fd)
{
    ffd->file = file;
    ffd->fd = fd;
}
```

设置socket等待队列

在创建epitem并初始化之后，ep_insert中第二件事情就是设置socket对象上的等待任务队列，并把函数fs/eventpoll.c文件下的ep_poll_callback设置为数据就绪时候的回调函数，如图3.18所示。

这一块的源代码稍微有点绕，读者如果没有耐心的话直接跳到下面的粗体字部分来看。首先来看ep_item_poll。

```
static inline unsigned int ep_item_poll(struct epitem *epi, poll_table *pt)
{
    pt->_key = epi->event.events;

    return epi->ffd.file->f_op->poll(epi->ffd.file, pt) & epi->event.events;
}
```

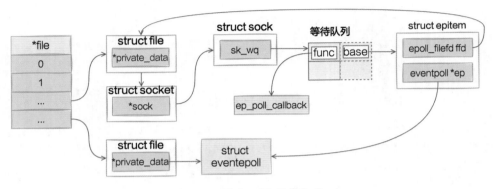

图3.18   设置socket等待队列

看，这里调用到了socket下的file->f_op->poll。通过前面3.1节的socket的结构图，我们知道这个函数实际上是sock_poll。

```
/* No kernel lock held - perfect */
static unsigned int sock_poll(struct file *file, poll_table *wait)
{
    ...
    return sock->ops->poll(file, sock, wait);
}
```

同样回看3.1节里的socket的结构图，sock->ops->poll其实指向的是tcp_poll。

```
//file: net/ipv4/tcp.c
unsigned int tcp_poll(struct file *file, struct socket *sock, poll_table
*wait)
{
    struct sock *sk = sock->sk;

    sock_poll_wait(file, sk_sleep(sk), wait);
}
```

在sock_poll_wait的第二个参数传参前，先调用了sk_sleep函数。**在这个函数里它获取了sock对象下的等待队列列表头wait_queue_head_t，稍后等待队列项就插到这里。**这里稍微注意下，是socket的等待队列，不是epoll对象的。下面来看sk_sleep源码。

```
//file: include/net/sock.h
static inline wait_queue_head_t *sk_sleep(struct sock *sk)
{
    BUILD_BUG_ON(offsetof(struct socket_wq, wait) != 0);
    return &rcu_dereference_raw(sk->sk_wq)->wait;
}
```

接着真正进入sock_poll_wait。

```
static inline void sock_poll_wait(struct file *filp,
        wait_queue_head_t *wait_address, poll_table *p)
{
    poll_wait(filp, wait_address, p);
}
static inline void poll_wait(struct file * filp, wait_queue_head_t * wait_
address, poll_table *p)
{
    if (p && p->_qproc && wait_address)
        p->_qproc(filp, wait_address, p);
}
```

这里的qproc是个函数指针，它在前面的init_poll_funcptr调用时被设置成了ep_ptable_queue_proc函数。

```
static int ep_insert(...)
{
    ...
    init_poll_funcptr(&epq.pt, ep_ptable_queue_proc);
    ...
}
//file: include/linux/poll.h
static inline void init_poll_funcptr(poll_table *pt,
    poll_queue_proc qproc)
{
    pt->_qproc = qproc;
    pt->_key   = ~0UL; /* all events enabled */
}
```

"敲黑板"！！！注意，费了半天劲儿，终于到了重点了！在ep_ptable_queue_proc函数中，新建了一个等待队列项，并注册其回调函数为ep_poll_callback函数，然后再将这个等待项添加到socket的等待队列中。

```
//file: fs/eventpoll.c
static void ep_ptable_queue_proc(struct file *file, wait_queue_head_t *whead,
                poll_table *pt)
{
    struct eppoll_entry *pwq;
    f (epi->nwait >= 0 && (pwq = kmem_cache_alloc(pwq_cache, GFP_KERNEL))) {
        //初始化回调方法
        init_waitqueue_func_entry(&pwq->wait, ep_poll_callback);

        //将ep_poll_callback放入socket的等待队列whead（注意不是epoll的等待队列）
        add_wait_queue(whead, &pwq->wait);

    }
```

在前面介绍阻塞式的系统调用recvfrom时，由于需要在数据就绪的时候唤醒用户进程，所以等待对象项的private（这个变量名起得令人无语）会设置成当前用户进程描述符current。而这里的socket是交给epoll来管理的，不需要在一个socket就绪的时候就唤醒进程，所以这里的q->private没有什么用就设置成了NULL。

```
//file:include/linux/wait.h
static inline void init_waitqueue_func_entry(
    wait_queue_t *q, wait_queue_func_t func)
{
    q->flags = 0;
    q->private = NULL;

    //将ep_poll_callback注册到wait_queue_t对象上
    //有数据到达的时候调用q->func
    q->func = func;
}
```

如上，等待队列项中仅将回调函数q->func设置为ep_poll_callback。在3.4.4节中将看到，软中断将数据收到socket的接收队列后，会通过注册的这个ep_poll_callback函数来回调，进而通知epoll对象。

插入红黑树

分配完epitem对象后，紧接着把它插入红黑树。一个插入了一些socket描述符的epoll里的红黑树的示意图如图3.19所示。

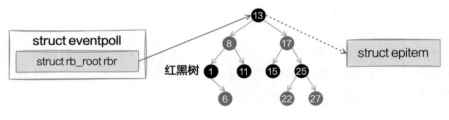

图3.19　插入红黑树

这里再聊聊为什么要用红黑树，很多人说是因为效率高。其实我觉得这个解释不够全面，要说查找效率，树哪能比得上哈希表。我个人认为更为合理的解释是为了让epoll在查找效率、插入效率、内存开销等多个方面比较均衡，最后发现最适合这个需求的数据结构是红黑树。

3.4.3　epoll_wait之等待接收

epoll_wait做的事情不复杂，当它被调用时它观察eventpoll->rdllist链表里有没有数据。有数据就返回，没有数据就创建一个等待队列项，将其添加到eventpoll的等待队列上，然后把自己阻塞掉完事，如图3.20所示。

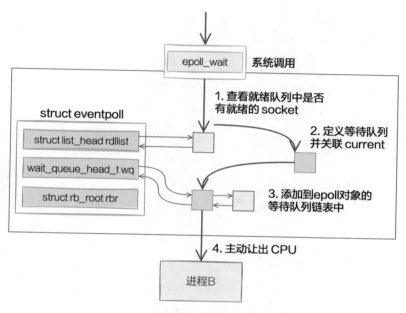

图3.20　epoll_wait原理

> ★注意　epoll_ctl添加socket时也创建了等待队列项。不同的是这里的等待队列项是挂在epoll对象上的，而前者是挂在socket对象上的。

其源代码如下：

```
//file: fs/eventpoll.c
SYSCALL_DEFINE4(epoll_wait, int, epfd, ...)
{
    ......
    error = ep_poll(ep, events, maxevents, timeout);
}

static int ep_poll(struct eventpoll *ep, ...)
{
    wait_queue_t wait;
    ......

fetch_events:
    //1 判断就绪队列上有没有事件就绪
    if (!ep_events_available(ep)) {
```

```
//2 定义等待事件并关联当前进程
init_waitqueue_entry(&wait, current);

//3 把新waitqueue添加到epoll->wq链表
__add_wait_queue_exclusive(&ep->wq, &wait);

for (;;) {
    ......
    //4 让出CPU，主动进入睡眠状态
    set_current_state(TASK_INTERRUPTIBLE);
    if (!schedule_hrtimeout_range(to, slack, HRTIMER_MODE_ABS))
        timed_out = 1;
    ......
}
```

判断就绪队列上有没有事件就绪

首先调用ep_events_available来判断就绪链表中是否有可处理的事件。

```
//file: fs/eventpoll.c
static inline int ep_events_available(struct eventpoll *ep)
{
    return !list_empty(&ep->rdllist) || ep->ovflist != EP_UNACTIVE_PTR;
}
```

定义等待事件并关联当前进程

假设确实没有就绪的连接，那接着会进入init_waitqueue_entry中定义等待任务，并把current（当前进程）添加到waitqueue上。

> ★注意
>
> 是的，当没有IO事件的时候，epoll也会阻塞掉当前进程。这个是合理的，因为没有事情可做了占着CPU也没什么意义。网上的一些文章有个很不好的习惯，讨论阻塞、非阻塞等概念的时候都不说主语。这会导致你看得云里雾里。拿epoll来说，epoll本身是阻塞的，但一般会把socket设置成非阻塞。只有说了主语，这些概念才有意义。

```
//file: include/linux/wait.h
static inline void init_waitqueue_entry(wait_queue_t *q, struct task_struct *p)
{
    q->flags = 0;
    q->private = p;
```

```
  q->func = default_wake_function;
}
```

注意这里的回调函数名称是default_wake_function。后续在3.4.4节中将会调用该函数。

添加到等待队列

```
static inline void __add_wait_queue_exclusive(wait_queue_head_t *q,
                                   wait_queue_t *wait)
{
    wait->flags |= WQ_FLAG_EXCLUSIVE;
    __add_wait_queue(q, wait);
}
```

在这里，把上一小节定义的等待事件添加到了epoll对象的等待队列中。

让出CPU主动进入睡眠状态

通过set_current_state把当前进程设置为可打断。调用schedule_hrtimeout_range让出CPU，主动进入睡眠状态。

```
//file: kernel/hrtimer.c
int __sched schedule_hrtimeout_range(ktime_t *expires,
    unsigned long delta, const enum hrtimer_mode mode)
{
    return schedule_hrtimeout_range_clock(
            expires, delta, mode, CLOCK_MONOTONIC);
}

int __sched schedule_hrtimeout_range_clock(...)
{
    schedule();
    ......
}
```

在schedule中选择下一个进程调度。

```
//file: kernel/sched/core.c
static void __sched __schedule(void)
{
    next = pick_next_task(rq);
    ......
    context_switch(rq, prev, next);
}
```

3.4.4　数据来了

在前面epoll_ctl执行的时候，内核为每一个socket都添加了一个等待队列项。在epoll_

wait运行完的时候，又在event poll对象上添加了等待队列元素。在讨论数据开始接收之前，我们把这些队列项的内容再总结到图3.21中。

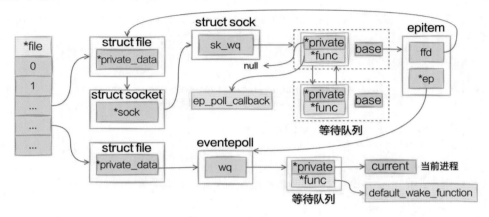

图3.21   各种epoll相关队列

- socket->sock->sk_data_ready设置的就绪处理函数是sock_def_readable。
- 在socket的等待队列项中，其回调函数是ep_poll_callback。另外其private没用了，指向的是空指针null。
- 在eventpoll的等待队列项中，其回调函数是default_wake_function。其private指向的是等待该事件的用户进程。

在这一小节里，将看到软中断是怎样在数据处理完之后依次进入各个回调函数，最后通知到用户进程的。

将数据接收到任务队列

关于软中断是怎么处理网络帧的，这里不再过多介绍，回头看第2章即可。我们直接从TCP协议栈的处理入口函数tcp_v4_rcv开始说起。

```c
// file: net/ipv4/tcp_ipv4.c
int tcp_v4_rcv(struct sk_buff *skb)
{
    ......
    th = tcp_hdr(skb); //获取TCP头
    iph = ip_hdr(skb); //获取IP头

    //根据数据包头中的IP、端口信息查找到对应的socket
    sk = __inet_lookup_skb(&tcp_hashinfo, skb, th->source, th->dest);
    ......

    //socket未被用户锁定
```

```
    if (!sock_owned_by_user(sk)) {
        {
            if (!tcp_prequeue(sk, skb))
                ret = tcp_v4_do_rcv(sk, skb);
        }
    }
}
```

在tcp_v4_rcv中首先根据收到的网络包的header里的source和dest信息在本机上查询对应的socket。找到以后，我们直接进入接收的主体函数tcp_v4_do_rcv来看。

```
//file: net/ipv4/tcp_ipv4.c
int tcp_v4_do_rcv(struct sock *sk, struct sk_buff *skb)
{
    if (sk->sk_state == TCP_ESTABLISHED) {

        //执行连接状态下的数据处理
        if (tcp_rcv_established(sk, skb, tcp_hdr(skb), skb->len)) {
            rsk = sk;
            goto reset;
        }
        return 0;
    }

    //其他非ESTABLISH状态的数据包处理
    ......
}
```

我们假设处理的是ESTABLISH状态下的包，这样就又进入tcp_rcv_established函数中进行处理了。

```
//file: net/ipv4/tcp_input.c
int tcp_rcv_established(struct sock *sk, struct sk_buff *skb,
            const struct tcphdr *th, unsigned int len)
{
    ......

    //将数据接收到队列中
    eaten = tcp_queue_rcv(sk, skb, tcp_header_len,
                                    &fragstolen);

    //数据准备好，唤醒socket上阻塞掉的进程
    sk->sk_data_ready(sk, 0);
```

在tcp_rcv_established中通过调用tcp_queue_rcv函数完成了将接收数据放到socket的接收队列上，如图3.22所示。

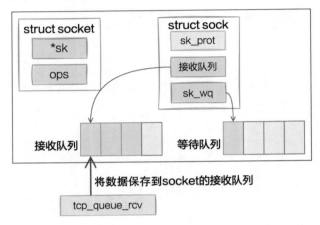

图3.22 将数据保存到socket接收队列

源码如下所示。

```c
//file: net/ipv4/tcp_input.c
static int __must_check tcp_queue_rcv(struct sock *sk, struct sk_buff *skb,
int hdrlen,
        bool *fragstolen)
{
    //把接收到的数据放到socket的接收队列的尾部
    if (!eaten) {
        __skb_queue_tail(&sk->sk_receive_queue, skb);
        skb_set_owner_r(skb, sk);
    }
    return eaten;
}
```

查找就绪回调函数

调用tcp_queue_rcv完成接收之后，接着再调用sk_data_ready来唤醒在socket上等待的用户进程。这又是一个函数指针。回想3.1节在accept函数创建socket流程里提到的sock_init_data函数，其中已经把sk_data_ready设置成sock_def_readable函数了。它是默认的数据就绪处理函数。

当socket上数据就绪时，内核将以sock_def_readable这个函数为入口，找到epoll_ctl添加socket时在其上设置的回调函数ep_poll_callback，如图3.23所示。

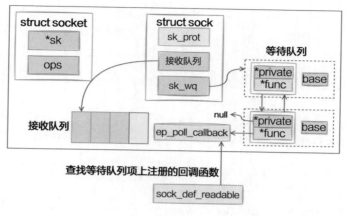

图3.23　就绪回调

接下来详细看看细节。

```
//file: net/core/sock.c
static void sock_def_readable(struct sock *sk, int len)
{
    struct socket_wq *wq;

    rcu_read_lock();
    wq = rcu_dereference(sk->sk_wq);

    //这个名字起得不好，并不是有阻塞的进程，
    //而是判断等待队列不为空
    if (wq_has_sleeper(wq))
        //执行等待队列项上的回调函数
        wake_up_interruptible_sync_poll(&wq->wait, POLLIN | POLLPRI |
                        POLLRDNORM | POLLRDBAND);
    sk_wake_async(sk, SOCK_WAKE_WAITD, POLL_IN);
    rcu_read_unlock();
}
```

这里的函数名其实都有迷惑人的地方：

- wq_has_sleeper，对于简单的recvfrom系统调用来说，确实是判断是否有进程阻塞。但是对于epoll下的socket只是判断等待队列是否不为空，不一定有进程阻塞。
- wake_up_interruptible_sync_poll，只是会进入socket等待队列项上设置的回调函数，并不一定有唤醒进程的操作。

接下来重点看wake_up_interruptible_sync_poll。我们看一下内核是怎么找到等待队列项里注册的回调函数的。

```
//file: include/linux/wait.h
#define wake_up_interruptible_sync_poll(x, m)            \
    __wake_up_sync_key((x), TASK_INTERRUPTIBLE, 1, (void *) (m))
//file: kernel/sched/core.c
void __wake_up_sync_key(wait_queue_head_t *q, unsigned int mode,
            int nr_exclusive, void *key)
{
    ......
    __wake_up_common(q, mode, nr_exclusive, wake_flags, key);
}
```

接着进入__wake_up_common。

```
static void __wake_up_common(wait_queue_head_t *q, unsigned int mode,
            int nr_exclusive, int wake_flags, void *key)
{
    wait_queue_t *curr, *next;

    list_for_each_entry_safe(curr, next, &q->task_list, task_list) {
        unsigned flags = curr->flags;

        if (curr->func(curr, mode, wake_flags, key) &&
                (flags & WQ_FLAG_EXCLUSIVE) && !--nr_exclusive)
            break;
    }
}
```

在__wake_up_common中，选出等待队列里注册的某个元素curr，回调其curr->func。之前调用ep_insert的时候，把这个func设置成ep_poll_callback了。

执行socket就绪回调函数

由前面的内容可知，已经找到了socket等待队列项里注册的函数ep_poll_callback，接着软中断就会调用它。

```
//file: fs/eventpoll.c
static int ep_poll_callback(wait_queue_t *wait, unsigned mode, int sync,
void *key)
{
    //获取wait对应的epitem
    struct epitem *epi = ep_item_from_wait(wait);

    //获取epitem对应的eventpoll结构体
    struct eventpoll *ep = epi->ep;
```

```
//1   将当前epitem添加到eventpoll的就绪队列中
list_add_tail(&epi->rdllink, &ep->rdllist);

//2   查看eventpoll的等待队列上是否有等待
if (waitqueue_active(&ep->wq))
    wake_up_locked(&ep->wq);
```

在ep_poll_callback中根据等待任务队列项上额外的base指针可以找到epitem，进而也可以找到eventpoll对象。

它做的第一件事就是**把自己的epitem添加到epoll的就绪队列中**。接着它又会查看eventpoll对象上的等待队列里是否有等待项（epoll_wait执行的时候会设置）。如果没有等待项，软中断的事情就做完了。如果有等待项，那就找到等待项里设置的回调函数，如图3.24所示。

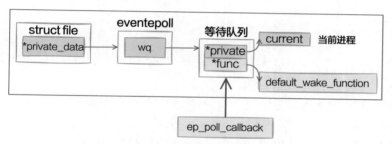

图3.24　回调eventpoll等待项

依次调用wake_up_locked() => __wake_up_locked() => __wake_up_common。

```
static void __wake_up_common(wait_queue_head_t *q, unsigned int mode,
        int nr_exclusive, int wake_flags, void *key)
{
    wait_queue_t *curr, *next;

    list_for_each_entry_safe(curr, next, &q->task_list, task_list) {
        unsigned flags = curr->flags;

        if (curr->func(curr, mode, wake_flags, key) &&
                (flags & WQ_FLAG_EXCLUSIVE) && !--nr_exclusive)
            break;
    }
}
```

在__wake_up_common里，调用curr->func。这里的func是在epoll_wait时传入的default_wake_function函数。

执行epoll就绪通知

在default_wake_function中找到等待队列项里的进程描述符，然后唤醒它，如图3.25所示。

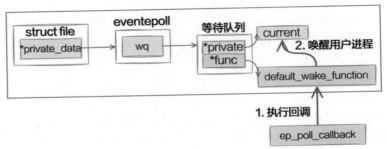

图3.25　唤醒用户进程

源代码如下：

```
//file:kernel/sched/core.c
int default_wake_function(wait_queue_t *curr, unsigned mode, int wake_flags,
                void *key)
{
    return try_to_wake_up(curr->private, mode, wake_flags);
}
```

等待队列项curr->private指针是在epoll对象上等待而被阻塞掉的进程。

将epoll_wait进程推入可运行队列，等待内核重新调度进程。当这个进程重新运行后，从epoll_wait阻塞时暂停的代码处继续执行。把rdlist中就绪的事件返回给用户进程。

```
//file: fs/eventpoll.c
static int ep_poll(struct eventpoll *ep, struct epoll_event __user *events,
            int maxevents, long timeout)
{

    ......
    __remove_wait_queue(&ep->wq, &wait);

    set_current_state(TASK_RUNNING);
    }
check_events:
    //给用户进程返回就绪事件
    ep_send_events(ep, events, maxevents))
}
```

从用户角度来看，epoll_wait只是多等了一会儿而已，但执行流程还是顺序的。

3.4.5 小结

我们来用图3.26总结epoll的整个工作流程。

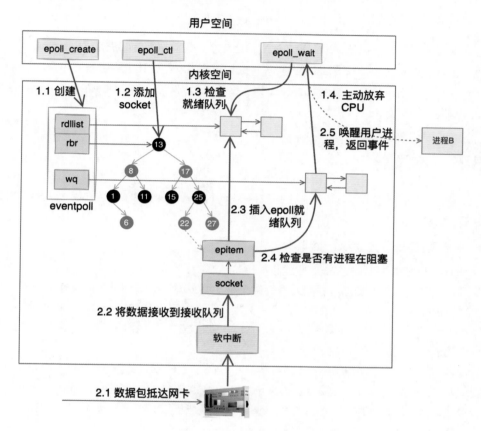

图3.26 epoll原理汇总

其中软中断回调时的回调函数调用关系整理如下：

sock_def_readable：sock对象初始化时设置的。

    => ep_poll_callback：调用epoll_ctl时添加到socket上的。

        => default_wake_function：调用epoll_wait时设置到epoll上的。

总结一下，epoll相关的函数里内核运行环境分两部分：

* 用户进程内核态。调用epoll_wait等函数时会将进程陷入内核态来执行。这部分代
  码负责查看接收队列，以及负责把当前进程阻塞掉，让出CPU。

- 硬、软中断上下文。在这些组件中，将包从网卡接收过来进行处理，然后放到socket的接收队列。对于epoll来说，再找到socket关联的epitem，并把它添加到epoll对象的就绪链表中。这个时候再捎带检查一下epoll上是否有被阻塞的进程，如果有唤醒它。

为了介绍到每个细节，本章涉及的流程比较多，把阻塞都介绍进来了。

但其实**在实践中，只要活儿足够多，epoll_wait根本不会让进程阻塞**。用户进程会一直干活儿，一直干活儿，直到epoll_wait里实在没活儿可干的时候才主动让出CPU。这就是epoll高效的核心原因所在！

3.5 本章总结

好了，同步阻塞的recvfrom和多路复用的epoll都深度拆解完了，现在回过头再看本章开篇提出的问题。

1）阻塞到底是怎么一回事？

网络开发模型中，经常会遇到阻塞和非阻塞的概念。通过本章对源码的分析，我们理解了阻塞其实说的是**进程因为等待某个事件而主动让出CPU挂起的操作**。在网络IO中，当进程等待socket上的数据时，如果数据还没有到来，那就把当前进程状态从TASK_RUNNING修改为TASK_INTERRUPTIPLE，然后主动让出CPU。由调度器来调度下一个就绪状态的进程来执行。

所以，以后你在分析某个技术方案是不是阻塞的时候，关键要看进程有没有放弃CPU。如果放弃了，那就是阻塞。如果没放弃，那就是非阻塞。事实上，recvfrom也可以设置成非阻塞。在这种情况下，如果socket上没有数据到达，调用直接返回空，而不是挂起等待。

2）同步阻塞IO都需要哪些开销？

通过本章的介绍可以了解到同步阻塞IO的开销主要有以下这些：

- 进程通过recv系统调用接收一个socket上的数据时，如果数据没有达到，进程就被从CPU上拿下来，然后再换上另一个进程。这导致一次进程上下文切换的开销。
- 当连接上的数据就绪的时候，睡眠的进程又会被唤醒，又是一次进程切换的开销。
- 一个进程同时只能等待一条连接，如果有很多并发，则需要很多进程。每个进程都将占用大约几MB的内存。

从CPU开销角度来看，一次同步阻塞网络IO将导致两次进程上下文切换开销。每一次切换大约花费3~5微秒。从开发者角度来看，进程上下文切换其实没在做有意义的工作。如果是网络IO密集型的应用，CPU就不停地做进程切换，CPU吭哧吭哧累得要死，还被程序员吐槽性能差。

另外就是一个进程同一时间只能处理一个socket，我们现在要在单台机器上承载成千上万，甚至十几万、上百万的用户连接请求。如果用上面的方式，那就得为每个用户请求都创建一个进程。内存可能都不够用。

如果用一句话来概括，那就是：**同步阻塞网络IO是高性能网络开发路上的绊脚石！** 所以在服务端的网络IO模型里，没有人用同步阻塞网络IO。

3）多路复用epoll为什么就能提高网络性能？

其实epoll高性能最根本的原因**是极大程度地减少了无用的进程上下文切换，让进程更专注地处理网络请求。**

在内核的硬、软中断上下文中，包从网卡接收过来进行处理，然后放到socket的接收队列。再找到socket关联的epitem，并把它添加到epoll对象的就绪链表中。

在用户进程中，通过调用epoll_wait来查看就绪链表中是否有事件到达，如果有，直接取走进行处理。处理完毕再次调用epoll_wait。在高并发的实践中，只要活儿足够多，epoll_wait根本不会让进程阻塞。用户进程会一直干活儿，一直干活儿，直到epoll_wait里实在没活儿可干的时候才主动让出CPU。这就是epoll高效的核心原因所在！

至于红黑树，仅仅是提高了epoll查找、添加、删除socket时的效率而已，不算epoll在高并发场景高性能的根本原因。

4）epoll也是阻塞的？

很多人以为只要一提到阻塞，就是性能差，其实这就冤枉了阻塞。本章多次讲过，阻塞说的是**进程因为等待某个事件而主动让出CPU挂起的操作。**

例如，一个epoll对象下添加了一万个客户端连接的socket。假设所有这些socket上都还没有数据达到，这个时候进程调用epoll_wait发现没有任何事情可干。这种情况下用户进程就会被阻塞掉，而这种情况是完全正常的，没有工作需要处理，那还占着CPU是没有道理的。

阻塞不会导致低性能，过多过频繁的阻塞才会。epoll的阻塞和它的高性能并不冲突。

5）为什么Redis的网络性能都很突出？

Redis在网络IO性能上表现非常突出，单进程的服务器在极限情况下可以达到10万的QPS。

我们来看下它某个版本的源码，其实非常简洁。

```
void aeMain(aeEventLoop *eventLoop) {
    while (!eventLoop->stop) {
        ......
```

```
        // 开始处理事件
        aeProcessEvents(eventLoop, AE_ALL_EVENTS);
    }
}
```

aeMain是Redis事件循环，在这个循环里进入aeProcessEvents。

```
//file:src/ae.c
int aeProcessEvents(aeEventLoop *eventLoop, int flags)
{
    //等待事件
    numevents = aeApiPoll(eventLoop, tvp);
    for (j = 0; j < numevents; j++) {
            // 处理
        aeFileEvent *fe = &eventLoop->events[eventLoop->fired[j].fd];
        fe->rfileProc()
        fe->wfileProc()
    }
}
```

aeProcessEvents中通过调用aeApiPoll来等待事件，其实aeApiPoll只是一个对epoll_wait的封装而已。

```
//file: src/ae_epoll.c
static int aeApiPoll(aeEventLoop *eventLoop, struct timeval *tvp) {
    ......
    retval = epoll_wait(state->epfd,state->events,eventLoop->setsize,
            tvp ? (tvp->tv_sec*1000 + tvp->tv_usec/1000) : -1);

}
```

Redis的这个事件循环，可以简化到用如下伪码来表示。

```
void aeMain(aeEventLoop *eventLoop) {
    job = epoll_wait(...)
    do_job();
}
```

Redis的主要业务逻辑就是在本机内存上的数据结构的读写，几乎没有网络IO和磁盘IO，单个请求处理起来很快。所以它把主服务端程序干脆就做成了单进程的，这样省去了多进程之间协作的负担，也更大程度减少了进程切换。进程主要的工作过程就是调用epoll_wait等待事件，有了事件以后处理，处理完之后再调用epoll_wait。一直工作，一直工作，直到实在没有请求需要处理，或者进程时间片到的时候才让出CPU。工作效率发挥到了极致！

> ★ 注意
>
> 其他一些服务或者网络IO框架一般是多进程的配合，谁来等待事件，谁来处理事件，谁来发送结果，就是大家经常听到的各种Reactor、Proactor模型。这就会有进程通信开销，以及可能会带来的进程上下文切换CPU消耗。

在行业里和工作中，你一定也见过这样的大神程序员，一个人就能写出非常优秀的项目。对于大神来说，省去了和他人的沟通和交流成本，反而工作效率能发挥到极致。这感觉和Redis有点像。

> ★ 注意
>
> 虽然单进程的Redis性能很高，单实例可以支持最高10万QPS，但仍然有公司有更高的性能要求。所以在Redis 6.0版本中也开始支持多线程了，不过默认情况下仍然是关闭的。

第4章

内核是如何发送网络包的

4.1　相关实际问题

前面的章节中，我们讨论了Linux接收网络包的过程，以及内核如何和用户进程进行协作。在本章中，将深度讨论内核发送网络包的过程。

我们先来思考如下几个问题。

1）在查看内核发送数据消耗的CPU时，应该看sy还是si？

内核在发送网络包的时候，是需要CPU进行很多的处理工作的。在top命令展示的结果里，和内核相关的项目有这么几个：sy、hi和si等。那么发送网络包的消耗主要是在哪个数据中体现呢？

2）在服务器上查看/proc/softirqs，为什么NET_RX要比NET_TX大得多的多？

软中断类型有好几种，只拿网络IO相关的来说，NET_RX是接收（R表示receive），NET_TX是传输（T表示transmit）。对于一个既收取用户请求，又给用户返回数据的服务器来说，这两块的数字应该差不多才对，至少不会有数量级的差异。但事实上，你拿手头的任何一台服务器来看，NET_RX 都要比 NET_TX 多得多。

拿我手头的一台线上接口服务器来看，NET_RX 要比 NET_TX 高了三个数量级：

```
$ cat /proc/softirqs
                   CPU0        CPU1        CPU2        CPU3
      HI:             0           0           0           0
   TIMER: 1670794607   218940516  3765758957  3937988107
  NET_TX:    384508      285972      244566      258230
  NET_RX: 1591545176  1212716226  1017620906  1058380340
```

那你是否清楚产生这种情况的原因是什么？

3）发送网络数据的时候都涉及哪些内存拷贝操作？

你可能在一些博客里见过一种说法是用"零拷贝"的技术来提高性能。但是我觉得在理解"零拷贝"之前，首先应该搞清楚发送网络数据涉及哪些内存拷贝。不理解这个基础知识，对"零拷贝"很难理解到点上。

4）零拷贝到底是怎么回事？

很多性能优化方案里都会提到零拷贝。但是零拷贝到底是怎么回事，是真的没有数据的内存拷贝了吗？究竟避免了哪步到哪步的拷贝操作？如果不了解数据在网络包收发时在各个不同内核组件中的拷贝过程，对零拷贝很难理解到本质。

5）为什么 Kafka的网络性能很突出？

大家一定对Kafka出类拔萃的性能有所耳闻。那么它性能优异的秘诀究竟在哪儿？如果能够理解清楚，那对提高我们自己手中项目代码的性能一定会有很大的价值。

这些问题其实我们在线上经常会遇到、看到，但我们似乎很少去深究。如果真的能透彻地把这些问题理解到位，我们对性能的掌控能力将会变得更强。

4.2　网络包发送过程总览

还是先从一段简单的代码切入。如下代码是一个典型服务端程序的典型微缩代码：

```
int main(){
    fd = socket(AF_INET, SOCK_STREAM, 0);
    bind(fd, ...);
    listen(fd, ...);

    cfd = accept(fd, ...);

    // 接收用户请求
    read(cfd, ...);

    // 用户请求处理
    dosometing();

    // 给用户返回结果
    send(cfd, buf, sizeof(buf), 0);
}
```

下面来讨论上述代码中，调用send之后内核是怎样把数据包发送出去的。

我觉得看Linux 源码最重要的是要有整体上的把握，而不是一开始就陷入各种细节。这里先给大家准备了一个总的流程图，见图4.1。下面简单阐述发送的数据是如何一步一步被发送到网卡的。

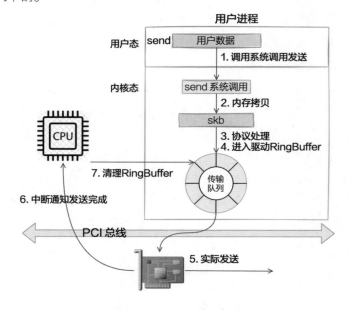

图4.1　网络发送过程概览

在图4.1中，可以看到用户数据被拷贝到内核态，然后经过协议栈处理后进入RingBuffer。随后网卡驱动真正将数据发送了出去。当发送完成的时候，是通过硬中断来通知CPU，然后清理 RingBuffer。

因为本章后面要进入源码分析，所以我们再从源码的角度给出一个流程图，如图4.2所示。

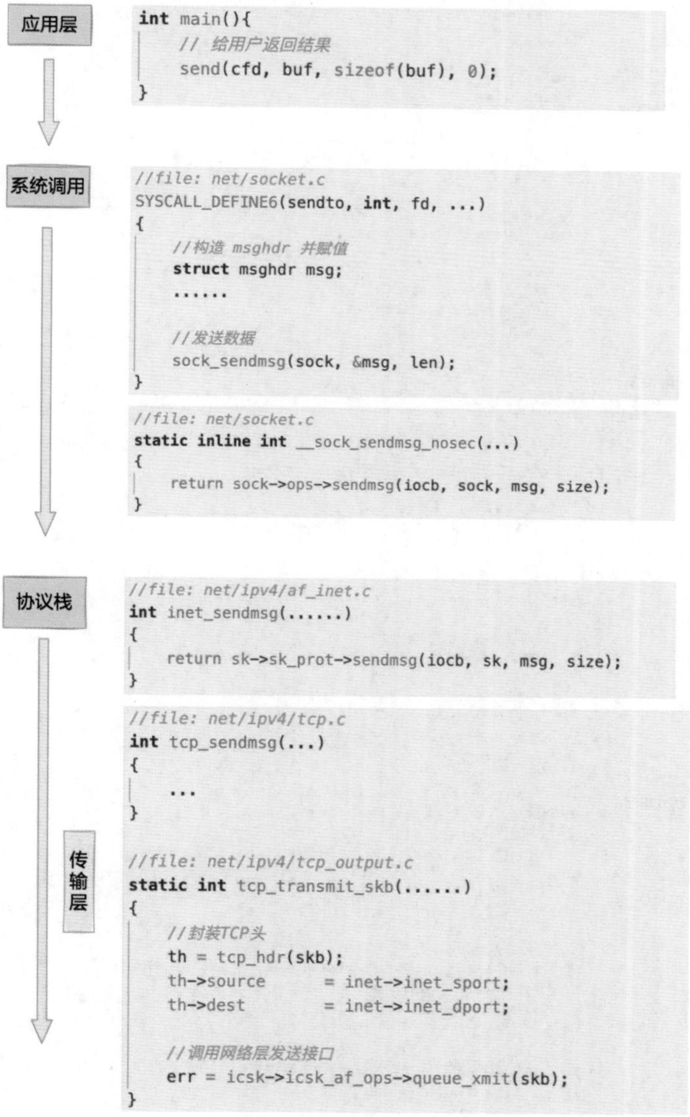

应用层

```
int main(){
    // 给用户返回结果
    send(cfd, buf, sizeof(buf), 0);
}
```

系统调用

```
//file: net/socket.c
SYSCALL_DEFINE6(sendto, int, fd, ...)
{
    //构造 msghdr 并赋值
    struct msghdr msg;
    ......

    //发送数据
    sock_sendmsg(sock, &msg, len);
}
```

```
//file: net/socket.c
static inline int __sock_sendmsg_nosec(...)
{
    return sock->ops->sendmsg(iocb, sock, msg, size);
}
```

协议栈

```
//file: net/ipv4/af_inet.c
int inet_sendmsg(......)
{
    return sk->sk_prot->sendmsg(iocb, sk, msg, size);
}
```

```
//file: net/ipv4/tcp.c
int tcp_sendmsg(...)
{
    ...
}
```

传输层

```
//file: net/ipv4/tcp_output.c
static int tcp_transmit_skb(......)
{
    //封装TCP头
    th = tcp_hdr(skb);
    th->source      = inet->inet_sport;
    th->dest        = inet->inet_dport;

    //调用网络层发送接口
    err = icsk->icsk_af_ops->queue_xmit(skb);
}
```

图4.2　网络发送过程

网络层

```
//file: net/ipv4/ip_output.c
int ip_queue_xmit(struct sk_buff *skb, struct flowi *fl)
{
    res = ip_local_out(skb);
}

//file: net/ipv4/ip_output.c
static inline int ip_finish_output2(struct sk_buff *skb)
{
    //继续向下层传递
    int res = dst_neigh_output(dst, neigh, skb);
}
```

邻居子系统

```
//file: include/net/dst.h
static inline int dst_neigh_output(...)
{
    ......
    return neigh_hh_output(hh, skb);
}

//file: include/net/neighbour.h
static inline int neigh_hh_output(...)
{
    ......
    skb_push(skb, hh_len);
    return dev_queue_xmit(skb);
}
```

网络设备子系统

```
//file: net/core/dev.c
int dev_queue_xmit(struct sk_buff *skb)
{
    //选择发送队列并获取 qdisc
    txq = netdev_pick_tx(dev, skb);
    q = rcu_dereference_bh(txq->qdisc);

    //则调用 __dev_xmit_skb 继续发送
    rc = __dev_xmit_skb(skb, q, dev, txq);
}

//file: net/core/dev.c
int dev_hard_start_xmit(...)
{
    //获取设备的回调函数集合 ops
    const struct net_device_ops *ops = dev->netdev_ops;

    //调用驱动里的发送回调函数 ndo_start_xmit 将数据包传给网卡设备
    skb_len = skb->len;
    rc = ops->ndo_start_xmit(skb, dev);
}
```

驱动程序

```
//file: drivers/net/ethernet/intel/igb/igb_main.c
static netdev_tx_t igb_xmit_frame(...)
{
    return igb_xmit_frame_ring(skb, ...);
}

netdev_tx_t igb_xmit_frame_ring(...)
{
    //获取TX Queue 中下一个可用缓冲区信息
    first = &tx_ring->tx_buffer_info[tx_ring->next_to_use];
    first->skb = skb;
    first->bytecount = skb->len;

    //igb_tx_map 函数准备给设备发送的数据。
    igb_tx_map(tx_ring, first, hdr_len);
}
```

硬件

图4.2　续

　　虽然这时数据已经发送完毕，但其实还有一件重要的事情没做，那就是释放缓存队列等内存。那内核是如何知道什么时候才能释放内存的呢？当然是等网络发送完毕之后。网卡在发送完毕的时候，会给CPU发送一个硬中断来通知CPU，见图4.3。

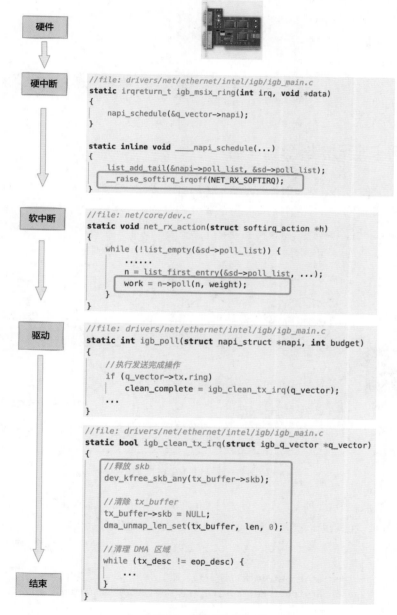

图4.3　发送完毕清理

注意，这里的主题虽然是发送数据，但是硬中断最终触发的软中断却是NET_RX_SOFTIRQ，而并不是NET_TX_SOFTIRQ！！！（T表示transmit，R表示receive）

意不意外，惊不惊喜？！！

所以这就是开篇问题2的一部分的原因（注意，这只是一部分原因）。

问题2：在服务器上的/proc/softirqs里NET_RX要比 NET_TX大得多得多？

传输完成最终会触发NET_RX，而不是NET_TX。所以自然你观测/proc/softirqs也就能看到NET_RX更多了。

好，现在你已经对内核是怎么发送网络包的有一个全局上的认识了。不要得意，我们需要了解的细节才是更有价值的地方，让我们继续！

4.3 网卡启动准备

在第2章介绍网络包接收过程中，介绍过网卡的启动过程。当时深入地介绍过接收队列RingBuffer。现在再来详细地看一看传输队列RingBuffer。

现在的服务器上的网卡一般都是支持多队列的。每一个队列都是由一个RingBuffer表示的，开启了多队列以后的网卡就会对应有多个RingBuffer，如图4.4所示。

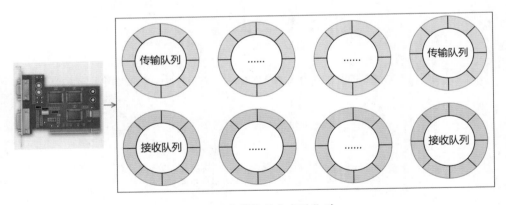

图4.4　网卡的接收和发送队列

网卡在启动时最重要的任务之一就是分配和初始化RingBuffer，理解了RingBuffer将会非常有助于掌握发送。所以接下来看看网卡启动时分配传输队列RingBuffer的实际过程。

在网卡启动的时候，会调用到 __igb_open函数，RingBuffer 就是在这里分配的。

```
//file: drivers/net/ethernet/intel/igb/igb_main.c
static int __igb_open(struct net_device *netdev, bool resuming)
{
        struct igb_adapter *adapter = netdev_priv(netdev);
```

```
//分配传输描述符数组
err = igb_setup_all_tx_resources(adapter);

//分配接收描述符数组
err = igb_setup_all_rx_resources(adapter);

//开启全部队列
netif_tx_start_all_queues(netdev);
}
```

上面的__igb_open函数调用 igb_setup_all_tx_resources 分配所有的传输 RingBuffer，调用igb_setup_all_rx_resources 创建所有的接收 RingBuffer。

```
//file: drivers/net/ethernet/intel/igb/igb_main.c
static int igb_setup_all_tx_resources(struct igb_adapter *adapter)
{
    //有几个队列就构造几个RingBuffer
    for (i = 0; i < adapter->num_tx_queues; i++) {
        igb_setup_tx_resources(adapter->tx_ring[i]);
    }
}
```

真正的RingBuffer 构造过程是在igb_setup_tx_resources中完成的。

```
//file: drivers/net/ethernet/intel/igb/igb_main.c
int igb_setup_tx_resources(struct igb_ring *tx_ring)
{
    //1.申请igb_tx_buffer数组内存
    size = sizeof(struct igb_tx_buffer) * tx_ring->count;
    tx_ring->tx_buffer_info = vzalloc(size);

    //2.申请e1000_adv_tx_desc DMA数组内存
    tx_ring->size = tx_ring->count * sizeof(union e1000_adv_tx_desc);
    tx_ring->size = ALIGN(tx_ring->size, 4096);
    tx_ring->desc = dma_alloc_coherent(dev, tx_ring->size,
                                &tx_ring->dma, GFP_KERNEL);

    //3.初始化队列成员
    tx_ring->next_to_use = 0;
    tx_ring->next_to_clean = 0;
}
```

从上述源码可以看到，一个传输 RingBuffer的内部也不仅仅是一个环形队列数组：

- igb_tx_buffer数组：这个数组是内核使用的，通过vzalloc 申请。
- e1000_adv_tx_desc数组：这个数组是网卡硬件使用的，通过dma_alloc_coherent 分配。

这个时候它们之间还没有什么联系。将来在发送的时候，这两个环形数组中相同位置的指针都将指向同一个skb，如图4.5所示。这样，内核和硬件就能共同访问同样的数据了，内核往skb写数据，网卡硬件负责发送。

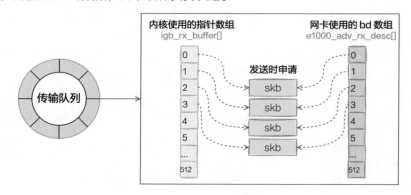

图4.5　发送队列细节

最后调用netif_tx_start_all_queues开启队列。另外，硬中断的处理函数igb_msix_ring，其实也是在__igb_open中注册的。

4.4　数据从用户进程到网卡的详细过程

4.4.1　send系统调用实现

send系统调用的源码位于文件 net/socket.c中。在这个系统调用里，内部其实真正使用的是sendto系统调用。整个调用链条虽然不短，但其实主要只干了两件简单的事情：

- 第一是在内核中把真正的socket 找出来，在这个对象里记录着各种协议栈的函数地址。
- 第二是构造一个 struct msghdr对象，把用户传入的数据，比如buffer地址、数据长度什么的，都装进去。

剩下的事情就交给下一层，协议栈里的函数inet_sendmsg了，其中inet_sendmsg函数的地址是通过socket内核对象里的ops成员找到的。大致流程如图4.6所示。

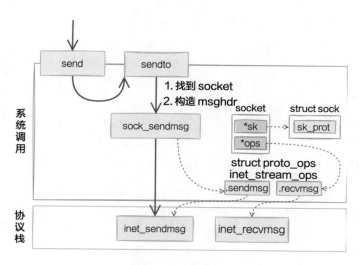

图4.6 send系统调用

有了上面的了解，再看源码就要容易多了，源码如下：

```
//file: net/socket.c
SYSCALL_DEFINE4(send, int, fd, void __user *, buff, size_t, len,
            unsigned int, flags)
{
        return sys_sendto(fd, buff, len, flags, NULL, 0);
}

SYSCALL_DEFINE6(......)
{
    //1.根据fd找到socket
    sock = sockfd_lookup_light(fd, &err, &fput_needed);

    //2.构造msghdr
    struct msghdr msg;
    struct iovec iov;

    iov.iov_base = buff;
    iov.iov_len = len;
    msg.msg_iovlen = 1;

    msg.msg_iov = &iov;
    msg.msg_flags = flags;
    ......

    //3.发送数据
    sock_sendmsg(sock, &msg, len);
}
```

从源码可以看到，在用户态使用的send函数和sendto函数其实都是sendto系统调用实现的。send只是为了方便，封装出来的一个更易于调用的方式而已。

在sendto系统调用里，首先根据用户传进来的socket 句柄号来查找真正的socket内核对象。接着把用户请求的buff、len、flag 等参数都统统打包到一个 struct msghdr对象中。

接着调用了 sock_sendmsg=>__sock_sendmsg==>__sock_sendmsg_nosec。在__sock_sendmsg_nosec中，函数调用将会由系统调用进入协议栈，我们来看它的源码。

```
//file: net/socket.c
static inline int __sock_sendmsg_nosec(...)
{
    ......
    return sock->ops->sendmsg(iocb, sock, msg, size);
}
```

通过3.2节的socket内核对象结构图可以看到，这里调用的是sock->ops->sendmsg，实际执行的是inet_sendmsg。这个函数是AF_INET协议族提供的通用发送函数。

4.4.2　传输层处理

传输层拷贝

在进入协议栈inet_sendmsg以后，内核接着会找到socket上的具体协议发送函数。对于TCP协议来说，那就是tcp_sendmsg（同样也是通过 socket内核对象找到的）。

在这个函数中，内核会申请一个内核态的skb内存，将用户待发送的数据拷贝进去。注意，这个时候不一定会真正开始发送，如果没有达到发送条件，很可能这次调用直接就返回了，大概过程如图4.7所示。

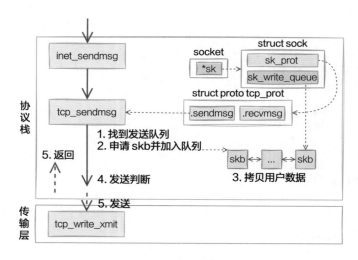

图4.7　传输层拷贝

我们来看inet_sendmsg函数的源码。

```c
//file: net/ipv4/af_inet.c
int inet_sendmsg(......)
{
    ......
    return sk->sk_prot->sendmsg(iocb, sk, msg, size);
}
```

在这个函数中会调用到具体协议的发送函数。同样参考3.2节里的socket内核对象结构图，可以看到对于TCP下的socket来说，sk->sk_prot->sendmsg 指向的是tcp_sendmsg（对于UDP下的socket来说是udp_sendmsg）。

tcp_sendmsg这个函数比较长，分成多块来看。先看以下这一段。

```c
//file: net/ipv4/tcp.c
int tcp_sendmsg(...)
{
    while(...){
        while(...){
            //获取发送队列
            skb = tcp_write_queue_tail(sk);

            //申请skb并拷贝
            ......
        }
    }
}
//file: include/net/tcp.h
static inline struct sk_buff *tcp_write_queue_tail(const struct sock *sk)
{
    return skb_peek_tail(&sk->sk_write_queue);
}
```

理解对socket调用tcp_write_queue_tail是理解发送的前提。如上所示，这个函数是在获取socket发送队列中的最后一个skb。skb是struct sk_buff对象的简称，用户的发送队列就是该对象组成的一个链表，如图4.8所示。

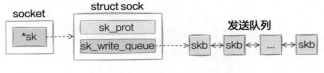

图4.8　socket发送队列

接着看 tcp_sendmsg的其他部分。

```c
//file: net/ipv4/tcp.c
```

```
int tcp_sendmsg(struct kiocb *iocb, struct sock *sk, struct msghdr *msg,
          size_t size)
{
    //获取用户传递过来的数据和标志
    iov = msg->msg_iov; //用户数据地址
    iovlen = msg->msg_iovlen; //数据块数为1
    flags = msg->msg_flags; //各种标志

    //遍历用户层的数据块
    while (--iovlen >= 0) {

            //待发送数据块的地址
            unsigned char __user *from = iov->iov_base;

            while (seglen > 0) {

                    //需要申请新的skb
                    if (copy <= 0) {

                            //申请skb，并添加到发送队列的尾部
                            skb = sk_stream_alloc_skb(sk,
                                                select_size(sk, sg),
                                                sk->sk_allocation);

                            //把skb挂到socket的发送队列上
                            skb_entail(sk, skb);
                    }

                    // skb中有足够的空间
                    if (skb_availroom(skb) > 0) {
                            //将用户空间的数据拷贝到内核空间，同时计算校验和
                            //from是用户空间的数据地址
                            skb_add_data_nocache(sk, skb, from, copy);
                    }
                    ......
```

这个函数比较长，不过其实逻辑并不复杂。其中 msg->msg_iov 存储的是用户态内存要发送的数据的buffer。接下来在内核态申请内核内存，比如 skb，并把用户内存里的数据拷贝到内核态内存中，如图4.9所示。**这就会涉及一次或者几次内存拷贝的开销。**

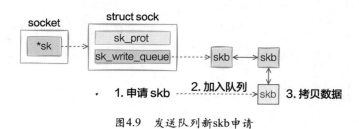

图4.9　发送队列新skb申请

至于内核什么时候真正把skb发送出去，在tcp_sendmsg中会进行一些判断。

```c
//file: net/ipv4/tcp.c
int tcp_sendmsg(...)
{
    while(...){
            while(...){
                    //申请内核内存并进行拷贝

                    //发送判断
                    if (forced_push(tp)) {
                            tcp_mark_push(tp, skb);
            __tcp_push_pending_frames(sk, mss_now, TCP_NAGLE_PUSH);
                    } else if (skb == tcp_send_head(sk))
                            tcp_push_one(sk, mss_now);
                    }
                    continue;
            }
    }
}
```

只有满足 forced_push(tp) 或者 skb == tcp_send_head(sk)成立的时候，内核才会真正启动发送数据包。其中 forced_push(tp) 判断的是未发送的数据是否已经超过最大窗口的一半了。

条件都不满足的话，**这次用户要发送的数据只是拷贝到内核就算完事了！**

传输层发送

假设现在内核发送条件已经满足了，我们再来跟踪实际的发送过程。在上面的函数中，当满足真正发送条件的时候，无论调用的是__tcp_push_pending_frames 还是tcp_push_one，最终都会实际执行到tcp_write_xmit。

所以直接从 tcp_write_xmit看起，这个函数处理了传输层的拥塞控制、滑动窗口相关的工作。满足窗口要求的时候，设置TCP头然后将 skb 传到更低的网络层进行处理。传输层发送流程总图如图4.10所示。

我们来看看tcp_write_xmit的源码。

```c
//file: net/ipv4/tcp_output.c
static bool tcp_write_xmit(struct sock *sk, unsigned int mss_now, int nonagle,
                           int push_one, gfp_t gfp)
{
    //循环获取待发送skb
    while ((skb = tcp_send_head(sk)))
    {
            //滑动窗口相关
            cwnd_quota = tcp_cwnd_test(tp, skb);
            tcp_snd_wnd_test(tp, skb, mss_now);
```

```
        tcp_mss_split_point(...);
        tso_fragment(sk, skb, ...);
        ......

        //真正开启发送
        tcp_transmit_skb(sk, skb, 1, gfp);
    }
}
```

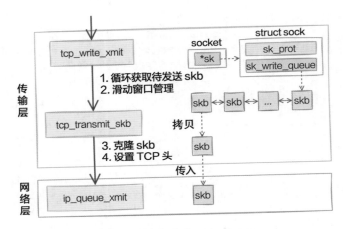

图4.10　传输层发送流程总图

可以看到之前在网络协议里学的滑动窗口、拥塞控制就是在这个函数中完成的，这部分就不过多展开了，感兴趣的读者自己找这段源码来读。这里只看发送主过程，那就走到了tcp_transmit_skb。

```
//file: net/ipv4/tcp_output.c
static int tcp_transmit_skb(struct sock *sk, struct sk_buff *skb, int clone_it,
                            gfp_t gfp_mask)
{
    //1.克隆新skb出来
    if (likely(clone_it)) {
        skb = skb_clone(skb, gfp_mask);
        ......
    }

    //2.封装TCP头
    th = tcp_hdr(skb);
    th->source          = inet->inet_sport;
    th->dest            = inet->inet_dport;
    th->window          = ...;
    th->urg             = ...;
    ......
```

```
//3.调用网络层发送接口
err = icsk->icsk_af_ops->queue_xmit(skb, &inet->cork.fl);
}
```

第一件事是先克隆一个新的skb，这里重点说说为什么要复制一个 skb 出来。

这是因为 skb 后续在调用网络层，最后到达网卡发送完成的时候，这个 skb 会被释放掉。而我们知道 TCP协议是支持丢失重传的，在收到对方的ACK之前，这个skb不能被删除。所以内核的做法就是每次调用网卡发送的时候，实际上传递出去的是skb的一个拷贝。等收到ACK再真正删除。

第二件事是修改 skb中的TCP头，根据实际情况把TCP头设置好。这里要介绍一个小技巧，skb内部其实包含了网络协议中所有的头（header）。在设置TCP头的时候，只是把指针指向skb的合适位置。后面设置IP头的时候，再把指针挪一挪就行，如图4.11所示。避免频繁的内存申请和拷贝，效率很高。

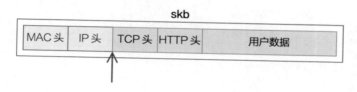

图4.11　skb

tcp_transmit_skb是发送数据位于传输层的最后一步，接下来就可以进入网络层进行下一层的操作了。调用了网络层提供的发送接口icsk->icsk_af_ops->queue_xmit()。

在下面这个源码中，可以看出queue_xmit其实指向的是ip_queue_xmit函数。

```
//file: net/ipv4/tcp_ipv4.c
const struct inet_connection_sock_af_ops ipv4_specific = {
    .queue_xmit        = ip_queue_xmit,
    .send_check        = tcp_v4_send_check,
    ......
}
```

自此，传输层的工作也就都完成了。数据离开了传输层，接下来将会进入内核在网络层的实现。

4.4.3　网络层发送处理

Linux内核网络层的发送的实现位于 net/ipv4/ip_output.c 这个文件。传输层调用到的ip_queue_xmit 也在这里。（从文件名上也能看出来进入IP层了，源文件名已经从tcp_xxx变成了 ip_xxx。）

在网络层主要处理路由项查找、IP头设置、netfilter过滤、skb切分（大于MTU的话）

等几项工作，处理完这些工作后会交给更下一层的邻居子系统来处理。网络层发送处理
过程如图4.12所示。

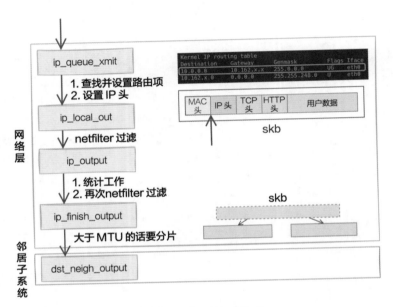

图4.12　网络层发送处理

我们来看网络层入口函数ip_queue_xmit的源码。

```
//file: net/ipv4/ip_output.c
int ip_queue_xmit(struct sk_buff *skb, struct flowi *fl)
{
    //检查 socket中是否有缓存的路由表
    rt = (struct rtable *)__sk_dst_check(sk, 0);
    if (rt == NULL) {
        //没有缓存则展开查找
        //查找路由项，并缓存到socket中
        rt = ip_route_output_ports(...);
        sk_setup_caps(sk, &rt->dst);
    }

    //为skb设置路由表
    skb_dst_set_noref(skb, &rt->dst);

    //设置IP头
    iph = ip_hdr(skb);
    iph->protocol = sk->sk_protocol;
    iph->ttl      = ip_select_ttl(inet, &rt->dst);
    iph->frag_off = ...;
```

```
    //发送
    ip_local_out(skb);
}
```

ip_queue_xmit 已经到了网络层，在这个函数里我们看到了网络层相关的功能路由项查找，如果找到了则设置到skb 上（没有路由的话就直接报错返回了）。

在Linux上通过route命令可以看到本机的路由配置，如图4.13所示。

```
[               ~]# route -n
Kernel IP routing table
Destination     Gateway          Genmask          Flags Metric Ref    Use Iface
10.0.0.0        10.               255.0.0.0        UG    0      0        0 eth0
10.             0.0.0.0           255.255.248.0    U     0      0        0 eth0
169             0.0.0.0           255.255.0.0      U     1002   0        0 eth0
```

图4.13　本机路由配置

在路由表中，可以查到某个目的网络应该通过哪个 Iface（网卡）、哪个 Gateway（网关）发送出去。查找出来以后缓存到socket上，下次再发送数据就不用查了。

接着把路由表地址也放到skb里。

```
//file: include/linux/skbuff.h
struct sk_buff {
    //保存了一些路由相关信息
    unsigned long           _skb_refdst;
}
```

接下来就是定位到skb里的IP头的位置，然后开始按照协议规范设置IP头，如图4.14所示。

图4.14　skb

再通过ip_local_out进入下一步的处理。

```
//file: net/ipv4/ip_output.c
int ip_local_out(struct sk_buff *skb)
{
    //执行 netfilter 过滤
    err = __ip_local_out(skb);
```

```
//开始发送数据
if (likely(err == 1))
        err = dst_output(skb);
......
```

在调用ip_local_out => __ip_local_out => nf_hook的过程中会执行netfilter过滤。如果使用iptables配置了一些规则，那么这里将检测是否命中规则。**如果你设置了非常复杂的netfilter 规则，在这里这个函数将会导致你的进程CPU开销大增。**

还是不多展开，继续只探讨和发送有关的过程dst_output。

```
//file: include/net/dst.h
static inline int dst_output(struct sk_buff *skb)
{
        return skb_dst(skb)->output(skb);
}
```

此函数找到这个skb的路由表（dst条目），然后调用路由表的output方法。这又是一个函数指针，指向的是ip_output方法。

```
//file: net/ipv4/ip_output.c
int ip_output(struct sk_buff *skb)
{
        //统计
        .....

        //再次交给netfilter，完毕后回调ip_finish_output
        return NF_HOOK_COND(NFPROTO_IPV4, NF_INET_POST_ROUTING, skb, NULL, dev,
                            ip_finish_output,
                            !(IPCB(skb)->flags & IPSKB_REROUTED));
}
```

在ip_output中进行一些简单的统计工作，再次执行netfilter过滤。过滤通过之后回调ip_finish_output。

```
//file: net/ipv4/ip_output.c
static int ip_finish_output(struct sk_buff *skb)
{
        //大于MTU就要进行分片了
        if (skb->len > ip_skb_dst_mtu(skb) && !skb_is_gso(skb))
                return ip_fragment(skb, ip_finish_output2);
        else
                return ip_finish_output2(skb);
}
```

在ip_finish_output中可以看到，**如果数据大于MTU，是会执行分片的。**

实际MTU大小通过MTU发现机制确定，在以太网中为1500字节。QQ研发团队在早期，会尽量控制自己的数据包尺寸小于 MTU，通过这种方式来优化网络性能。因为分片会带来两个问题：1.需要进行额外的切分处理，有额外性能开销；2.只要一个分片丢失，整个包都要重传。所以避免分片既杜绝了分片开销，也大大降低了重传率。

在ip_finish_output2中，发送过程终于进入下一层，邻居子系统。

```
//file: net/ipv4/ip_output.c
static inline int ip_finish_output2(struct sk_buff *skb)
{
        //根据下一跳的IP地址查找邻居项，找不到就创建一个
        nexthop = (__force u32) rt_nexthop(rt, ip_hdr(skb)->daddr);
        neigh = __ipv4_neigh_lookup_noref(dev, nexthop);
        if (unlikely(!neigh))
                neigh = __neigh_create(&arp_tbl, &nexthop, dev, false);

        //继续向下层传递
        int res = dst_neigh_output(dst, neigh, skb);
}
```

4.4.4　邻居子系统

邻居子系统是位于网络层和数据链路层中间的一个系统，其作用是为网络层提供一个下层的封装，让网络层不必关心下层的地址信息，让下层来决定发送到哪个 MAC地址。

而且这个邻居子系统并不位于协议栈 net/ipv4/目录内，而是位于net/core/neighbour.c。因为无论是对于 IPv4 还是IPv6，都需要使用该模块，如图4.15所示。

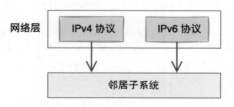

图4.15　邻居子系统位置

在邻居子系统里主要查找或者创建邻居项，在创建邻居项的时候，有可能会发出实际的arp请求。然后封装MAC头，将发送过程再传递到更下层的网络设备子系统。大致流程如图4.16所示。

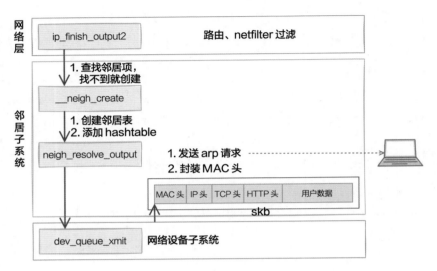

图4.16　邻居子系统

　　理解了大致流程后，再回头看源码。在上面的ip_finish_output2 源码中调用了__ipv4_neigh_lookup_noref。它在arp缓存中进行查找，其第二个参数传入的是路由下一跳 IP 信息。

```
//file: include/net/arp.h
extern struct neigh_table arp_tbl;
static inline struct neighbour *__ipv4_neigh_lookup_noref(
      struct net_device *dev, u32 key)
{
      struct neigh_hash_table *nht = rcu_dereference_bh(arp_tbl.nht);

      //计算哈希值，加速查找
      hash_val = arp_hashfn(......);
      for (n = rcu_dereference_bh(nht->hash_buckets[hash_val]);
            n != NULL;
            n = rcu_dereference_bh(n->next)) {
          if (n->dev == dev && *(u32 *)n->primary_key == key)
                return n;
      }
}
```

　　如果找不到，则调用 __neigh_create 创建一个邻居。

```
//file: net/core/neighbour.c
struct neighbour *__neigh_create(......)
{
      //申请邻居表项
      struct neighbour *n1, *rc, *n = neigh_alloc(tbl, dev);
```

```
//构造赋值
memcpy(n->primary_key, pkey, key_len);
n->dev = dev;
n->parms->neigh_setup(n);

//最后添加到邻居哈希表中
rcu_assign_pointer(nht->hash_buckets[hash_val], n);
......
```

有了邻居项以后，此时仍然不具备发送IP报文的能力，因为目的MAC地址还未获取。调用dst_neigh_output继续传递 skb。

```
//file: include/net/dst.h
static inline int dst_neigh_output(struct dst_entry *dst,
        struct neighbour *n, struct sk_buff *skb)
{
    ......
    return n->output(n, skb);
}
```

调用 output，实际指向的是neigh_resolve_output。在这个函数内部有可能发出arp网络请求。

```
//file: net/core/neighbour.c
int neigh_resolve_output(){

    //注意：这里可能会触发arp请求
    if (!neigh_event_send(neigh, skb)) {

        //neigh->ha是MAC地址
        dev_hard_header(skb, dev, ntohs(skb->protocol),
                                neigh->ha, NULL, skb->len);
        //发送
        dev_queue_xmit(skb);
    }
}
```

当获取到硬件MAC地址以后，就可以封装skb的MAC 头了。最后调用 dev_queue_xmit将skb传递给Linux网络设备子系统。

4.4.5 网络设备子系统

邻居子系统通过dev_queue_xmit进入网络设备子系统。网络设备子系统的工作流程如图4.17所示。

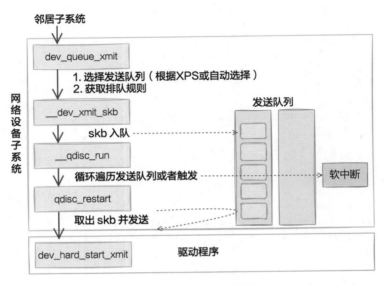

图4.17　网络设备子系统

我们从dev_queue_xmit来看起。

```
//file: net/core/dev.c
int dev_queue_xmit(struct sk_buff *skb)
{
    //选择发送队列
    txq = netdev_pick_tx(dev, skb);

    //获取与此队列关联的排队规则
    q = rcu_dereference_bh(txq->qdisc);

    //如果有队列，则调用__dev_xmit_skb继续处理数据
    if (q->enqueue) {
        rc = __dev_xmit_skb(skb, q, dev, txq);
        goto out;
    }

    //没有队列的是回环设备和隧道设备
    ......
}
```

在4.3节里讲过，网卡是有多个发送队列的（尤其是现在的网卡）。上面对netdev_pick_tx函数的调用就是选择一个队列进行发送。

netdev_pick_tx发送队列的选择受XPS等配置的影响，而且还有缓存，也是一小套复杂的逻辑。这里我们只关注两个逻辑，首先会获取用户的XPS配置，否则就自动计算了。代码见 netdev_pick_tx下的__netdev_pick_tx函数。

```
//file: net/core/flow_dissector.c
u16 __netdev_pick_tx(struct net_device *dev, struct sk_buff *skb)
{
        //获取XPS配置
        int new_index = get_xps_queue(dev, skb);

        //自动计算队列
        if (new_index < 0)
                new_index = skb_tx_hash(dev, skb);}
```

然后获取与此队列关联的qdisc。在Linux上通过tc命令可以看到qdisc类型，例如对于我的某台多队列网卡机器是mq disc。

```
#tc qdisc
qdisc mq 0: dev eth0 root
```

大部分的设备都有队列（回环设备和隧道设备除外），所以现在进入__dev_xmit_skb。

```
//file: net/core/dev.c
static inline int __dev_xmit_skb(struct sk_buff *skb, struct Qdisc *q,
                                 struct net_device *dev,
                                 struct netdev_queue *txq)
{
        //1.如果可以绕开排队系统
        if ((q->flags & TCQ_F_CAN_BYPASS) && !qdisc_qlen(q) &&
                qdisc_run_begin(q)) {
                ......
        }

        //2.正常排队
        else {

                //入队
                q->enqueue(skb, q)

                //开始发送
                __qdisc_run(q);
        }
}
```

上述代码中分两种情况，一种是可以bypass（绕过）排队系统，另外一种是正常排队。我们只看第二种情况。

先调用q->enqueue把skb添加到队列里，然后调用__qdisc_run开始发送。

```
//file: net/sched/sch_generic.c
void __qdisc_run(struct Qdisc *q)
```

```
{
        int quota = weight_p;

        //循环从队列取出一个skb并发送
        while (qdisc_restart(q)) {

                // 如果发生下面情况之一，则延后处理：
                // 1.quota用尽
                // 2.其他进程需要CPU
                if (--quota <= 0 || need_resched()) {
                        //将触发一次NET_TX_SOFTIRQ类型softirq
                        __netif_schedule(q);
                        break;
                }
        }
}
```

在上述代码中可以看到，while循环不断地从队列中取出 skb 并进行发送。注意，这个时候其实都占用的是用户进程的系统态时间(sy)。只有当quota用尽或者其他进程需要CPU的时候才触发软中断进行发送。

所以这就是为什么在服务器上查看/proc/softirqs，一般NET_RX都要比NET_TX大得多的第二个原因。 对于接收来说，都要经过 NET_RX软中断，而对于发送来说，只有系统态配额用尽才让软中断上。

我们来把注意力再放到 qdisc_restart 上，继续看发送过程。

```
static inline int qdisc_restart(struct Qdisc *q)
{
        //从 qdisc中取出要发送的skb
        skb = dequeue_skb(q);
        ......

        return sch_direct_xmit(skb, q, dev, txq, root_lock);
}
```

qdisc_restart从队列中取出一个 skb，并调用sch_direct_xmit继续发送。

```
//file: net/sched/sch_generic.c
int sch_direct_xmit(struct sk_buff *skb, struct Qdisc *q,
                        struct net_device *dev, struct netdev_queue *txq,
                        spinlock_t *root_lock)
{
        //调用驱动程序来发送数据
        ret = dev_hard_start_xmit(skb, dev, txq);
}
```

在4.4.5节我们看到了如果发送网络包的时候系统态CPU用尽了，会调用__netif_schedule触发一个软中断。该函数会进入__netif_reschedule，由它来实际发出NET_TX_SOFTIRQ类型软中断。

软中断是由内核进程来运行的，该进程会进入net_tx_action函数，在该函数中能获取发送队列，并也最终调用到驱动程序里的入口函数dev_hard_start_xmit，如图4.18所示。

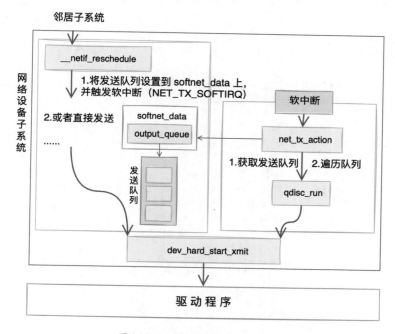

图4.18　网络发送软中断调度

```
//file: net/core/dev.c
static inline void __netif_reschedule(struct Qdisc *q)
{
        sd = &__get_cpu_var(softnet_data);
        q->next_sched = NULL;
        *sd->output_queue_tailp = q;
        sd->output_queue_tailp = &q->next_sched;

        ......
        raise_softirq_irqoff(NET_TX_SOFTIRQ);
}
```

在该函数里软中断能访问到的softnet_data设置了要发送的数据队列，添加到output_queue里了。紧接着触发了NET_TX_SOFTIRQ类型的软中断。（T代表transmit，传输。）

软中断的入口代码这里也不详细讲了，2.2.3节已经讲过。这里直接从NET_TX_SOFTIRQ softirq注册的回调函数net_tx_action讲起。用户态进程触发完软中断之后，会有一个软中断内核线程执行到net_tx_action。

牢记，这以后发送数据消耗的CPU就都显示在si这里，不会消耗用户进程的系统时间。

```
//file: net/core/dev.c
static void net_tx_action(struct softirq_action *h)
{
        //通过softnet_data获取发送队列
        struct softnet_data *sd = &__get_cpu_var(softnet_data);

        //如果output queue上有qdisc
        if (sd->output_queue) {

                //将head指向第一个qdisc
                head = sd->output_queue;

                //遍历qdsics列表
                while (head) {
                        struct Qdisc *q = head;
                        head = head->next_sched;

                        //发送数据
                        qdisc_run(q);
                }
        }
}
```

软中断这里会获取 softnet_data。前面我们看到进程内核态在调用__netif_reschedule的时候把发送队列写到softnet_data的output_queue里了。软中断循环遍历sd->output_queue发送数据帧。

下面来看qdisc_run，它和进程用户态一样，也会调用__qdisc_run。

```
//file: include/net/pkt_sched.h
static inline void qdisc_run(struct Qdisc *q)
{
        if (qdisc_run_begin(q))
                __qdisc_run(q);
}
```

然后也是进入 qdisc_restart => sch_direct_xmit，直到进入驱动程序函数dev_hard_start_xmit。

4.4.7 igb网卡驱动发送

通过前面的介绍可知，无论对于用户进程的内核态，还是对于软中断上下文，都会调用网络设备子系统中的dev_hard_start_xmit函数。在这个函数中，会调用到驱动里的发送函数igb_xmit_frame。

在驱动函数里，会将skb挂到RingBuffer上，驱动调用完毕，数据包将真正从网卡发送出去。网卡驱动工作流程如图4.19所示。

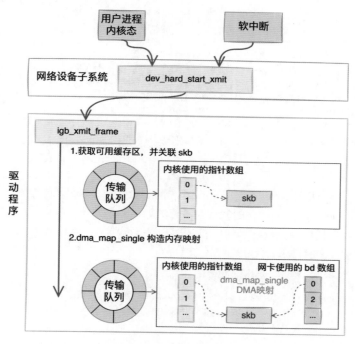

图4.19　网卡驱动工作流程

我们来看看实际的源码。

```
//file: net/core/dev.c
int dev_hard_start_xmit(struct sk_buff *skb, struct net_device *dev,
                        struct netdev_queue *txq)
{
    //获取设备的回调函数集合 ops
    const struct net_device_ops *ops = dev->netdev_ops;

    //获取设备支持的功能列表
    features = netif_skb_features(skb);

    //调用驱动的ops里的发送回调函数ndo_start_xmit将数据包传给网卡设备
    skb_len = skb->len;
```

```
        rc = ops->ndo_start_xmit(skb, dev);
}
```

其中ndo_start_xmit是网卡驱动要实现的一个函数，是在net_device_ops中定义的。

```
//file: include/linux/netdevice.h
struct net_device_ops {
        netdev_tx_t              (*ndo_start_xmit) (struct sk_buff *skb,
                                                    struct net_device *dev);

}
```

在igb网卡驱动源码中找到了net_device_ops函数。

```
//file: drivers/net/ethernet/intel/igb/igb_main.c
static const struct net_device_ops igb_netdev_ops = {
        .ndo_open               = igb_open,
        .ndo_stop               = igb_close,
        .ndo_start_xmit         = igb_xmit_frame,
        ......
};
```

也就是说，对于网络设备层定义的ndo_start_xmit，igb的实现函数是igb_xmit_frame。这个函数是在网卡驱动初始化的时候被赋值的。具体初始化过程参见2.2.2节。所以在上面网络设备层调用ops->ndo_start_xmit的时候，实际会进入igb_xmit_frame这个函数。我们进入这个函数来看看驱动程序是如何工作的。

```
//file: drivers/net/ethernet/intel/igb/igb_main.c
static netdev_tx_t igb_xmit_frame(struct sk_buff *skb,
                                  struct net_device *netdev)
{
        ......
        return igb_xmit_frame_ring(skb, igb_tx_queue_mapping(adapter, skb));
}

netdev_tx_t igb_xmit_frame_ring(struct sk_buff *skb,
                                struct igb_ring *tx_ring)
{
        //获取TX Queue中下一个可用缓冲区信息
        first = &tx_ring->tx_buffer_info[tx_ring->next_to_use];
        first->skb = skb;
        first->bytecount = skb->len;
        first->gso_segs = 1;

        //igb_tx_map函数准备给设备发送的数据
        igb_tx_map(tx_ring, first, hdr_len);
}
```

在这里从网卡的发送队列的RingBuffer中取下来一个元素，并将skb挂到元素上，如图4.20所示。

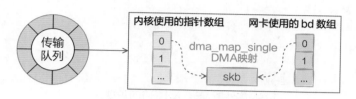

图4.20　传输队列RingBuffer中的skb

igb_tx_map函数将skb数据映射到网卡可访问的内存DMA区域。

```
//file: drivers/net/ethernet/intel/igb/igb_main.c
static void igb_tx_map(struct igb_ring *tx_ring,
                       struct igb_tx_buffer *first,
                       const u8 hdr_len)
{
    //获取下一个可用描述符指针
    tx_desc = IGB_TX_DESC(tx_ring, i);

    //为skb->data构造内存映射，以允许设备通过DMA从RAM中读取数据
    dma = dma_map_single(tx_ring->dev, skb->data, size, DMA_TO_DEVICE);

    //遍历该数据包的所有分片，为skb的每个分片生成有效映射
    for (frag = &skb_shinfo(skb)->frags[0];; frag++) {

            tx_desc->read.buffer_addr = cpu_to_le64(dma);
            tx_desc->read.cmd_type_len = ...;
            tx_desc->read.olinfo_status = 0;
    }

    //设置最后一个descriptor
    cmd_type |= size | IGB_TXD_DCMD;
    tx_desc->read.cmd_type_len = cpu_to_le32(cmd_type);

}
```

当所有需要的描述符都已建好，且skb的所有数据都映射到DMA地址后，驱动就会进入到它的最后一步，触发真实的发送。

4.5 RingBuffer内存回收

当数据发送完以后，其实工作并没有结束。因为内存还没有清理。当发送完成的时候，网卡设备会触发一个硬中断来释放内存。在第2章中，详细讲述过硬中断和软中断的处理过程。在发送硬中断的过程里，会执行RingBuffer内存的清理工作，如图4.21所示。

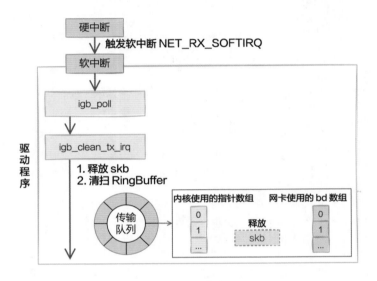

图4.21   RingBuffer 回收

再回头看一下硬中断触发软中断的源码。

```
//file: drivers/net/ethernet/intel/igb/igb_main.c
static inline void ____napi_schedule(...){
    list_add_tail(&napi->poll_list, &sd->poll_list);
    __raise_softirq_irqoff(NET_RX_SOFTIRQ);
}
```

这里有个很有意思的细节，无论硬中断是因为有数据要接收，还是发送完成通知，**从硬中断触发的软中断都是NET_RX_SOFTIRQ**。这个在4.1节讲过了，它是软中断统计中RX要高于TX的一个原因。

好，我们接着进入软中断的回调函数igb_poll。在这个函数里，有一行igb_clean_tx_irq，参见以下源码。

```
//file: drivers/net/ethernet/intel/igb/igb_main.c
static int igb_poll(struct napi_struct *napi, int budget)
{
    //performs the transmit completion operations
```

```
        if (q_vector->tx.ring)
                clean_complete = igb_clean_tx_irq(q_vector);
        ......
}
```

我们来看看当传输完成的时候，igb_clean_tx_irq 都干什么了。

```
//file: drivers/net/ethernet/intel/igb/igb_main.c
static bool igb_clean_tx_irq(struct igb_q_vector *q_vector)
{
        //释放skb
        dev_kfree_skb_any(tx_buffer->skb);

        //清除tx_buffer数据
        tx_buffer->skb = NULL;
        dma_unmap_len_set(tx_buffer, len, 0);

        // 清除最后的DMA位置，解除映射
        while (tx_desc != eop_desc) {
        }
}
```

无非就是清理了skb，解除了DMA映射，等等。到了这一步，传输才算是基本完成了。

为什么说是基本完成，而不是全部完成了呢？因为传输层需要保证可靠性，所以skb 其实还没有删除。它得等收到对方的ACK之后才会真正删除，那个时候才算彻底发送完毕。

4.6 本章总结

下面用一张图总结整个发送过程，见图4.22。

了解了整个发送过程以后，我们再来回顾本章开篇提到的几个问题。

1）我们在监控内核发送数据消耗的CPU 时，应该看sy还是si?

在网络包的发送过程中，用户进程（在内核态）完成了绝大部分的工作，甚至连调用驱动的工作都干了。只当内核态进程被切走前才会发起软中断。发送过程中，绝大部分（90%）以上的开销都是在用户进程内核态消耗掉的。

只有一少部分情况才会触发软中断（NET_TX类型），由软中断 ksoftirqd内核线程来发送。

所以，在监控网络IO对服务器造成的CPU开销的时候，不能仅看si，而是应该把si、sy都考虑进来。

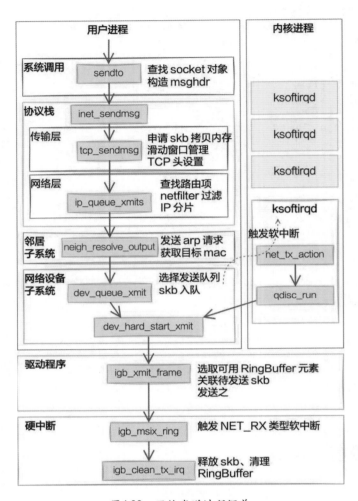

图4.22　网络发送过程汇总

2）在服务器上查看/proc/softirqs，为什么NET_RX要比NET_TX大得多的多？

之前我认为NET_RX是接收，NET_TX是传输。对于一个既收取用户请求，又给用户返回的服务器来说，这两块的数字应该差不多才对，至少不会有数量级的差异。但事实上，我手头的一台服务器是图4.23这样的。

经过本章的源码分析，发现造成这个问题的原因有两个。

第一个原因是当数据发送完以后，通过硬中断的方式来通知驱动发送完毕。但是硬中断无论是有数据接收，还是发送完毕，触发的软中断都是NET_RX_SOFTIRQ，并不是NET_TX_SOFTIRQ。

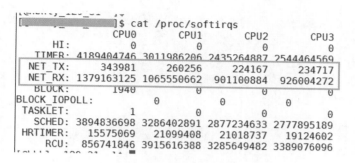

图4.23 软中断查看

第二个原因是对于读来说，都是要经过NET_RX软中断的，都走ksoftirqd内核线程。而对于发送来说，绝大部分工作都是在用户进程内核态处理了，只有系统态配额用尽才会发出NET_TX，让软中断上。

综合上述两个原因，那么在机器上查看NET_RX比NET_TX大得多就不难理解了。

3）发送网络数据的时候都涉及哪些内存拷贝操作？

这里的内存拷贝，只特指待发送数据的内存拷贝。

第一次拷贝操作是在内核申请完skb之后，这时候会将用户传递进来的buffer里的数据内容都拷贝到skb。如果要发送的数据量比较大，这个拷贝操作开销还是不小的。

第二次拷贝操作是从传输层进入网络层的时候，每一个skb都会被克隆出来一个新的副本。目的是保存原始的skb，当网络对方没有发回ACK的时候，还可以重新发送，以实现TCP中要求的可靠传输。不过这次只是浅拷贝，只拷贝skb描述符本身，所指向的数据还是复用的。

第三次拷贝不是必需的，只有当IP层发现skb大于MTU时才需要进行。此时会再申请额外的skb，并将原来的skb拷贝为多个小的skb。

这里插个题外话，大家在谈论网络性能优化中经常听到"零拷贝"，我觉得这个词有一点点夸张的成分。TCP为了保证可靠性，第二次的拷贝根本就没法省。如果包大于MTU，分片时的拷贝同样避免不了。

看到这里，相信内核发送数据包对你来说，已经不再是一个完全不懂的黑盒了。本章哪怕你只看懂十分之一，也已经掌握了这个黑盒的打开方式。将来优化网络性能时，你就会知道从哪儿下手了。

4）零拷贝到底是怎么回事？

是的，本章通篇还没有讲过"零拷贝"。但是我们已经把Linux在发送网络数据包时的所有内存拷贝操作都介绍了一遍，理解了这个再去理解"零拷贝"就容易得多，这里只拿sendfile系统调用来举例。

如果想把本机的一个文件通过网络发送出去，我们的做法之一就是先用 read系统调用把文件读取到内存，然后再调用send把文件发送出去。

假设数据之前从来没有读取过，那么read 硬盘上的数据需要经过两次拷贝才能到用户进程的内存。第一次是从硬盘DMA到Page Cache。第二次是从Page Cache拷贝到用户内存。send系统调用在前面讲过了。那么read + send系统调用发送一个文件出去数据需要经过的拷贝过程如图4.24所示。

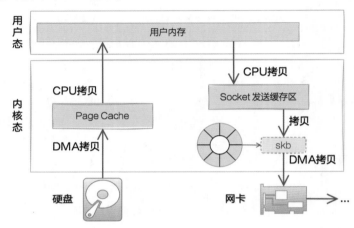

图4.24   read + send系统调用发送文件经过的拷贝过程

如果要发送的数据量比较大，那需要花费不少的时间在大量的数据拷贝上。前面提到的sendfile就是内核提供的一个可用来减少发送文件时拷贝开销的一个技术方案。在sendfile系统调用里，数据不需要拷贝到用户空间，在内核态就能完成发送处理，如图4.25所示，这就显著减少了需要拷贝的次数。

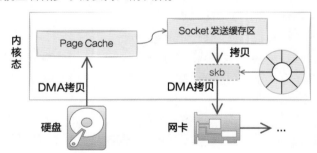

图4.25   sendfile系统调用发送文件的过程

5）为什么Kafka的网络性能很突出？

大家一定对Kafka 出类拔萃的性能有所耳闻。当然，Kafka高性能的原因有很多，其中的重要原因之一就是采用了sendfile系统调用来发送网络数据包，减少了内核态和用户态之间的频繁数据拷贝。

第5章

——

深度理解本机网络IO

5.1　相关实际问题

前面的章节深度分析了网络包的接收，也拆分了网络包的发送，总之收发流程算是闭环了。不过还有一种特殊的情况没有讨论，那就是接收和发送都在本机进行。而且实践中这种本机网络IO出现的场景还不少，而且还有越来越多的趋势。例如LNMP技术栈中的nginx和php-fpm进程就是通过本机来通信的，还有就是最近流行的微服务中 sidecar 模式也是本机网络IO。

所以，我想如果能深度理解这个问题，在实践中将非常有意义。按照习惯，我们还是从几个实际中的问题引入。

1）127.0.0.1 本机网络IO需要经过网卡吗？

在跨机网络IO中，数据包肯定都是要经过网卡发送出去的。那么，在本机网络IO的情况下，收发数据需要经过网卡吗？如果把网卡拔了，127.0.0.1上数据收发能否正常工作？

2）数据包在内核中是什么走向，和外网发送相比流程上有什么差别？

假如本机网络IO和跨机IO收发流程不一样，那么是在哪几个环节上不同呢？

3）访问本机服务时，使用127.0.0.1能比使用本机IP（例如192.168.x.x）更快吗？

实际上，使用本机IO通信的时候也有两种方法。一种方法是用127.0.0.1，一种方法是使用本机IP，例如192.168.x.x这种。那么这两种方法在性能上会有什么差异吗？哪种方法性能更好呢？

铺垫完毕，拆解正式开始！！！

5.2　跨机网络通信过程

在开始讲述本机通信过程之前，还是先来回顾跨机网络通信。

5.2.1　跨机数据发送

在第4章中介绍了数据包的发送过程。如图5.1所示，从send系统调用开始，直到网卡把数据发送出去。

如图5.1所示，用户数据被拷贝到内核态，然后经过协议栈处理后进入RingBuffer。随后网卡驱动真正将数据发送了出去。当发送完成的时候，是通过硬中断来通知CPU，然后清理RingBuffer。从代码的视角得到的流程如图5.2所示。

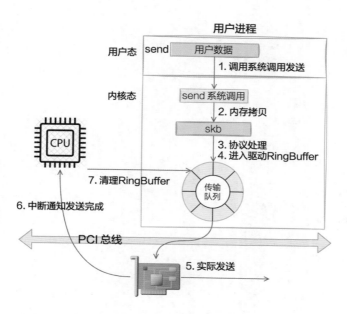

图5.1　数据发送流程

应用层

```
int main(){
    // 给用户返回结果
    send(cfd, buf, sizeof(buf), 0);
}
```

系统调用

```
//file: net/socket.c
SYSCALL_DEFINE6(sendto, int, fd, ...)
{
    //构造 msghdr 并赋值
    struct msghdr msg;
    ......

    //发送数据
    sock_sendmsg(sock, &msg, len);
}
```

```
//file: net/socket.c
static inline int __sock_sendmsg_nosec(...)
{
    return sock->ops->sendmsg(iocb, sock, msg, size);
}
```

图5.2　数据发送源码

协议栈

```
//file: net/ipv4/af_inet.c
int inet_sendmsg(......)
{
    return sk->sk_prot->sendmsg(iocb, sk, msg, size);
}
```

传输层

```
//file: net/ipv4/tcp.c
int tcp_sendmsg(...)
{
    ...
}
```

```
//file: net/ipv4/tcp_output.c
static int tcp_transmit_skb(......)
{
    //封装TCP头
    th = tcp_hdr(skb);
    th->source      = inet->inet_sport;
    th->dest        = inet->inet_dport;

    //调用网络层发送接口
    err = icsk->icsk_af_ops->queue_xmit(skb);
}
```

网络层

```
//file: net/ipv4/ip_output.c
int ip_queue_xmit(struct sk_buff *skb, struct flowi *fl)
{
    res = ip_local_out(skb);
}
```

```
//file: net/ipv4/ip_output.c
static inline int ip_finish_output2(struct sk_buff *skb)
{
    //继续向下层传递
    int res = dst_neigh_output(dst, neigh, skb);
}
```

邻居子系统

```
//file: include/net/dst.h
static inline int dst_neigh_output(...)
{
    ......
    return neigh_hh_output(hh, skb);
}
```

```
//file: include/net/neighbour.h
static inline int neigh_hh_output(...)
{
    ......
    skb_push(skb, hh_len);
    return dev_queue_xmit(skb);
}
```

图5.2 （续）

网络设备
子系统

```
//file: net/core/dev.c
int dev_queue_xmit(struct sk_buff *skb)
{
    //选择发送队列并获取 qdisc
    txq = netdev_pick_tx(dev, skb);
    q = rcu_dereference_bh(txq->qdisc);

    //则调用__dev_xmit_skb 继续发送
    rc = __dev_xmit_skb(skb, q, dev, txq);
}
```

```
//file: net/core/dev.c
int dev_hard_start_xmit(...)
{
    //获取设备的回调函数集合 ops
    const struct net_device_ops *ops = dev->netdev_ops;

    //调用驱动里的发送回调函数 ndo_start_xmit 将数据包传给网卡设备
    skb_len = skb->len;
    rc = ops->ndo_start_xmit(skb, dev);
}
```

驱动程序

```
//file: drivers/net/ethernet/intel/igb/igb_main.c
static netdev_tx_t igb_xmit_frame(...)
{
    return igb_xmit_frame_ring(skb, ...);
}

netdev_tx_t igb_xmit_frame_ring(...)
{
    //获取TX Queue 中下一个可用缓冲区信息
    first = &tx_ring->tx_buffer_info[tx_ring->next_to_use];
    first->skb = skb;
    first->bytecount = skb->len;

    //igb_tx_map 函数准备给设备发送的数据。
    igb_tx_map(tx_ring, first, hdr_len);
}
```

硬件

图5.2 （续）

等网络发送完毕，网卡会给CPU发送一个硬中断来通知CPU。收到这个硬中断后会释放RingBuffer中使用的内存，如图5.3所示。

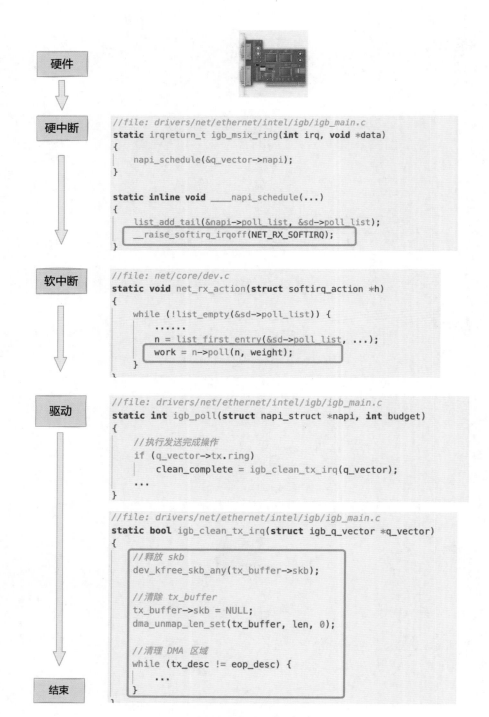

硬件

硬中断
```
//file: drivers/net/ethernet/intel/igb/igb_main.c
static irqreturn_t igb_msix_ring(int irq, void *data)
{
    napi_schedule(&q_vector->napi);
}

static inline void ____napi_schedule(...)
{
    list_add_tail(&napi->poll_list, &sd->poll_list);
    __raise_softirq_irqoff(NET_RX_SOFTIRQ);
}
```

软中断
```
//file: net/core/dev.c
static void net_rx_action(struct softirq_action *h)
{
    while (!list_empty(&sd->poll_list)) {
        ......
        n = list_first_entry(&sd->poll_list, ...);
        work = n->poll(n, weight);
    }
}
```

驱动
```
//file: drivers/net/ethernet/intel/igb/igb_main.c
static int igb_poll(struct napi_struct *napi, int budget)
{
    //执行发送完成操作
    if (q_vector->tx.ring)
        clean_complete = igb_clean_tx_irq(q_vector);
    ...
}
```

```
//file: drivers/net/ethernet/intel/igb/igb_main.c
static bool igb_clean_tx_irq(struct igb_q_vector *q_vector)
{
    //释放 skb
    dev_kfree_skb_any(tx_buffer->skb);

    //清除 tx_buffer
    tx_buffer->skb = NULL;
    dma_unmap_len_set(tx_buffer, len, 0);

    //清理 DMA 区域
    while (tx_desc != eop_desc) {
        ...
    }
}
```

结束

图5.3　RingBuffer 清理

5.2.2 跨机数据接收

在第2章中介绍了数据接收过程。当数据包到达另外一台机器的时候，Linux 数据包的接收过程开始了，如图5.4所示。

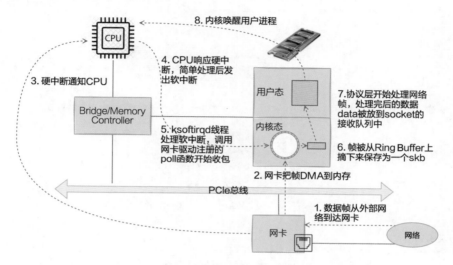

图5.4 接收过程

当网卡收到数据以后，向CPU发起一个中断，以通知CPU有数据到达。当CPU收到中断请求后，会去调用网络驱动注册的中断处理函数，触发软中断。ksoftirqd检测到有软中断请求到达，开始轮询收包，收到后交由各级协议栈处理。当协议栈处理完并把数据放到接收队列之后，唤醒用户进程（假设是阻塞方式）。

我们再同样从内核组件和源码视角看一遍，如图5.5所示。

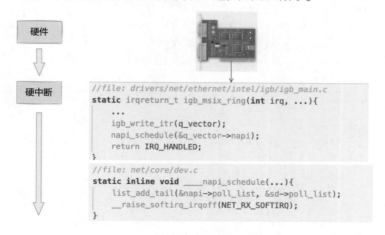

图5.5 数据接收源码

软中断

```c
//file:net/core/dev.c
static void net_rx_action(struct softirq_action *h)
{
    while (!list_empty(&sd->poll_list)) {
        ...
        if (test_bit(NAPI_STATE_SCHED, &n->state)) {
            work = n->poll(n, weight);
        }
    }
}
```

驱动

```c
//file: drivers/net/ethernet/intel/igb/igb_main.c
static int igb_poll(struct napi_struct *napi, int budget){
    ...
    if (q_vector->rx.ring)
        clean_complete &= igb_clean_rx_irq(q_vector, budget);
}
```

```c
//file: net/core/dev.c
static inline int deliver_skb(struct sk_buff *skb,
                    struct packet_type *pt_prev,
                    struct net_device *orig_dev){
    ......
    return pt_prev->func(skb, skb->dev, pt_prev, orig_dev);
}
```

协议栈

IP层

```c
//file: ipv4/ip_input.c
int ip_rcv(struct sk_buff *skb, struct net_device *dev,
    struct packet_type *pt, struct net_device *orig_dev)
{
    ...
}
```

传输层

```c
// file: net/ipv4/tcp_ipv4.c
int tcp_v4_rcv(struct sk_buff *skb)
{
    ......
}

int tcp_rcv_established(...)
{
    ......
    //接收数据到队列中
    eaten = tcp_queue_rcv(sk, skb, tcp_header_len, &fragstolen);

    //数据 ready，唤醒 socket 上阻塞掉的进程
    sk->sk_data_ready(sk, 0);
}
```

用户进程

```c
int main(){
    recvfrom(fd, buff, BUFFSIZE, 0, ...);
    printf("Receive from client:%s\n", buff);
}
```

图5.5   （续）

5.2.3 跨机网络通信汇总

那么汇总起来，一次跨机网络通信的过程就如图5.6所示。

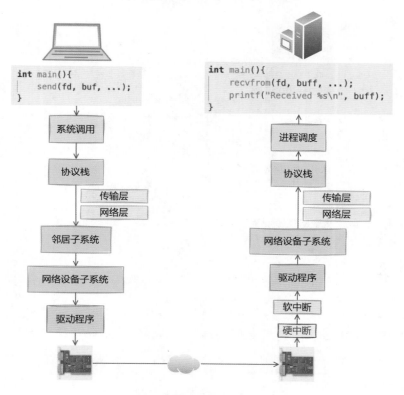

图5.6 单次跨机网络通信过程

5.3 本机发送过程

5.2节介绍了跨机时整个网络的发送过程，在本机网络IO的过程中，流程会有一些差别。为了突出重点，将不再介绍整体流程，而是只介绍和跨机逻辑不同的地方。有差异的地方总共有两处，分别是路由和驱动程序。

5.3.1 网络层路由

发送数据进入协议栈到达网络层的时候，网络层入口函数是ip_queue_xmit。在网络层里会进行路由选择，路由选择完毕，再设置一些IP头，进行一些netfilter的过滤，将包交给邻居子系统。网络层工作流程如图5.7所示。

对于本机网络IO来说，特殊之处在于在local路由表中就能找到路由项，对应的设备都将使用loopback网卡，也就是常说的lo设备。

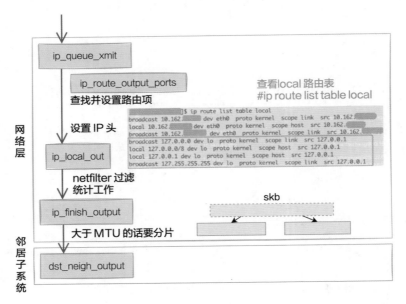

图5.7   网络层路由

下面详细看看路由网络层里这段路由相关工作过程。从网络层入口函数ip_queue_xmit看起。

```
//file: net/ipv4/ip_output.c
int ip_queue_xmit(struct sk_buff *skb, struct flowi *fl)
{
        //检查socket中是否有缓存的路由表
        rt = (struct rtable *)__sk_dst_check(sk, 0);
        if (rt == NULL) {
                //没有缓存则展开查找
                //查找路由项，并缓存到socket中
                rt = ip_route_output_ports(...);
                sk_setup_caps(sk, &rt->dst);
    }
}
```

查找路由项的函数是ip_route_output_ports，它又依次调用ip_route_output_flow、__ip_route_output_key、fib_lookup函数。调用过程略过，直接看fib_lookup的关键代码。

```
//file:include/net/ip_fib.h
static inline int fib_lookup(struct net *net, const struct flowi4 *flp,
                        struct fib_result *res)
{
```

```
    struct fib_table *table;

    table = fib_get_table(net, RT_TABLE_LOCAL);
    if (!fib_table_lookup(table, flp, res, FIB_LOOKUP_NOREF))
            return 0;

    table = fib_get_table(net, RT_TABLE_MAIN);
    if (!fib_table_lookup(table, flp, res, FIB_LOOKUP_NOREF))
            return 0;
    return -ENETUNREACH;
}
```

在fib_lookup中将会对local和main两个路由表展开查询,并且先查询local后查询main。我们在Linux上使用ip命令可以查看到这两个路由表,这里只看local路由表(因为本机网络IO查询到这个表就终止了)。

```
#ip route list table local
local 10.143.x.y dev eth0 proto kernel scope host src 10.143.x.y
local 127.0.0.1 dev lo proto kernel scope host src 127.0.0.1
```

从上述结果可以看出,对于目的是127.0.0.1的路由在local路由表中就能够找到。fib_lookup的工作完成,返回__ip_route_output_key函数继续执行。

```
//file: net/ipv4/route.c
struct rtable *__ip_route_output_key(struct net *net, struct flowi4 *fl4)
{
    if (fib_lookup(net, fl4, &res)) {
    }
    if (res.type == RTN_LOCAL) {
            dev_out = net->loopback_dev;
            ......
    }

    rth = __mkroute_output(&res, fl4, orig_oif, dev_out, flags);
    return rth;
}
```

对于本机的网络请求,设备将全部使用net->loopback_dev,也就是lo虚拟网卡。

接下来的网络层仍然和跨机网络IO一样,最终会经过 ip_finish_output,进入邻居子系统的入口函数dst_neigh_output。

本机网络IO需要进行IP分片吗?因为和正常的网络层处理过程一样,会经过ip_finish_output函数,在这个函数中,如果 skb大于MTU,仍然会进行分片。只不过lo虚拟网卡的MTU比Ethernet要大很多。通过ifconfig命令就可以查到,物理网卡MTU一般为1500,而lo虚拟接口能有65 535。

在邻居子系统函数中经过处理后，进入网络设备子系统（入口函数是dev_queue_xmit）。

5.3.2 本机IP路由

本章开篇提到的第3个问题的答案就在5.3.1节。但这个问题描述起来有点长，因此单独用一小节来讲。

问题：用本机IP（例如192.168.x.x）和用127.0.0.1在性能上有差别吗？

前面讲过，选用哪个设备是路由相关函数__ip_route_output_key确定的。

```
//file: net/ipv4/route.c
struct rtable *__ip_route_output_key(struct net *net, struct flowi4 *fl4)
{
    if (fib_lookup(net, fl4, &res)) {
    }
    if (res.type == RTN_LOCAL) {
            dev_out = net->loopback_dev;
            ...
    }

    rth = __mkroute_output(&res, fl4, orig_oif, dev_out, flags);
    return rth;
}
```

在fib_lookup函数里会查询到local路由表。

```
# ip route list table local
local 10.162.*.* dev eth0  proto kernel  scope host  src 10.162.*.*
local 127.0.0.1 dev lo  proto kernel  scope host  src 127.0.0.1
```

很多人在看到这个路由表的时候就被它迷惑了，以为上面的10.162.*.*真的会被路由到eth0（其中10.162.*.*是我的本机局域网IP，我把后面两段用*号隐藏起来了）。

但其实内核在初始化local路由表的时候，把local路由表里所有的路由项都设置成了RTN_LOCAL，不只是127.0.0.1。这个过程是在设置本机IP的时候，调用fib_inetaddr_event函数完成设置的。

```
static int fib_inetaddr_event(struct notifier_block *this,
    unsigned long event, void *ptr)
{
    switch (event) {
    case NETDEV_UP:
            fib_add_ifaddr(ifa);
            break;
```

```
    case NETDEV_DOWN:
            fib_del_ifaddr(ifa, NULL);
//file:ipv4/fib_frontend.c
void fib_add_ifaddr(struct in_ifaddr *ifa)
{
        fib_magic(RTM_NEWROUTE, RTN_LOCAL, addr, 32, prim);
}
```

所以即使本机IP不用127.0.0.1,内核在路由项查找的时候判断类型是RTN_LOCAL,仍然会使用net->loopback_dev,也就是lo虚拟网卡。

为了稳妥起见,再抓包确认一下。开启两个控制台窗口。其中一个对lo设备进行抓包。因为局域网内会有大量的网络请求,为了方便过滤,这里使用一个特殊的端口号8888。如果这个端口号在你的机器上已经占用了,需要再换一个。

```
#tcpdump -i eth0 port 8888
```

另外一个窗口使用telnet对本机IP端口发出几条网络请求。

```
#telnet 10.162.*.* 8888
Trying 10.162.*.*...
telnet: connect to address 10.162.*.*: Connection refused
```

这时候切回第一个控制台,发现什么反应都没有。说明包根本就没有过eth0这个设备。

把设备换成lo再抓。当telnet发出网络请求以后,在tcpdump所在的窗口下看到了抓包结果。

```
# tcpdump -i lo port 8888
tcpdump: verbose output suppressed, use -v or -vv for full protocol decode
listening on lo, link-type EN10MB (Ethernet), capture size 65535 bytes
08:22:31.956702 IP 10.162.*.*.62705 > 10.162.*.*.ddi-tcp-1: Flags [S], seq
678725385, win 43690, options [mss 65495,nop,wscale 8], length 0
08:22:31.956720 IP 10.162.*.*.ddi-tcp-1 > 10.162.*.*.62705: Flags [R.], seq 0,
ack 678725386, win 0, length 0
```

5.3.3 网络设备子系统

网络设备子系统的入口函数是dev_queue_xmit。之前讲述跨机发送过程时介绍过,对于真的有队列的物理设备,该函数进行了一系列复杂的排队等处理后,才调用dev_hard_start_xmit,从这个函数再进入驱动程序来发送。在这个过程中,甚至还有可能触发软中断进行发送,流程如图5.8所示。

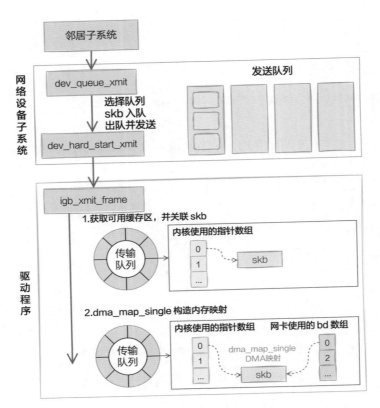

图5.8　物理网卡设备数据发送

但是对于启动状态的回环设备（q->enqueue 判断为false）来说，就简单多了。没有队列的问题，直接进入dev_hard_start_xmit。接着进入回环设备的"驱动"里发送回调函数loopback_xmit，将skb"发送"出去，如图5.9所示。

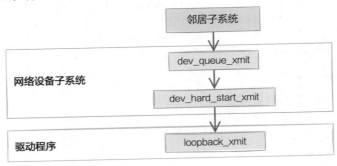

图5.9　回环设备数据发送

下面来看看详细的过程，从网络设备子系统的入口函数dev_queue_xmit看起。

```
//file: net/core/dev.c
int dev_queue_xmit(struct sk_buff *skb)
{
        q = rcu_dereference_bh(txq->qdisc);
        if (q->enqueue) {//回环设备这里为false
                rc = __dev_xmit_skb(skb, q, dev, txq);
                goto out;
        }

        //开始回环设备处理
        if (dev->flags & IFF_UP) {
                dev_hard_start_xmit(skb, dev, txq, ...);
                ......
        }
}
```

在dev_hard_start_xmit函数中还将调用设备驱动的操作函数。

```
//file: net/core/dev.c
int dev_hard_start_xmit(struct sk_buff *skb, struct net_device *dev,
    struct netdev_queue *txq)
{
        //获取设备驱动的回调函数集合ops
        const struct net_device_ops *ops = dev->netdev_ops;

        //调用驱动的ndo_start_xmit进行发送
        rc = ops->ndo_start_xmit(skb, dev);
        ......
}
```

5.3.4 "驱动"程序

回环设备的"驱动"程序的工作流程如图5.10所示。

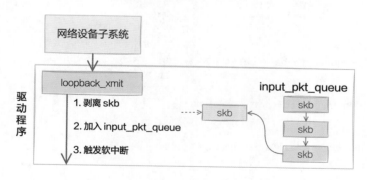

图5.10 回环设备的"驱动"程序的工作流程

对于真实的igb网卡来说，它的驱动代码都在drivers/net/ethernet/intel/igb/igb_main.c文件里。顺着这个路径，我找到了loopback（回环）设备的"驱动"代码位置，在drivers/net/loopback.c中。

```
//file:drivers/net/loopback.c
static const struct net_device_ops loopback_ops = {
      .ndo_init       = loopback_dev_init,
      .ndo_start_xmit= loopback_xmit,
      .ndo_get_stats64 = loopback_get_stats64,
};
```

所以对dev_hard_start_xmit调用实际上执行的是loopback"驱动"里的loopback_xmit。为什么我把"驱动"加个引号呢，因为loopback是一个纯软件性质的虚拟接口，并没有真正意义上对物理设备的驱动。

```
//file:drivers/net/loopback.c
static netdev_tx_t loopback_xmit(struct sk_buff *skb,
                                 struct net_device *dev)
{
      //剥离掉和原 socket的联系
      skb_orphan(skb);

      //调用netif_rx
      if (likely(netif_rx(skb) == NET_RX_SUCCESS)) {
      }
}
```

在skb_orphan中先把skb上的socket指针去掉了（剥离出来）。

注意，在本机网络IO发送的过程中，传输层下面的skb就不需要释放了，直接给接收方传过去就行，总算是省了一点点开销。不过可惜传输层的skb同样节约不了，还是要频繁地申请和释放。

接着调用 netif_rx，在该方法中最终会执行到 enqueue_to_backlog（netif_rx -> netif_rx_internal -> enqueue_to_backlog）。

```
//file: net/core/dev.c
static int enqueue_to_backlog(struct sk_buff *skb, int cpu,
                              unsigned int *qtail)
{
      sd = &per_cpu(softnet_data, cpu);

      ......
      __skb_queue_tail(&sd->input_pkt_queue, skb);

      ......
      ____napi_schedule(sd, &sd->backlog);
```

在enqueue_to_backlog函数中，把要发送的skb插入softnet_data->input_pkt_queue队列中并调用napi_schedule来触发软中断。

```
//file:net/core/dev.c
static inline void ____napi_schedule(struct softnet_data *sd,
                                     struct napi_struct *napi)
{
    list_add_tail(&napi->poll_list, &sd->poll_list);
    __raise_softirq_irqoff(NET_RX_SOFTIRQ);
}
```

只有触发完软中断，发送过程才算完成了。

5.4 本机接收过程

发送过程触发软中断后，会进入软中断处理函数net_rx_action，如图5.11所示。

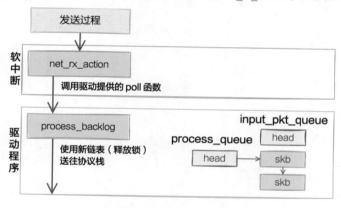

图5.11 数据接收

在跨机的网络包的接收过程中，需要经过硬中断，然后才能触发软中断。而在本机的网络IO过程中，由于并不真的过网卡，所以网卡的发送过程、硬中断就都省去了，直接从软中断开始。

在软中断被触发以后，会进入NET_RX_SOFTIRQ对应的处理方法 net_rx_action 中（至于细节参见第2.2.3节）。

```
//file: net/core/dev.c
static void net_rx_action(struct softirq_action *h){
    while (!list_empty(&sd->poll_list)) {
        work = n->poll(n, weight);
    }
}
```

前面介绍过，对于igb网卡来说，poll实际调用的是igb_poll函数。那么loopback网卡的poll函数是哪个呢？由于poll_list里面是struct softnet_data 对象，我们在net_dev_init 中找到了蛛丝马迹。

```
//file:net/core/dev.c
static int __init net_dev_init(void)
{
        for_each_possible_cpu(i) {
                sd->backlog.poll = process_backlog;
        }
}
```

原来struct softnet_data 默认的poll 在初始化的时候设置成了 process_backlog 函数，来看看它都干了什么。

```
static int process_backlog(struct napi_struct *napi, int quota)
{
        while(){
                while ((skb = __skb_dequeue(&sd->process_queue))) {
                        __netif_receive_skb(skb);
                }

                //skb_queue_splice_tail_init()函数用于将链表a连接到链表b上，
                //形成一个新的链表b，并将原来a的头变成空链表。
                qlen = skb_queue_len(&sd->input_pkt_queue);
                if (qlen)
                        skb_queue_splice_tail_init(&sd->input_pkt_queue,
                                                   &sd->process_queue);
        }
}
```

这次先看对 skb_queue_splice_tail_init的调用。源码就不看了，直接说它的作用，是把 sd->input_pkt_queue 里的skb 链到 sd->process_queue 链表上去。

然后再看 __skb_dequeue， __skb_dequeue 是从 sd->process_queue取下来包进行处理。这样和前面发送过程的结尾处就对上了，发送过程是把包放到了input_pkt_queue队列里，如图5.12所示。

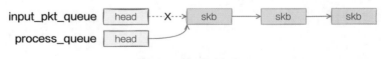

图5.12　队列的执行

最后调用 __netif_receive_skb 将数据送往协议栈。在此之后的调用过程就和跨机网络IO又一致了。送往协议栈的调用链是 __netif_receive_skb => __netif_receive_skb_core =>

deliver_skb，然后将数据包送入ip_rcv中（参见第2章）。网络层再往后是传输层，最后唤醒用户进程。

5.5　本章总结

总结一下本机网络IO的内核执行流程，总体流程如图5.13所示。

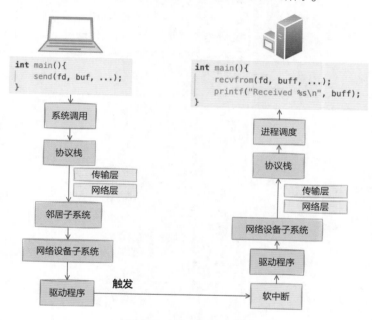

图5.13　本机网络IO过程

回想下跨机网络IO的流程如图5.6所示。

我们现在可以回顾开篇的三个问题啦。

1）127.0.0.1 本机网络IO需要经过网卡吗？

通过本章的介绍可以确定地得出结论，不需要经过网卡。即使把网卡拔了，本机网络还是可以正常使用的。

2）数据包在内核中是什么走向，和外网发送相比流程上有什么差别？

总的来说，本机网络IO和跨机网络IO比较起来，确实是节约了驱动上的一些开销。发送数据不需要进 RingBuffer的驱动队列，直接把 skb 传给接收协议栈（经过软中断）。但是在内核其他组件上，可是一点儿都没少，系统调用、协议栈（传输层、网络层等）、设备子系统整个走了一遍。连"驱动"程序都走了（虽然对于回环设备来说只是一个纯软件的虚拟出来的东西）。所以即使是本机网络IO，切忌误以为没啥开销就滥用。

如果想在本机网络IO上绕开协议栈的开销，也不是没有办法，但是要动用eBPF。使用eBPF的sockmap和sk redirect 可以达到真正不走协议栈的目的。这个技术不在本书的讨论范围之内，感兴趣的读者可以用这几个关键字上搜索引擎查找相关资料。

3）访问本机服务时，使用127.0.0.1能比使用本机IP（例如192.168.x.x）更快吗？

很多人的直觉是用本机IP会走网卡，但正确结论是和127.0.0.1没有差别，都是走虚拟的环回设备lo。这是因为内核在设置IP的时候，把所有的本机IP都初始化到local路由表里了，类型写死了是RTN_LOCAL。在后面的路由项选择的时候发现类型是RTN_LOCAL就会选择lo设备了。还不信的话你也动手抓包试试！

第6章

—

深度理解TCP连接建立过程

6.1　相关实际问题

目前的互联网应用绝大部分都是运行在TCP之上的，所以说TCP是当今互联网的基石一点儿也不为过。本章就来深度分析TCP连接的建立过程。为了测试你是否需要在这方面进行加强，还是从以下几个问题来引入。

1）为什么服务端程序都需要先listen一下？

```
int main(int argc, char const *argv[])
{
    int fd = socket(AF_INET, SOCK_STREAM, 0);
    bind(fd, ...);
    listen(fd, 128);
    accept(fd, ...);
```

上面是一段精简的服务端程序。我想问的是，为什么在服务端非得listen一下，然后才能接收来自客户端们的连接请求呢？listen内部执行的时候到底干了些啥？

2）半连接队列和全连接队列长度如何确定？

TCP服务端在处理三次握手的时候，需要有半连接队列和全连接队列来配合完成。那么这两个数据结构在内核中是什么样子，如果想修改它们的长度，应该如何操作？

3）"Cannot assign requested address"这个报错你知道是怎么回事吗？该如何解决？

你在工作中可能出现过"Cannot assign requested address"这个错误。那么这个错误是如何产生的呢，你是否足够清楚？如果再次遭遇这个问题，又该如何解决它呢？

4）一个客户端端口可以同时用在两条连接上吗？

假设客户端有个端口号，比如10000，已经有了一条和某个服务的ESTABLISH状态的连接了。那么下次再想连接其他的服务端，这个端口还能被使用吗？

5）服务端半/全连接队列满了会怎么样？

如果服务端接收到的连接请求过于频繁，导致半/全连接队列满了会怎么样，会不会导致线上问题？如何确定是否有连接队列溢出发生？如果有，该如何解决？

6）新连接的socket内核对象是什么时候建立的？

服务端在接收客户端的时候需要创建新连接，对应内核就是各种内核对象。那么这些内核对象都是在什么时候建立的呢，是accept函数执行的时候吗？

7）建立一条TCP连接需要消耗多长时间？

接口耗时是衡量服务接口的重要指标之一。接口很多时候都需要和其他的服务器建立连接然后获取一些必要数据。那么，你知道建立一条TCP连接大概需要多长时间吗？

8）把服务器部署在北京，给纽约的用户访问可行吗？

假如中国和美国之间的网络设备非常通畅，我们要建一个网站给美国用户访问。是否可以为了省事直接在北京部署服务器让美国用户来使用？再扩展一点，如果将来人类真的移民火星的时候，我们是否可以在北京部署服务器来让火星用户访问呢？

9）服务器负载很正常，但是CPU被打到底了是怎么回事？

这是一个飞哥在线上真实遭遇的故障。当时是一组服务器上线了一个新功能，然后没多久以后突然就出现了如图6.1所示的奇怪状况。

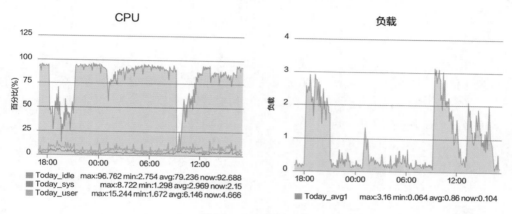

图6.1　CPU消耗异常

这是一台4核的虚拟机。按照对负载的正常理解，4核的服务器负载在4以下都算是正常的。这台机器出故障的时候负载并不高，只有3左右，但是CPU却被打到了100%，也就是说被打到底了。通过本章我们把CPU消耗光的根本原因揪出来。

带着这些问题，让我们开启本章的探秘之旅！

6.2 深入理解listen

在服务端程序里，在开始接收请求之前都需要先执行listen系统调用。那么listen到底是干了啥？本节就来深入了解一下。

6.2.1 listen系统调用

可以在net/socket.c下找到listen系统调用的源码。

```
//file: net/socket.c
SYSCALL_DEFINE2(listen, int, fd, int, backlog)
```

```
{
    //根据fd查找socket内核对象
    sock = sockfd_lookup_light(fd, &err, &fput_needed);
    if (sock) {
        //获取内核参数net.core.somaxconn
        somaxconn = sock_net(sock->sk)->core.sysctl_somaxconn;
        if ((unsigned int)backlog > somaxconn)
            backlog = somaxconn;

        //调用协议栈注册的listen函数
        err = sock->ops->listen(sock, backlog);
        ......
}
```

　　用户态的socket文件描述符只是一个整数而已，内核是没有办法直接用的。所以该函数中第一行代码就是根据用户传入的文件描述符来查找对应的socket内核对象。

　　再接着获取了系统里的net.core.somaxconn内核参数的值，和用户传入的backlog比较后取一个最小值传入下一步。

　　所以，虽然listen允许我们传入backlog（该值和半连接队列、全连接队列都有关系），但是如果用户传入的值比net.core.somaxconn还大的话是不会起作用的。

　　接着通过调用sock->ops->listen进入协议栈的listen函数。

6.2.2　协议栈listen

　　关于AF_INET类型的socket内核对象这里不再赘述，可以参考3.2节。这里sock->ops->listen指针指向的是inet_listen函数。

```
//file: net/ipv4/af_inet.c
int inet_listen(struct socket *sock, int backlog)
{
    //还不是listen 状态（尚未listen过）
    if (old_state != TCP_LISTEN) {
        //开始监听
        err = inet_csk_listen_start(sk, backlog);
    }

    //设置全连接队列长度
    sk->sk_max_ack_backlog = backlog;
}
```

　　先看一下最底下这行，sk->sk_max_ack_backlog是全连接队列的最大长度。所以这里我们就知道了一个关键技术点，**服务端的全连接队列长度是执行listen函数时传入的backlog和net.core.somaxconn之间较小的那个值**。

> **★ 注意**
>
> 如果你在线上遇到了全连接队列溢出的问题，想加大该队列长度，那么可能需要同时考虑执行listen函数时传入的backlog和net.core.somaxconn。

再回过头看inet_csk_listen_start函数。

```
//file: net/ipv4/inet_connection_sock.c
int inet_csk_listen_start(struct sock *sk, const int nr_table_entries)
{
        struct inet_connection_sock *icsk = inet_csk(sk);

        //icsk->icsk_accept_queue是接收队列，详情见2.3节
        //接收队列内核对象的申请和初始化，详情见2.4节
        int rc = reqsk_queue_alloc(&icsk->icsk_accept_queue, nr_table_entries);
        ......
}
```

在函数一开始，将struct sock对象强制转换成了inet_connection_sock，名叫icsk。

这里简单讲讲为什么可以这么强制转换，这是因为inet_connection_sock是包含sock的。tcp_sock、inet_connection_sock、inet_sock、sock是逐层嵌套的关系，如图6.2所示，类似面向对象里的继承的概念。

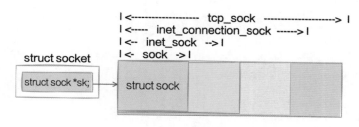

图6.2 tcp_sock结构

对于TCP的socket来说，sock对象实际上是一个tcp_sock。因此TCP中的sock对象随时可以强制类型转换为tcp_sock、inet_connection_sock、inet_sock来使用。

在接下来的一行reqsk_queue_alloc中实际上包含了两件重要的事情。一是接收队列数据结构的定义。二是接收队列的申请和初始化。这两块都比较重要，我们分别在6.2.3节和6.2.4节介绍。

6.2.3 接收队列定义

icsk->icsk_accept_queue定义在inet_connection_sock下，是一个request_sock_queue类型的对象，是内核用来接收客户端请求的主要数据结构。我们平时说的全连接队列、半连接队列全都是在这个数据结构里实现的，如图6.3所示。

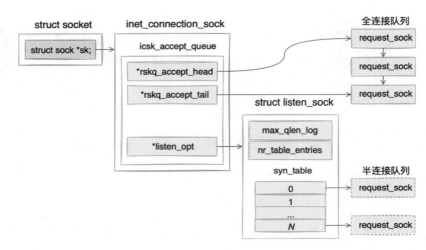

图6.3　接收队列

我们来看具体的代码。

```
//file: include/net/inet_connection_sock.h
struct inet_connection_sock {
    /* inet_sock has to be the first member! */
    struct inet_sock          icsk_inet;
    struct request_sock_queue icsk_accept_queue;
    ......
}
```

再来查找request_sock_queue的定义。

```
//file: include/net/request_sock.h
struct request_sock_queue {
    //全连接队列
    struct request_sock     *rskq_accept_head;
    struct request_sock     *rskq_accept_tail;

    //半连接队列
    struct listen_sock      *listen_opt;
    ......
};
```

对于全连接队列来说，在它上面不需要进行复杂的查找工作，accept处理的时候只是先进先出地接受就好了。所以全连接队列通过rskq_accept_head和rskq_accept_tail以链表的形式来管理。

和半连接队列相关的数据对象是listen_opt，它是listen_sock类型的。

```
//file: include/net/request_sock.h
```

```
struct listen_sock {
    u8                      max_qlen_log;
    u32                     nr_table_entries;
    ......
    struct request_sock     *syn_table[0];
};
```

　　因为服务端需要在第三次握手时快速地查找出来第一次握手时留存的request_sock对象，所以其实是用了一个哈希表来管理，就是struct request_sock *syn_table[0]。max_qlen_log和nr_table_entries都和半连接队列的长度有关。

6.2.4　接收队列申请和初始化

　　了解了全/半连接队列数据结构以后，让我们再回到inet_csk_listen_start函数中。它调用了reqsk_queue_alloc来申请和初始化icsk_accept_queue这个重要对象。

```
//file: net/ipv4/inet_connection_sock.c
int inet_csk_listen_start(struct sock *sk, const int nr_table_entries)
{
    ......
    int rc = reqsk_queue_alloc(&icsk->icsk_accept_queue, nr_table_entries);
    ......
}
```

　　在reqsk_queue_alloc这个函数中完成了接收队列request_sock_queue内核对象的创建和初始化。其中包括内存申请、半连接队列长度的计算、全连接队列头的初始化，等等。
　　让我们进入它的源码：

```
//file: net/core/request_sock.c
int reqsk_queue_alloc(struct request_sock_queue *queue,
                  unsigned int nr_table_entries)
{
    size_t lopt_size = sizeof(struct listen_sock);
    struct listen_sock *lopt;

    //计算半连接队列的长度
    nr_table_entries = min_t(u32, nr_table_entries, sysctl_max_syn_
backlog);
    nr_table_entries = ......

    //为listen_sock对象申请内存，这里包含了半连接队列
    lopt_size += nr_table_entries * sizeof(struct request_sock *);
    if (lopt_size > PAGE_SIZE)
            lopt = vzalloc(lopt_size);
    else
            lopt = kzalloc(lopt_size, GFP_KERNEL);
```

```
//全连接队列头初始化
queue->rskq_accept_head = NULL;

//半连接队列设置
lopt->nr_table_entries = nr_table_entries;
queue->listen_opt = lopt;
......
}
```

开头定义了一个struct listen_sock 指针。这个listen_sock就是我们平时经常说的半连接队列。

接下来计算半连接队列的长度。计算出来实际大小以后，开始申请内存。最后将全连接队列头queue->rskq_accept_head设置成了NULL，将半连接队列挂到了接收队列queue上。

> ★ 注意
>
> 这里要注意一个细节，半连接队列上每个元素分配的是一个指针大小（sizeof(struct request_sock *)）。这其实是一个哈希表。真正的半连接用的request_sock对象是在握手过程中分配的，计算完哈希值后挂到这个哈希表上。

6.2.5　半连接队列长度计算

在6.2.4节曾提到reqsk_queue_alloc函数中计算了半连接队列的长度，由于这个略有点复杂，所以单独用一小节讨论它。

```
//file: net/core/request_sock.c
int reqsk_queue_alloc(struct request_sock_queue *queue,
                unsigned int nr_table_entries)
{
    //计算半连接队列的长度
    nr_table_entries = min_t(u32, nr_table_entries, sysctl_max_syn_
backlog);
    nr_table_entries = max_t(u32, nr_table_entries, 8);
    nr_table_entries = roundup_pow_of_two(nr_table_entries + 1);

    //为了效率，不记录 nr_table_entries
    //而是记录2的N次幂等于 nr_table_entries
    for (lopt->max_qlen_log = 3;
        (1 << lopt->max_qlen_log) < nr_table_entries;
        lopt->max_qlen_log++);
    ......
}
```

传进来的nr_table_entries在最初调用reqsk_queue_alloc的地方可以看到，它是内核参数net.core.somaxconn和用户调用listen时传入的backlog二者之间的较小值。

在这个reqsk_queue_alloc函数里，又将会完成三次的对比和计算。

- min_t(u32, nr_table_entries, sysctl_max_syn_backlog)这句是再次和sysctl_max_syn_backlog内核对象取了一次最小值。
- max_t(u32, nr_table_entries, 8)这句保证nr_table_entries不能比8小，这是用来避免新手用户传入一个太小的值导致无法建立连接的。
- roundup_pow_of_two(nr_table_entries + 1)是用来上对齐到2的整数次幂的。

说到这里，你可能已经开始头疼了。确实这样的描述是有点抽象。咱们换个方法，通过两个实际的案例来计算一下。

假设：某服务器上内核参数net.core.somaxconn为128，net.ipv4.tcp_max_syn_backlog为8192。那么当用户backlog传入5时，半连接队列到底是多长呢？

和代码一样，我们还是把计算分为四步，最终结果为16。

1. min (backlog, somaxconn) = min (5, 128) = 5
2. min (5, tcp_max_syn_backlog) = min (5, 8192) = 5
3. max (5, 8) = 8
4. roundup_pow_of_two (8 + 1) = 16

somaxconn和tcp_max_syn_backlog保持不变，listen时的backlog加大到512。再算一遍，结果为256。

1. min (backlog, somaxconn) = min (512, 128) = 128
2. min (128, tcp_max_syn_backlog) = min (128, 8192) = 128
3. max (128, 8) = 128
4. roundup_pow_of_two (128 + 1) = 256

算到这里，我把半连接队列长度的计算归纳成了一句话，**半连接队列的长度是min(backlog, somaxconn, tcp_max_syn_backlog) + 1再上取整到2的N次幂，但最小不能小于16**。我用的内核源码是3.10，你手头的内核版本可能和这个稍微有些出入。

 如果你在线上遇到了半连接队列溢出的问题，想加大该队列长度，那么就需要同时考虑somaxconn、backlog和tcp_max_syn_backlog三个内核参数。

最后再说一点，为了提升比较性能，内核并没有直接记录半连接队列的长度。而是采用了一种晦涩的方法，只记录其N次幂。假设队列长度为16，则记录max_qlen_log为4（2的4次方等于16），假设队列长度为256，则记录max_qlen_log为8（2的8次方等于

256）。大家只要知道这个就是为了提升性能就行了。

6.2.6　listen过程小结

计算机系的学生就像背八股文一样记着服务端socket程序流程：先bind，再listen，然后才能accept。至于为什么需要先listen一下才可以accpet，大家平时关注得太少了。

通过本节对listen源码的简单浏览，我们发现listen最主要的工作就是**申请和初始化接收队列，包括全连接队列和半连接队列**。其中全连接队列是一个链表，而半连接队列由于需要快速地查找，所以使用的是一个哈希表（其实半连接队列更准确的叫法应该叫半连接哈希表）。详细的接收队列结构参见图6.3。全/半两个队列是三次握手中很重要的两个数据结构，有了它们服务端才能正常响应来自客户端的三次握手。所以服务端都需要调用listen才行。

除此之外我们还有额外收获，我们还知道了内核是如何确定全/半连接队列的长度的。

1. 全连接队列的长度

对于全连接队列来说，其最大长度是listen时传入的backlog和net.core.somaxconn 之间较小的那个值。如果需要加大全连接队列长度，那么就要调整backlog和somaxconn。

2. 半连接队列的长度

在listen的过程中，我们也看到了对于半连接队列来说，其最大长度是min(backlog, somaxconn, tcp_max_syn_backlog) + 1再上取整到2的N次幂，但最小不能小于16。如果需要加大半连接队列长度，那么需要一并考虑backlog、somaxconn和tcp_max_syn_backlog这三个参数。网上任何告诉你修改某一个参数就能提高半连接队列长度的文章都是错的。

所以，不放过一个细节，你可能会有意想不到的收获！

6.3　深入理解connect

客户端在发起连接的时候，创建一个socket，然后瞄准服务端调用connect就可以了，代码可以简单到只有两句。

```
int main(){
    fd = socket(AF_INET,SOCK_STREAM, 0);
    connect(fd, ...);
    ......
}
```

但是区区两行代码，背后隐藏的技术细节却很多。

3.2节简单介绍过socket函数是如何在内核中创建相关内核对象的。socket函数执行完毕后，从用户层视角我们看到返回了一个文件描述符fd。但在内核中其实是一套内核

对象组合，包含file、socket、sock等多个相关内核对象构成，每个内核对象还定义了ops
操作函数集合。由于本节我们还会用到这个数据结构图，所以这里再画一次。

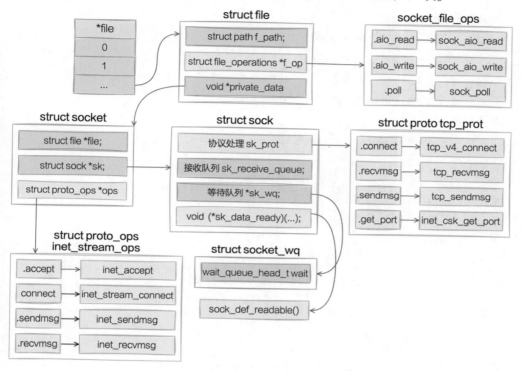

图6.4　socket数据结构

接下来就进入connect函数的执行过程。

6.3.1　connect调用链展开

当在客户端机上调用connect函数的时候，事实上会进入内核的系统调用源码中执行。

```
//file: net/socket.c
SYSCALL_DEFINE3(connect, int, fd, struct sockaddr __user *, uservaddr,
            int, addrlen)
{
    struct socket *sock;

    //根据用户fd查找内核中的socket对象
    sock = sockfd_lookup_light(fd, &err, &fput_needed);

    //进行connect
    err = sock->ops->connect(sock, (struct sockaddr *)&address, addrlen,
                        sock->file->f_flags);
```

```
        ...
}
```

这段代码首先根据用户传入的fd（文件描述符）来查询对应的socket内核对象。对于AF_INET类型的socket内核对象来说，sock->ops->connect指针指向的是inet_stream_connect函数。

```
//file: ipv4/af_inet.c
int inet_stream_connect(struct socket *sock, ...)
{
        ...
        __inet_stream_connect(sock, uaddr, addr_len, flags);
}

int __inet_stream_connect(struct socket *sock, ...)
{
        struct sock *sk = sock->sk;

        switch (sock->state) {
                case SS_UNCONNECTED:
                        err = sk->sk_prot->connect(sk, uaddr, addr_len);
                        sock->state = SS_CONNECTING;
                        break;
        }
        ...
}
```

刚创建完毕的socket的状态就是SS_UNCONNECTED，所以在__inet_stream_connect中的switch判断会进入case SS_UNCONNECTED的处理逻辑中。

上述代码中sk取的是sock对象。对于AF_INET类型的TCP socket来说，sk->sk_prot->connect指针指向的是tcp_v4_connect方法。

我们来看tcp_v4_connect的代码，它位于net/ipv4/tcp_ipv4.c。

```
//file: net/ipv4/tcp_ipv4.c
int tcp_v4_connect(struct sock *sk, struct sockaddr *uaddr, int addr_len)
{
        //设置 socket 状态为TCP_SYN_SENT
        tcp_set_state(sk, TCP_SYN_SENT);

        //动态选择一个端口
        err = inet_hash_connect(&tcp_death_row, sk);

        //函数用来根据sk中的信息，构建一个syn报文，并将它发送出去。
        err = tcp_connect(sk);
}
```

在这里将把socket状态设置为TCP_SYN_SENT。再通过inet_hash_connect来动态地选择一个可用的端口。

6.3.2　选择可用端口

找到inet_hash_connect的源码，我们来看看到底端口是如何选择出来的。

```
//file:net/ipv4/inet_hashtables.c
int inet_hash_connect(struct inet_timewait_death_row *death_row,
                      struct sock *sk)
{
      return __inet_hash_connect(death_row, sk, inet_sk_port_offset(sk),
                      __inet_check_established, __inet_hash_nolisten);
}
```

这里需要提一下在调用__inet_hash_connect时传入的两个重要参数：

- inet_sk_port_offset(sk)：这个函数根据要连接的目的IP和端口等信息生成一个随机数。
- __inet_check_established：检查是否和现有ESTABLISH状态的连接冲突的时候用的函数。

了解了这两个参数后，进入__inet_hash_connect函数。这个函数比较长，为了方便理解，先看前面这一段。

```
//file:net/ipv4/inet_hashtables.c
int __inet_hash_connect(...)
{
      //是否绑定过端口
      const unsigned short snum = inet_sk(sk)->inet_num;

      //获取本地端口配置
      inet_get_local_port_range(&low, &high);
            remaining = (high - low) + 1;

      if (!snum) {
            //遍历查找
            for (i = 1; i <= remaining; i++) {
                    port = low + (i + offset) % remaining;
                    ...
            }
      }
}
```

在这个函数中首先判断了inet_sk(sk)->inet_num，如果调用过bind，那么这个函数会选择好端口并设置在inet_num上。假设没有调用过bind，所以snum为0。

接着调用inet_get_local_port_range，这个函数读取的是net.ipv4.ip_local_port_range这

个内核参数，来读取管理员配置的可用的端口范围。

> ★
> 注
> 意
>
> 该参数的默认值是32768 61000，意味着端口总可用的数量是61000−32768＝28232个。如果觉得这个数字不够用，那就修改net.ipv4.ip_local_port_range内核参数。

接下来进入了for循环。其中offset是通过inet_sk_port_offset(sk)计算出的随机数。那这段循环的作用就是从某个随机数开始，把整个可用端口范围遍历一遍。直到找到可用的端口后停止。

接下来看看如何确定一个端口是否可用。

```c
//file:net/ipv4/inet_hashtables.c
int __inet_hash_connect(...)
{
    for (i = 1; i <= remaining; i++) {
        port = low + (i + offset) % remaining;

        //查看是否是保留端口，是则跳过
        if (inet_is_reserved_local_port(port))
            continue;

        //查找和遍历已经使用的端口的哈希链表
        head = &hinfo->bhash[inet_bhashfn(net, port,
                    hinfo->bhash_size)];
        inet_bind_bucket_for_each(tb, &head->chain) {

            //如果端口已经被使用
            if (net_eq(ib_net(tb), net) &&
                tb->port == port) {

            //通过 check_established 继续检查是否可用
                if (!check_established(death_row, sk,
                                        port, &tw))
                    goto ok;
            }
        }

        //未使用的话
        tb = inet_bind_bucket_create(hinfo->bind_bucket_cachep, ...);
        ......
        goto ok;
    }

    return -EADDRNOTAVAIL;
ok:
    ......
}
```

首先判断的是inet_is_reserved_local_port，这个很简单，就是判断要选择的端口是否在net.ipv4.ip_local_reserved_ports中，在的话就不能用。

如果你因为某种原因不希望某些端口被内核使用，那么把它们写到ip_local_reserved_ports这个内核参数中就行了。

整个系统中会维护一个所有使用过的端口的哈希表，它就是hinfo->bhash。接下来的代码就会在这里查找端口。如果在哈希表中没有找到，那么说明这个端口是可用的。至此端口就算是找到了。这个时候通过net_bind_bucket_create申请一个inet_bind_bucket来记录端口已经使用了，并用哈希表的形式都管理了起来。后面在7.4节的实验环节能看到这个inet_bind_bucket内核对象。

遍历完所有端口都没找到合适的，就返回-EADDRNOTAVAIL，你在用户程序上看到的就是Cannot assign requested address这个错误。怎么样，是不是很眼熟，你见过它的对吧，哈哈！

```
/* Cannot assign requested address */
#define        EADDRNOTAVAIL   99
```

以后当你再遇到Cannot assign requested address 错误，应该想到去查一下 net.ipv4.ip_local_port_range中设置的可用端口的范围是不是太小了。

6.3.3 端口被使用过怎么办

回顾刚才的__inet_hash_connect，为了描述简单，之前跳过了端口号已经在bhash中存在时候的判断。这是由于，其一这个过程比较长，其二这段逻辑很有价值，所以单独拿出来讲。

```
//file:net/ipv4/inet_hashtables.c
int __inet_hash_connect(...)
{
    for (i = 1; i <= remaining; i++) {
        port = low + (i + offset) % remaining;

        ...

        //如果端口已经被使用
        if (net_eq(ib_net(tb), net) &&
                tb->port == port) {
                //通过 check_established 继续检查是否可用
                if (!check_established(death_row, sk, port, &tw))
                        goto ok;
        }
    }
}
```

port在bhash中如果已经存在，就表示有其他的连接使用过该端口了。**请注意，如果check_established返回0，该端口仍然可以接着使用！**

这里可能会让很多读者困惑了，一个端口怎么可以被用多次呢？

回忆一下四元组的概念，两对四元组中只要任意一个元素不同，都算是两条不同的连接。以下的两条TCP连接完全可以同时存在（假设192.168.1.101是客户端，192.168.1.100是服务端）：

- 连接1：192.168.1.101 5000 192.168.1.100 8090
- 连接2：192.168.1.101 5000 192.168.1.100 8091

check_established作用就是检测现有的TCP连接中是否四元组和要建立的连接四元素完全一致。如果不完全一致，那么该端口仍然可用！！！

这个check_established是由调用方传入的，实际上使用的是__inet_check_established。我们来看它的源码。

```c
//file: net/ipv4/inet_hashtables.c
static int __inet_check_established(struct inet_timewait_death_row *death_row,
                                    struct sock *sk, __u16 lport,
                                    struct inet_timewait_sock **twp)
{
    //找到哈希桶
    struct inet_ehash_bucket *head = inet_ehash_bucket(hinfo, hash);

    //遍历看看有没有四元组一样的，一样的话就报错
    sk_nulls_for_each(sk2, node, &head->chain) {
        if (sk2->sk_hash != hash)
            continue;
        if (likely(INET_MATCH(sk2, net, acookie,
                              saddr, daddr, ports, dif)))
            goto not_unique;
    }

unique:
    //要用了，记录，返回 0 （成功）
    return 0;
not_unique:
    return -EADDRNOTAVAIL;
}
```

该函数首先找到inet_ehash_bucket，这个和bhash类似，只不过这是所有ESTABLISH状态的socket组成的哈希表。然后遍历这个哈希表，使用INET_MATCH来判断是否可用。

INET_MATCH源码如下。

```c
// include/net/inet_hashtables.h
#define INET_MATCH(__sk, __net, __cookie, __saddr, __daddr, __ports, __dif) \
  ((inet_sk(__sk)->inet_portpair == (__ports)) &&  \
   (inet_sk(__sk)->inet_daddr == (__saddr)) &&  \
   (inet_sk(__sk)->inet_rcv_saddr == (__daddr)) &&  \
```

```
(!(__sk)->sk_bound_dev_if ||      \
  ((__sk)->sk_bound_dev_if == (__dif)))  &&  \
net_eq(sock_net(__sk), (__net)))
```

在INET_MATCH中将__saddr、__daddr、__ports都进行了比较。当然除了IP和端口，INET_MATCH还比较了其他一些项目，所以TCP连接还有五元组、七元组之类的说法。为了统一，这里还沿用四元组的说法。

如果匹配，就是四元组完全一致的连接，所以这个端口不可用。也返回-EADDRNOTAVAIL。

如果不匹配，哪怕四元组中有一个元素不一样，例如服务端的端口号不一样，那么就返回0，表示该端口仍然可用于建立新连接。

> ★注意 所以一台客户端机最大能建立的连接数并不是65 535。只要服务端足够多，单机发出百万条连接没有任何问题。

6.3.4 发起syn请求

再回到tcp_v4_connect，这时我们的inet_hash_connect已经返回了一个可用端口。接下来就进入tcp_connect，源码如下所示。

```
//file: net/ipv4/tcp_ipv4.c
int tcp_v4_connect(struct sock *sk, struct sockaddr *uaddr, int addr_len)
{
    ......

    //动态选择一个端口
    err = inet_hash_connect(&tcp_death_row, sk);

    //函数用来根据sk中的信息，构建一个完成的syn报文，并将它发送出去。
    err = tcp_connect(sk);
}
```

到这里其实就和本章要讨论的主题没有关系了，所以只简单看一下。

```
//file:net/ipv4/tcp_output.c
int tcp_connect(struct sock *sk)
{
    //申请并设置skb
    buff = alloc_skb_fclone(MAX_TCP_HEADER + 15, sk->sk_allocation);
    tcp_init_nondata_skb(buff, tp->write_seq++, TCPHDR_SYN);

    //添加到发送队列sk_write_queue
    tcp_connect_queue_skb(sk, buff);

    //实际发出syn
```

```
    err = tp->fastopen_req ? tcp_send_syn_data(sk, buff) :
          tcp_transmit_skb(sk, buff, 1, sk->sk_allocation);

    //启动重传定时器
    inet_csk_reset_xmit_timer(sk, ICSK_TIME_RETRANS,
                              inet_csk(sk)->icsk_rto, TCP_RTO_MAX);
}
```

tcp_connect一口气做了这么几件事：

- 申请一个skb，并将其设置为SYN包。
- 添加到发送队列上。
- 调用tcp_transmit_skb将该包发出。
- 启动一个重传定时器，超时会重发。

该定时器的作用是等到一定时间后收不到服务端的反馈的时候来开启重传。首次超时时间是在TCP_TIMEOUT_INIT宏中定义的，该值在Linux 3.10版本中是1秒，在一些老版本中是3秒。

```
//file:ipv4/tcp_output.c
void tcp_connect_init(struct sock *sk)
{
    //初始化为TCP_TIMEOUT_INIT
    inet_csk(sk)->icsk_rto = TCP_TIMEOUT_INIT;
    ......
}
```

TCP_TIMEOUT_INIT 在include/net/tcp.h中被定义成了 1秒。

```
//file: include/net/tcp.h
#define TCP_TIMEOUT_INIT ((unsigned)(1*HZ))
```

在一些老版本，比如v2.6.30版本下，这个初始值是3秒。

```
//file: include/net/tcp.h
#define TCP_TIMEOUT_INIT ((unsigned)(3*HZ))
```

6.3.5　connect小结

小结一下，**客户端在执行connect函数的时候，把本地socket状态设置成了TCP_SYN_SENT，选了一个可用的端口，接着发出SYN握手请求并启动重传定时器。**

现在我们搞清楚了TCP连接中客户端的端口会在两个位置确定。

第一个位置，是本节重点介绍的connect系统调用执行过程。在connect的时候，会随机地从ip_local_port_range选择一个位置开始循环判断。找到可用端口后，发出syn握手包。如果端口查找失败，会报错"Cannot assign requested address"。这个时候你应该首先想到去检查一下服务器上的net.ipv4.ip_local_port_range参数，是不是可以再放得多一些。

如果你因为某种原因不希望某些端口被用到，那么把它们写到ip_local_reserved_ports这个内核参数中就行了，内核在选择的时候会跳过这些端口。

另外还要注意一个端口是可以被用于多条TCP连接的。所以一台客户端机最大能建立的连接数并不是65 535。只要连接的服务端足够多，单机发出百万条连接没有任何问题。我给大家展示一下实验时的实际截图（见图6.5），来实际看一下一个端口号确实是被用在了多条连接上。

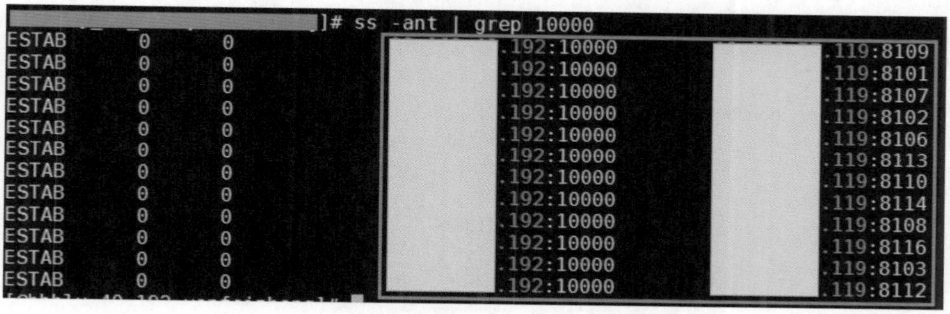

图6.5　一个端口号可以用于多条连接

图6.5中左边的192是客户端，右边的119是服务端的IP。可以看到客户端的10000这个端口号是用在了多条连接上的。

多说一句，上面的选择端口都是从ip_local_port_range范围中的某一个随机位置开始循环的。如果可用端口很充足，则能快一些找到可用端口，那循环很快就能退出。假设实际中ip_local_port_range中的端口快被用光了，这时候内核就大概率要把循环多执行很多轮才能找到可用端口，**这会导致connect系统调用的CPU开销上涨**。后面将在6.5.1节中详细介绍这种情况。

如果在connect之前使用了bind，将会使得connect系统调用时的端口选择方式无效。转而使用bind时确定的端口。调用bind时如果传入了端口号，会尝试首先使用该端口号，如果传入了0，也会自动选择一个。但默认情况下一个端口只会被使用一次。所以对于客户端角色的socket，不建议使用bind！

6.4　完整TCP连接建立过程

在后端相关岗位的入职面试中，三次握手的出场频率非常高，甚至说它是必考题也不为过。一般的答案都是说客户端如何发起SYN握手进入SYN_SENT状态，服务端响应SYN并回复SYNACK，然后进入SYN_RECV……

飞哥想给出一份不一样的答案。其实三次握手在内核的实现中，并不只是简单的状态的流转，还包括端口选择、半连接队列、syncookie、全连接队列、重传计时器等关键操作。如果能深刻理解这些，你对线上的把握和理解将更进一步。如果有面试官问起你三次握手，相信这份答案一定能帮你在面试官面前赢得加分。

在基于TCP的服务开发中，三次握手的主要流程如图6.6所示。

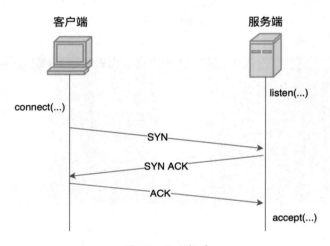

图6.6　三次握手

服务端核心逻辑是创建socket绑定端口，listen监听，最后accept接收客户端的请求。

```
//服务端核心代码
int main(int argc, char const *argv[])
{
    int fd = socket(AF_INET, SOCK_STREAM, 0);
    bind(fd, ...);
    listen(fd, 128);
    accept(fd, ...);
}
```

客户端的核心逻辑是创建socket，然后调用connect连接服务端。

```
//客户端核心代码
int main(){
    fd = socket(AF_INET,SOCK_STREAM, 0);
    connect(fd, ...);
    ...
}
```

6.4.1　客户端connect

这个已经在上一节重点讲过了，这里只简单回顾一下。客户端通过调用connect来发起连接。在connect系统调用中会进入内核源码的tcp_v4_connect。

```
//file: net/ipv4/tcp_ipv4.c
int tcp_v4_connect(struct sock *sk, struct sockaddr *uaddr, int addr_len)
{
      //设置 socket 状态为TCP_SYN_SENT
      tcp_set_state(sk, TCP_SYN_SENT);

      //动态选择一个端口
      err = inet_hash_connect(&tcp_death_row, sk);

      //函数用来根据 sk中的信息，构建一个完成的syn报文，并将它发送出去
      err = tcp_connect(sk);
}
```

在这里将完成把socket状态设置为TCP_SYN_SENT。再通过inet_hash_connect来动态地选择一个可用的端口后，进入tcp_connect。

```
//file:net/ipv4/tcp_output.c
int tcp_connect(struct sock *sk)
{
      tcp_connect_init(sk);

      //申请 skb 并构造为一个SYN包
      ......

      //添加到发送队列 sk_write_queue
      tcp_connect_queue_skb(sk, buff);

      //实际发出 syn
      err = tp->fastopen_req ? tcp_send_syn_data(sk, buff) :
              tcp_transmit_skb(sk, buff, 1, sk->sk_allocation);

      //启动重传定时器
      inet_csk_reset_xmit_timer(sk, ICSK_TIME_RETRANS,
                           inet_csk(sk)->icsk_rto, TCP_RTO_MAX);
}
```

在tcp_connect申请和构造SYN包，然后将其发出。同时还启动了一个重传定时器，该定时器的作用是等到一定时间后收不到服务器的反馈的时候来开启重传。在Linux 3.10版本中首次超时时间是1秒，在一些老版本中是3秒。

总结一下，客户端在调用connect的时候，把本地socket状态设置成了TCP_SYN_SENT，选了一个可用的端口，接着发出SYN握手请求并启动重传定时器。

6.4.2　服务端响应SYN

在服务端，所有的TCP包（包括客户端发来的SYN握手请求）都经过网卡、软中断，进入tcp_v4_rcv。在该函数中根据网络包（skb）TCP头信息中的目的IP信息查到当前处于listen状态的socket，然后继续进入tcp_v4_do_rcv处理握手过程。

```
//file: net/ipv4/tcp_ipv4.c
int tcp_v4_do_rcv(struct sock *sk, struct sk_buff *skb)
{
        ......
        //服务端收到第一步握手SYN或者第三步ACK都会走到这里
        if (sk->sk_state == TCP_LISTEN) {
                struct sock *nsk = tcp_v4_hnd_req(sk, skb);
        }

        if (tcp_rcv_state_process(sk, skb, tcp_hdr(skb), skb->len)) {
                rsk = sk;
                goto reset;
        }
}
```

在tcp_v4_do_rcv中判断当前socket是listen状态后，首先会到tcp_v4_hnd_req查看半连接队列。服务端第一次响应SYN的时候，半连接队列里必然空空如也，所以相当于什么也没干就返回了。

```
//file:net/ipv4/tcp_ipv4.c
static struct sock *tcp_v4_hnd_req(struct sock *sk, struct sk_buff *skb)
{
        // 查找 listen socket的半连接队列
        struct request_sock *req = inet_csk_search_req(sk, &prev, th->source,
                                                iph->saddr, iph->daddr);
        ......
        return sk;
}
```

在tcp_rcv_state_process里根据不同的socket状态进行不同的处理。

```
//file:net/ipv4/tcp_input.c
int tcp_rcv_state_process(struct sock *sk, struct sk_buff *skb,
            const struct tcphdr *th, unsigned int len)
{
    switch (sk->sk_state) {
        //第一次握手
        case TCP_LISTEN:
            if (th->syn) { //判断是否为SYN握手包
                ......
                if (icsk->icsk_af_ops->conn_request(sk, skb) < 0)
```

```
                    return 1;
    ......
}
```

其中conn_request是一个函数指针，指向tcp_v4_conn_request。**服务端响应SYN的主要处理逻辑都在这个tcp_v4_conn_request里。**

```
//file: net/ipv4/tcp_ipv4.c
int tcp_v4_conn_request(struct sock *sk, struct sk_buff *skb)
{
    //看看半连接队列是否满了
    if (inet_csk_reqsk_queue_is_full(sk) && !isn) {
            want_cookie = tcp_syn_flood_action(sk, skb, "TCP");
            if (!want_cookie)
                    goto drop;
    }

    //在全连接队列满的情况下，如果有young_ack，那么直接丢弃
    if (sk_acceptq_is_full(sk) && inet_csk_reqsk_queue_young(sk) > 1) {
            NET_INC_STATS_BH(sock_net(sk), LINUX_MIB_LISTENOVERFLOWS);
            goto drop;
    }
    ......
    //分配 request_sock 内核对象
    req = inet_reqsk_alloc(&tcp_request_sock_ops);

    //构造 syn+ack包
    skb_synack = tcp_make_synack(sk, dst, req,
            fastopen_cookie_present(&valid_foc) ? &valid_foc : NULL);

    if (likely(!do_fastopen)) {
            //发送 syn + ack响应
            err = ip_build_and_send_pkt(skb_synack, sk, ireq->loc_addr,
                    ireq->rmt_addr, ireq->opt);

            //添加到半连接队列，并开启计时器
            inet_csk_reqsk_queue_hash_add(sk, req, TCP_TIMEOUT_INIT);
    }else ...
}
```

在这里首先判断半连接队列是否满了，如果满了进入tcp_syn_flood_action去判断是否开启了tcp_syncookies内核参数。**如果队列满，且未开启tcp_syncookies，那么该握手包将被直接丢弃！**

接着还要判断全连接队列是否满。因为全连接队列满也会导致握手异常，那干脆就在第一次握手的时候也判断了。**如果全连接队列满了，且young_ack数量大于1的话，那么同样也是直接丢弃。**

> **★ 注意**
> young_ack是半连接队列里保持着的一个计数器。记录的是刚有SYN到达，没有被SYN_ACK重传定时器重传过SYN_ACK，同时也没有完成过三次握手的sock数量。

接下来是构造synack包，然后通过ip_build_and_send_pkt把它发送出去。

最后把当前握手信息添加到半连接队列，并开启计时器。计时器的作用是，如果某个时间内还收不到客户端的第三次握手，服务端会重传synack包。

总结一下，服务端响应ack的主要工作是判断接收队列是否满了，满的话可能会丢弃该请求，否则发出synack。申请request_sock添加到半连接队列中，同时启动定时器。

6.4.3　客户端响应SYNACK

客户端收到服务端发来的synack包的时候，也会进入tcp_rcv_state_process函数。不过由于自身socket的状态是TCP_SYN_SENT，所以会进入另一个不同的分支。

```
//file:net/ipv4/tcp_input.c
//除了ESTABLISHED和TIME_WAIT，其他状态下的TCP处理都走这里
int tcp_rcv_state_process(struct sock *sk, struct sk_buff *skb,
            const struct tcphdr *th, unsigned int len)
{
    switch (sk->sk_state) {
        //服务器收到第一个ACK包
        case TCP_LISTEN:
            ......
        //客户端第二次握手处理
        case TCP_SYN_SENT:
            //处理synack包
            queued = tcp_rcv_synsent_state_process(sk, skb, th, len);
            ......
            return 0;
    }
}
```

tcp_rcv_synsent_state_process是客户端响应synack的主要逻辑。

```
//file:net/ipv4/tcp_input.c
static int tcp_rcv_synsent_state_process(struct sock *sk, struct sk_buff *skb,
                    const struct tcphdr *th, unsigned int len)
{
    ......

    tcp_ack(sk, skb, FLAG_SLOWPATH);

    //连接建立完成
    tcp_finish_connect(sk, skb);
```

```
    if (sk->sk_write_pending ||
            icsk->icsk_accept_queue.rskq_defer_accept ||
            icsk->icsk_ack.pingpong)
        //延迟确认......
    else {
        tcp_send_ack(sk);
    }
}
tcp_ack()->tcp_clean_rtx_queue()
//file: net/ipv4/tcp_input.c
static int tcp_clean_rtx_queue(struct sock *sk, int prior_fackets,
                    u32 prior_snd_una)
{
    //删除发送队列
    ......

    //删除定时器
    tcp_rearm_rto(sk);
}
//file: net/ipv4/tcp_input.c
void tcp_finish_connect(struct sock *sk, struct sk_buff *skb)
{
    //修改 socket 状态
    tcp_set_state(sk, TCP_ESTABLISHED);

    //初始化拥塞控制
    tcp_init_congestion_control(sk);
    ......

    //保活计时器打开
    if (sock_flag(sk, SOCK_KEEPOPEN))
        inet_csk_reset_keepalive_timer(sk, keepalive_time_when(tp));
}
```

客户端将自己的socket状态修改为ESTABLISHED，接着打开TCP的保活计时器。

```
//file:net/ipv4/tcp_output.c
void tcp_send_ack(struct sock *sk)
{
    //申请和构造ack包
    buff = alloc_skb(MAX_TCP_HEADER, sk_gfp_atomic(sk, GFP_ATOMIC));
    ......

    //发送出去
    tcp_transmit_skb(sk, buff, 0, sk_gfp_atomic(sk, GFP_ATOMIC));
}
```

在tcp_send_ack中构造ack包，并把它发送出去。

客户端响应来自服务端的synack时清除了connect时设置的重传定时器，把当前socket状态设置为ESTABLISHED，开启保活计时器后发出第三次握手的ack确认。

6.4.4 服务端响应ACK

服务端响应第三次握手的ack时同样会进入tcp_v4_do_rcv。

```
//file: net/ipv4/tcp_ipv4.c
int tcp_v4_do_rcv(struct sock *sk, struct sk_buff *skb)
{
    ......
    if (sk->sk_state == TCP_LISTEN) {
        struct sock *nsk = tcp_v4_hnd_req(sk, skb);

        if (nsk != sk) {
            if (tcp_child_process(sk, nsk, skb)) {
                ......
            }
            return 0;
        }
    }
    ......
}
```

不过由于这已经是第三次握手了，半连接队列里会存在第一次握手时留下的半连接信息，所以tcp_v4_hnd_req的执行逻辑会不太一样。

```
//file:net/ipv4/tcp_ipv4.c
static struct sock *tcp_v4_hnd_req(struct sock *sk, struct sk_buff *skb)
{
    ......
    struct request_sock *req = inet_csk_search_req(sk, &prev, th->source,
                                iph->saddr, iph->daddr);
    if (req)
        return tcp_check_req(sk, skb, req, prev, false);
    ......
}
```

inet_csk_search_req负责在半连接队列里进行查找，找到以后返回一个半连接request_sock对象，然后进入tcp_check_req。

```
//file: net/ipv4/tcp_minisocks.c
struct sock *tcp_check_req(struct sock *sk, struct sk_buff *skb,
            struct request_sock *req,
            struct request_sock **prev,
            bool fastopen)
{
    ......
```

```
//创建子socket
child = inet_csk(sk)->icsk_af_ops->syn_recv_sock(sk, skb, req, NULL);
......

//清理半连接队列
inet_csk_reqsk_queue_unlink(sk, req, prev);
inet_csk_reqsk_queue_removed(sk, req);

//添加全连接队列
inet_csk_reqsk_queue_add(sk, req, child);
return child;
}
```

创建子socket

先来详细看看创建子socket的过程，icsk_af_ops->syn_recv_sock是一个指针，它指向的是tcp_v4_syn_recv_sock函数。

```
//file:net/ipv4/tcp_ipv4.c
const struct inet_connection_sock_af_ops ipv4_specific = {
    ......
    .conn_request      = tcp_v4_conn_request,
    .syn_recv_sock     = tcp_v4_syn_recv_sock,

//这里创建sock内核对象
struct sock *tcp_v4_syn_recv_sock(struct sock *sk, struct sk_buff *skb,
                struct request_sock *req,
                struct dst_entry *dst)
{
    //判断接收队列是不是满了
    if (sk_acceptq_is_full(sk))
        goto exit_overflow;

    //创建sock并初始化
    newsk = tcp_create_openreq_child(sk, req, skb);
```

注意，在第三次握手这里又继续判断一次全连接队列是否满了，如果满了修改一下计数器就丢弃了。如果队列不满，那么就申请创建新的sock对象。

删除半连接队列

把连接请求块从半连接队列中删除。

```
//file: include/net/inet_connection_sock.h
static inline void inet_csk_reqsk_queue_unlink(struct sock *sk, struct
request_sock *req,
    struct request_sock **prev)
{
    reqsk_queue_unlink(&inet_csk(sk)->icsk_accept_queue, req, prev);
}
```

reqsk_queue_unlink函数中把连接请求块从半连接队列中删除。

添加全连接队列

接着添加新创建的sock对象。

```
//file:net/ipv4/syncookies.c
static inline void inet_csk_reqsk_queue_add(struct sock *sk,
                        struct request_sock *req,
                        struct sock *child)
{
    reqsk_queue_add(&inet_csk(sk)->icsk_accept_queue, req, sk, child);
}
```

在reqsk_queue_add中将握手成功的request_sock对象插到全连接队列链表的尾部。

```
//file: include/net/request_sock.h
static inline void reqsk_queue_add(...)
{
    req->sk = child;
    sk_acceptq_added(parent);

    if (queue->rskq_accept_head == NULL)
        queue->rskq_accept_head = req;
    else
        queue->rskq_accept_tail->dl_next = req;

    queue->rskq_accept_tail = req;
    req->dl_next = NULL;
}
```

设置连接为ESTABLISHED

第三次握手的时候进入tcp_rcv_state_process的路径有点不太一样，是通过子socket进来的。这时的子socket的状态是TCP_SYN_RECV。

```
//file:net/ipv4/tcp_input.c
int tcp_rcv_state_process(struct sock *sk, struct sk_buff *skb,
            const struct tcphdr *th, unsigned int len)
{
    ......
    switch (sk->sk_state) {

        //服务器第三次握手处理
        case TCP_SYN_RECV:

            //改变状态为连接
            tcp_set_state(sk, TCP_ESTABLISHED);
            ......
    }
}
```

将连接设置为TCP_ESTABLISHED状态。服务端响应第三次握手ACK所做的工作是把当前半连接对象删除，创建了新的sock后加入全连接队列，最后将新连接状态设置为ESTABLISHED。

6.4.5　服务端accept

关于最后的accept这步，咱们长话短说。

```
//file: net/ipv4/inet_connection_sock.c
struct sock *inet_csk_accept(struct sock *sk, int flags, int *err)
{
    //从全连接队列中获取
    struct request_sock_queue *queue = &icsk->icsk_accept_queue;
    req = reqsk_queue_remove(queue);

    newsk = req->sk;
    return newsk;
}
```

reqsk_queue_remove这个操作很简单，就是从全连接队列的链表里获取一个头元素返回就行了。

```
//file:include/net/request_sock.h
static inline struct request_sock *reqsk_queue_remove(struct request_sock_
queue *queue)
{
    struct request_sock *req = queue->rskq_accept_head;

    WARN_ON(req == NULL);

    queue->rskq_accept_head = req->dl_next;
    if (queue->rskq_accept_head == NULL)
        queue->rskq_accept_tail = NULL;

    return req;
}
```

所以，accept的重点工作就是从已经建立好的全连接队列中取出一个返回给用户进程。

6.4.6　连接建立过程总结

在后端相关岗位的入职面试中，三次握手的出场频率非常高。其实在三次握手的过程中，不仅仅是一个握手包的发送和TCP状态的流转，还包含了端口选择、连接队列创建与处理等很多关键技术点。通过本节内容，我们深度了解三次握手过程中内核的这些内部操作。

虽然讲起来洋洋洒洒几千字，其实总结起来一幅图就搞定了，见图6.7所示。

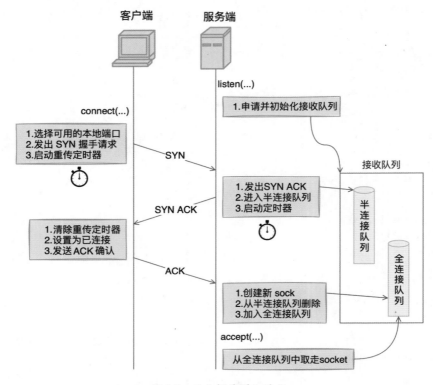

图6.7　三次握手详细过程

如果你能在面试官面前讲出来内核的这些底层操作，相信面试官会对你刮目相看！

最后再来讨论立一条TCP连接需要消耗多长时间。以上几步操作，可以简单划分为两类：

- 第一类是内核消耗CPU进行接收、发送或者是处理，包括系统调用、软中断和上下文切换。它们的耗时基本都是几微秒左右。
- 第二类是网络传输，当包被从一台机器上发出以后，中间要经过各式各样的网线，各种交换机路由器。所以网络传输的耗时相比本机的CPU处理，就要高得多了。根据网络远近一般在几毫秒到几百毫秒不等。

1毫秒等于1000微秒，因此网络传输耗时比双端的CPU耗时要高1000倍左右，甚至更高可能到100 000倍。所以，在正常的TCP连接的建立过程中，一般考虑网络延时即可。一个RTT指的是包从一台服务器到另外一台服务器的一个来回的延迟时间，所以从全局来看，TCP连接建立的网络耗时大约需要三次传输，再加上少许的双方CPU开销，总共大约比1.5倍RTT大一点点。不过从客户端视角来看，只要ACK包发出了，内核就认为连接建立成功，可以开始发送数据了。所以如果在客户端打点统计TCP连接建立耗时，只需两次传输耗时——即1个RTT多一点的时间。（对于服务端视角来看同理，从SYN包收到开始算，到收到ACK，中间也是一次RTT耗时。）不过这些针对的是握手正常的情况，如果握手过程出了问题，可就不是这么回事了，详情见下节。

6.5　异常TCP连接建立情况

在后端接口性能指标中一类重要的指标就是接口耗时。具体包括平均响应时间TP90、TP99耗时值等。这些值越低越好，一般来说是几毫秒，或者是几十毫秒。响应时间一旦过长，比如超过了1秒，在用户侧就能感觉到非常明显的卡顿。如果长此以往，用户可能就直接用脚投票，卸载我们的App了。

正常情况下一次TCP连接耗时也就大约是一个RTT多一点儿。但事情不一定总是这么美好，总会有意外发生。在某些情况下，可能会导致连接耗时上涨、CPU处理开销增加、甚至超时失败。

本节就来说说我在线上遇到过的那些TCP握手相关的各种异常情况。

6.5.1　connect系统调用耗时失控

一个系统调用的正常耗时也就是几微秒左右。但是某次运维同事找过来说服务器的CPU不够用了，需要扩容。当时的服务器监控如图6.1所示。

该服务器之前一直每秒扛2000左右的QPS，CPU的idle（空闲占比）一直有70%以上。怎么CPU就突然不够用了呢？而且更奇怪的是CPU被打到底的那一段时间，负载并不高（服务器为4核机器，负载3算是比较正常的）。

后来经过排查发现，当时connect系统调用的CPU大幅度上涨。又经过追查发现根本原因是事发当时可用端口不是特别充足。端口数量和CPU消耗这二者貌似没啥关联呀，为啥端口不足会导致CPU消耗大幅上涨呢？且听飞哥细细道来！

客户端在发起connect系统调用的时候，主要工作就是端口选择。在选择的过程中，有个大循环，从ip_local_port_range的一个随机位置开始把这个范围遍历一遍，找到可用端口则退出循环。如果端口很充足，那么循环只需要执行少数几次就可以退出。但假设端口消耗掉很多已经不充足，或者干脆就没有可用的了，那么这个循环就得执行很多遍。我们来看看详细的代码。

```
//file:net/ipv4/inet_hashtables.c
int __inet_hash_connect(...)
{
    inet_get_local_port_range(&low, &high);
    remaining = (high - low) + 1;

    for (i = 1; i <= remaining; i++) {
```

```
// 其中 offset是一个随机数
port = low + (i + offset) % remaining;
head = &hinfo->bhash[inet_bhashfn(net, port,
            hinfo->bhash_size)];

//加锁
spin_lock(&head->lock);

//一大段的选择端口逻辑
//...
//选择成功就goto ok
//不成功就goto next_port

next_port:
    //解锁
    spin_unlock(&head->lock);
}
}
```

在每次的循环内部需要等待锁以及在哈希表中执行多次的搜索。注意这里的锁是自旋锁，是一种非睡眠锁，如果资源被占用，进程并不会被挂起，而是会占用CPU去不断尝试获取锁。

但假设端口范围ip_local_port_range配置的是10000~30000，而且已经用尽了。那么每次当发起连接的时候都需要把循环执行两万遍才退出。这时会涉及大量的哈希查找以及自旋锁等待开销，系统态CPU将会出现大幅度上涨。

图6.8展示是线上截取到的正常时的connect系统调用耗时，是22微秒。

```
                                   # strace -cp 31066
Process 31066 attached - interrupt to quit
^CProcess 31066 detached
% time     seconds  usecs/call     calls    errors syscall
 22.89    0.008559          37       234           sendto
 21.73    0.008123          33       249           epoll_wait
 11.21    0.004191          22       188       188 connect
 10.42    0.003895          15       262           close
  7.14    0.002668           5       535       153 recvfrom
```

图6.8　connect系统调用正常耗时

图6.9是一台服务器在端口不足的情况下的connect系统调用耗时，是2581微秒。

```
                                   # strace -cp 31066
Process 31066 attached - interrupt to quit
^CProcess 31066 detached
% time     seconds  usecs/call     calls    errors syscall
 97.26    1.522827        2581       590       590 connect
  0.73    0.011439          18       623           epoll_wait
  0.56    0.008810          13       677           write
  0.37    0.005781           7       856           close
  0.35    0.005451           3      1884       608 recvfrom
```

图6.9　connect异常耗时

从图6.8和图6.9中可以看出，异常情况下的connect耗时是正常情况下的100多倍。虽然换算成毫秒只有2毫秒多一点儿，但是要知道这消耗的全是CPU时间。理解了问题产生的原因，解决起来就非常简单了，办法很多。修改内核参数net.ipv4.ip_local_port_range多预留一些端口号、改用长连接或者尽快回收TIME_WAIT都可以。

6.5.2 第一次握手丢包

服务端在响应来自客户端的第一次握手请求的时候，会判断半连接队列和全连接队列是否溢出。如果发生溢出，可能会直接将握手包丢弃，而不会反馈给客户端。接下来我们来分别详细看一下。

半连接队列满

我们来看看半连接队列在何种情况下会导致丢包。

```c
//file: net/ipv4/tcp_ipv4.c
int tcp_v4_conn_request(struct sock *sk, struct sk_buff *skb)
{
    //看看半连接队列是否满了
    if (inet_csk_reqsk_queue_is_full(sk) && !isn) {
        want_cookie = tcp_syn_flood_action(sk, skb, "TCP");
        if (!want_cookie)
            goto drop;
    }

    //看看全连接队列是否满了
    ......
drop:
    NET_INC_STATS_BH(sock_net(sk), LINUX_MIB_LISTENDROPS);
    return 0;
}
```

在以上代码中，inet_csk_reqsk_queue_is_full如果返回true就表示半连接队列满了，另外tcp_syn_flood_action判断是否打开了内核参数tcp_syncookies，如果未打开则返回false。

```c
//file: net/ipv4/tcp_ipv4.c
bool tcp_syn_flood_action(...)
{
    bool want_cookie = false;

    if (sysctl_tcp_syncookies) {
        want_cookie = true;
    }
    return want_cookie;
}
```

也就是说，**如果半连接队列满了，而且ipv4.tcp_syncookies参数设置为0，那么来自客户端的握手包将goto drop，意思就是直接丢弃！**

SYN Flood攻击就是通过耗光服务端上的半连接队列来使得正常的用户连接请求无法被响应。不过在现在的Linux内核里只要打开tcp_syncookies，半连接队列满了仍然可以保证正常握手的进行。

全连接队列满

分析源码可知，当半连接队列判断通过以后，紧接着还有全连接队列满的相关判断。如果满了，服务器对握手包的处理还是会goto drop，丢弃它。我们来看看源码。

```
//file: net/ipv4/tcp_ipv4.c
int tcp_v4_conn_request(struct sock *sk, struct sk_buff *skb)
{
    //看看半连接队列是否满了
    ......

    //看看全连接队列是否满了
    if (sk_acceptq_is_full(sk) && inet_csk_reqsk_queue_young(sk) > 1) {
        NET_INC_STATS_BH(sock_net(sk), LINUX_MIB_LISTENOVERFLOWS);
        goto drop;
    }
    ......
drop:
    NET_INC_STATS_BH(sock_net(sk), LINUX_MIB_LISTENDROPS);
    return 0;
}
```

sk_acceptq_is_full判断全连接队列是否满了，inet_csk_reqsk_queue_young判断有没有young_ack（未处理完的半连接请求）。

从这段代码可以看到，**假如全连接队列满的情况下，且同时有young_ack，那么内核同样直接丢掉该SYN握手包。**

客户端发起重试

假设服务端侧发生了全/半连接队列溢出而导致的丢包，那么转换到客户端视角来看就是SYN包没有任何响应。

好在客户端在发出握手包的时候，开启了一个重传定时器。如果收不到预期的synack，超时重传的逻辑就会开始执行，如图6.10所示。不过重传计时器的时间单位都是以秒来计算的，这意味着，如果有握手重传发生，即使第一次重传就能成功，那接口最快响应也是1秒以后的事情了。这对接口耗时影响非常大。

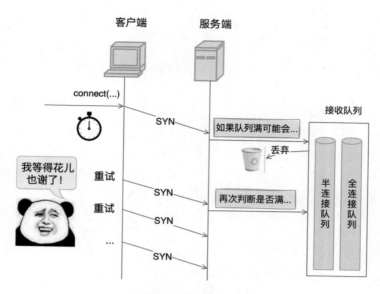

图6.10 连接队列满异常

我们来详细看看重传相关的逻辑。客户端在connect系统调用发出SYN握手信号后就开启了重传定时器。

```c
//file:net/ipv4/tcp_output.c
int tcp_connect(struct sock *sk)
{
    ......
    //实际发出SYN
    err = tp->fastopen_req ? tcp_send_syn_data(sk, buff) :
        tcp_transmit_skb(sk, buff, 1, sk->sk_allocation);

    //启动重传定时器
    inet_csk_reset_xmit_timer(sk, ICSK_TIME_RETRANS,
                inet_csk(sk)->icsk_rto, TCP_RTO_MAX);
}
```

在定时器设置中传入的inet_csk(sk)->icsk_rto是超时时间，该值初始化的时候被设置为1秒。

```c
//file:ipv4/tcp_output.c
void tcp_connect_init(struct sock *sk)
{
    //初始化为TCP_TIMEOUT_INIT
    inet_csk(sk)->icsk_rto = TCP_TIMEOUT_INIT;
    ......
}
```

```
//file: include/net/tcp.h
#define TCP_TIMEOUT_INIT ((unsigned)(1*HZ))
```

在一些老版本的内核，比如2.6里，重传定时器的初始值是3秒。

```
//内核版本：2.6.32
//file: include/net/tcp.h
#define TCP_TIMEOUT_INIT ((unsigned)(3*HZ))
```

如果能正常接收到服务端响应的synack，那么客户端的这个定时器会清除。这段逻辑在tcp_rearm_rto里。调用顺序为tcp_rcv_state_process -> tcp_rcv_synsent_state_process -> tcp_ack -> tcp_clean_rtx_queue -> tcp_rearm_rto。

```
//file:net/ipv4/tcp_input.c
void tcp_rearm_rto(struct sock *sk)
{
    inet_csk_clear_xmit_timer(sk, ICSK_TIME_RETRANS);
}
```

如果服务端发生了丢包，那么定时器到时后会进入回调函数tcp_write_timer中进行重传。

 注意 其实不只是握手，连接状态的超时重传也是在这里完成的。不过这里我们只讨论握手重传的情况。

```
//file: net/ipv4/tcp_timer.c
static void tcp_write_timer(unsigned long data)
{
    tcp_write_timer_handler(sk);
    ......
}

void tcp_write_timer_handler(struct sock *sk)
{
    //取出定时器类型
    event = icsk->icsk_pending;

    switch (event) {
    case ICSK_TIME_RETRANS:
        icsk->icsk_pending = 0;
        tcp_retransmit_timer(sk);
        break;
    ......
    }
}
```

    tcp_retransmit_timer是重传的主要函数。在这里完成重传，以及下一次定时器到期时间的设置。

```
//file: net/ipv4/tcp_timer.c
void tcp_retransmit_timer(struct sock *sk)
{
    ......

    //超过了重传次数则退出
    if (tcp_write_timeout(sk))
        goto out;

    //重传
    if (tcp_retransmit_skb(sk, tcp_write_queue_head(sk)) > 0) {
        //重传失败
        ......
    }

//退出前重新设置下一次超时时间
out_reset_timer:
    //计算超时时间
    if (sk->sk_state == TCP_ESTABLISHED ){
        ......
    } else {
        icsk->icsk_rto = min(icsk->icsk_rto << 1, TCP_RTO_MAX);
    }

    //设置
    inet_csk_reset_xmit_timer(sk, ICSK_TIME_RETRANS, icsk->icsk_rto, TCP_RTO_
MAX);
}
```

    tcp_write_timeout用来判断是否重试过多，如果是则退出重试逻辑。

> ★
> 注
> 意
>
> tcp_write_timeout的判断逻辑其实也有点复杂。对于SYN握手包主要的判断依据是net.ipv4.tcp_syn_retries，但其实并不是简单对比次数，而是转化成了时间进行对比。所以如果在线上看到实际重传次数和对应内核参数不一致也不用太奇怪。

    接着在tcp_retransmit_timer函数中重发了发送队列里的头元素。而且还设置了下一次超时的时间，为前一次的两倍（左移操作相当于乘2）。

实际抓包结果

    图6.11是因为服务端第一次握手丢包的握手过程抓包截图。

No.	Time	Source	Destinati	Protocol	Length	Info
1	0.000000	10.153....	10.153....	TCP	74	60981 → 5001 [SYN] Seq=0 Win=43690 Len=0 MSS=65495 SACK_PERM=1
2	1.002759	10.153....	10.153....	TCP	74	[TCP Retransmission] 60981 → 5001 [SYN] Seq=0 Win=43690 Len=0
3	3.006749	10.153....	10.153....	TCP	74	[TCP Retransmission] 60981 → 5001 [SYN] Seq=0 Win=43690 Len=0
4	7.018748	10.153....	10.153....	TCP	74	[TCP Retransmission] 60981 → 5001 [SYN] Seq=0 Win=43690 Len=0
5	15.034771	10.153....	10.153....	TCP	74	[TCP Retransmission] 60981 → 5001 [SYN] Seq=0 Win=43690 Len=0
6	31.066786	10.153....	10.153....	TCP	74	[TCP Retransmission] 60981 → 5001 [SYN] Seq=0 Win=43690 Len=0
7	63.162785	10.153....	10.153....	TCP	74	[TCP Retransmission] 60981 → 5001 [SYN] Seq=0 Win=43690 Len=0

图6.11　第一次握手丢包

通过图6.11可以看到，客户端在1秒以后进行了第一次握手重试。重试仍然没有响应，那么接下来依次又分别在3秒、7秒、15秒、31秒和63秒等时间共重试了6次（我的tcp_syn_retries当时设置的是6）。

假如服务端第一次握手的时候出现了半/全连接队列溢出导致的丢包，那么我们的接口响应时间将至少是1秒以上（在某些老版本的内核上，SYN第一次的重试就需要等3秒），而正常的在同机房的情况下只是不到1毫秒的事情，整整高了1000倍左右。如果连续两次握手都失败，那七八秒就出去了，很可能Nginx等不及二次重试，这个用户访问直接就超时了，用户体验将会受到较大影响。

还有另外一个更坏的情况，它还有可能会影响其他用户。假如你使用的是进程/线程池这种模型提供服务，比如php-fpm。我们知道fpm进程是阻塞的，当它响应一个用户请求的时候，该进程是没有办法再响应其他请求的。假如你开了100个进程/线程，而某一段时间内有50个进程/线程卡在和Redis或者MySQL的握手连接上了（**注意，这个时候你的服务端是TCP连接的客户端一方**）。这一段时间内相当于你可以用的正常工作的进程/线程只有50个。而这50个worker可能根本处理不过来，这时候你的服务可能就会产生拥堵。再持续稍微长一点儿的话，可能就产生雪崩了，整个服务都有挂掉的风险。

6.5.3　第三次握手丢包

客户端在收到服务器的synack响应的时候，就认为连接建立成功了，然后会将自己的连接状态设置为ESTABLISHED，发出第三次握手请求。但服务端在第三次握手的时候，还有可能有意外发生。

```
//file: net/ipv4/tcp_ipv4.c
struct sock *tcp_v4_syn_recv_sock(struct sock *sk, ...)
{
    //判断全连接队列是不是满了
    if (sk_acceptq_is_full(sk))
        goto exit_overflow;
    ......
exit_overflow:
    NET_INC_STATS_BH(sock_net(sk), LINUX_MIB_LISTENOVERFLOWS);
    ......
}
```

从上述代码可以看出，**第三次握手时，如果服务器全连接队列满了，来自客户端的ack握手包又被直接丢弃。**

想想也很好理解，三次握手完的请求是要放在全连接队列里的。但是假如全连接队列满了，三次握手也不会成功。

不过有意思的是，第三次握手失败并不是客户端重试，而是由服务端来重发synack。

我们搞一个实际的案例来直接抓包看一下。我专门写了个简单的服务端程序，只listen不accept，然后找个客户端把它的连接队列消耗光。这时候，再用另一个客户端向它发起请求时的抓包结果见图6.12。

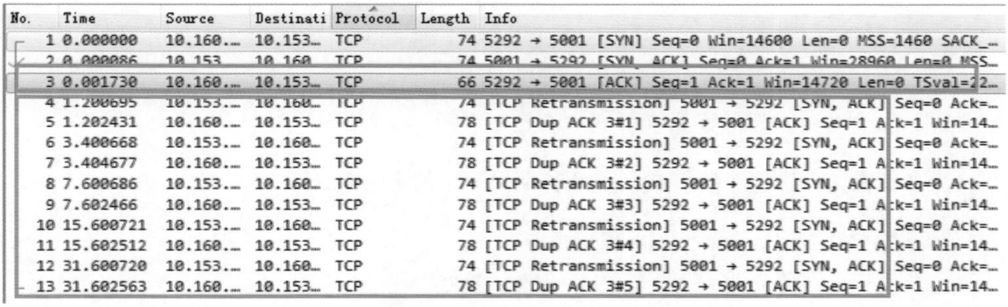

No.	Time	Source	Destinati	Protocol	Length	Info
1	0.000000	10.160...	10.153...	TCP	74	5292 → 5001 [SYN] Seq=0 Win=14600 Len=0 MSS=1460 SACK_...
2	0.000086	10.153...	10.160...	TCP	74	5001 → 5292 [SYN, ACK] Seq=0 Ack=1 Win=28960 Len=0 MSS...
3	0.001730	10.160...	10.153...	TCP	66	5292 → 5001 [ACK] Seq=1 Ack=1 Win=14720 Len=0 TSval=22...
4	1.200695	10.153...	10.160...	TCP	74	[TCP Retransmission] 5001 → 5292 [SYN, ACK] Seq=0 Ack=...
5	1.202431	10.160...	10.153...	TCP	78	[TCP Dup ACK 3#1] 5292 → 5001 [ACK] Seq=1 Ack=1 Win=14...
6	3.400668	10.153...	10.160...	TCP	74	[TCP Retransmission] 5001 → 5292 [SYN, ACK] Seq=0 Ack=...
7	3.404677	10.160...	10.153...	TCP	78	[TCP Dup ACK 3#2] 5292 → 5001 [ACK] Seq=1 Ack=1 Win=14...
8	7.600686	10.153...	10.160...	TCP	74	[TCP Retransmission] 5001 → 5292 [SYN, ACK] Seq=0 Ack=...
9	7.602466	10.160...	10.153...	TCP	78	[TCP Dup ACK 3#3] 5292 → 5001 [ACK] Seq=1 Ack=1 Win=14...
10	15.600721	10.153...	10.160...	TCP	74	[TCP Retransmission] 5001 → 5292 [SYN, ACK] Seq=0 Ack=...
11	15.602512	10.160...	10.153...	TCP	78	[TCP Dup ACK 3#4] 5292 → 5001 [ACK] Seq=1 Ack=1 Win=14...
12	31.600720	10.153...	10.160...	TCP	74	[TCP Retransmission] 5001 → 5292 [SYN, ACK] Seq=0 Ack=...
13	31.602563	10.160...	10.153...	TCP	78	[TCP Dup ACK 3#5] 5292 → 5001 [ACK] Seq=1 Ack=1 Win=14...

图6.12　第三次握手丢包

第一个红框内是第三次握手，其实这个握手请求在服务端已经被丢弃了。但是这时候客户端并不知情，它一直傻傻地以为三次握手已经妥了呢。不过还好，这时在服务端的半连接队列中仍然记录着第一次握手时存的握手请求。

服务端等到半连接定时器到时后，向客户端重新发起synack，客户端收到后再重新回复第三次握手ack。如果这期间服务端全连接队列一直都是满的，那么服务端重试5次（受内核参数net.ipv4.tcp_synack_retries控制）后就放弃了。

在这种情况下大家还要注意另外一个问题。在实践中，客户端往往是以为连接建立成功就会开始发送数据，其实这时候连接还没有真的建立起来。它发出去的数据，包括重试将全部被服务端无视，直到连接真正建立成功后才行，如图6.13所示。

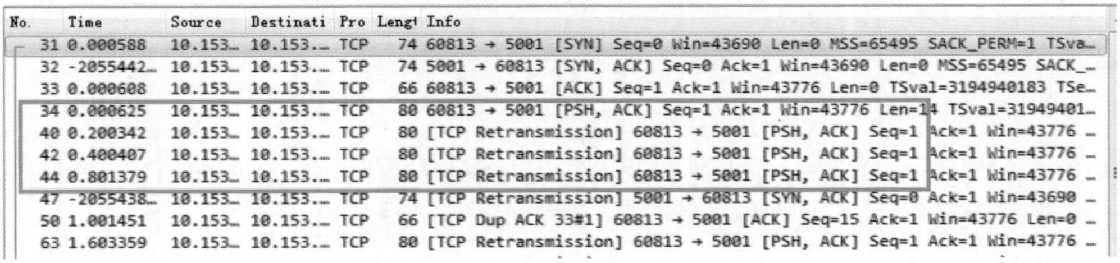

No.	Time	Source	Destinati	Pro	Leng	Info
31	0.000588	10.153...	10.153...	TCP	74	60813 → 5001 [SYN] Seq=0 Win=43690 Len=0 MSS=65495 SACK_PERM=1 TSva...
32	-2055442...	10.153...	10.153...	TCP	74	5001 → 60813 [SYN, ACK] Seq=0 Ack=1 Win=43690 Len=0 MSS=65495 SACK_...
33	0.000608	10.153...	10.153...	TCP	66	60813 → 5001 [ACK] Seq=1 Ack=1 Win=43776 Len=0 TSval=3194940183 TSe...
34	0.000625	10.153...	10.153...	TCP	80	60813 → 5001 [PSH, ACK] Seq=1 Ack=1 Win=43776 Len=4 TSval=31949401...
40	0.200342	10.153...	10.153...	TCP	80	[TCP Retransmission] 60813 → 5001 [PSH, ACK] Seq=1 Ack=1 Win=43776 ...
42	0.400407	10.153...	10.153...	TCP	80	[TCP Retransmission] 60813 → 5001 [PSH, ACK] Seq=1 Ack=1 Win=43776 ...
44	0.801379	10.153...	10.153...	TCP	80	[TCP Retransmission] 60813 → 5001 [PSH, ACK] Seq=1 Ack=1 Win=43776 ...
47	-2055438...	10.153...	10.153...	TCP	74	[TCP Retransmission] 5001 → 60813 [SYN, ACK] Seq=0 Ack=1 Win=43690 ...
50	1.001451	10.153...	10.153...	TCP	66	[TCP Dup ACK 33#1] 60813 → 5001 [ACK] Seq=15 Ack=1 Win=43776 Len=0 ...
63	1.603359	10.153...	10.153...	TCP	80	[TCP Retransmission] 60813 → 5001 [PSH, ACK] Seq=1 Ack=1 Win=43776 ...

图6.13　连接成功前的数据包被无视

6.5.4　握手异常总结

衡量工程师是否优秀的标准之一就是看他能否有能力定位和处理线上发生的各种问题。连看似简单的一个TCP三次握手，工程实践中可能会有各种意外发生。如果对握手理解不深，那么很有可能无法处理线上出现的各种故障。

本节主要是描述了端口不足、半连接队列满、全连接队列满时的情况。

如果端口不充足，会导致connect系统调用的时候过多地执行自旋锁等待与哈希查找，会引起CPU开销上涨。严重情况下会耗光CPU，影响用户业务逻辑的执行。出现这种问题处理起来的方法有这么几个：

- 通过调整ip_local_port_range来尽量加大端口范围。
- 尽量复用连接，使用长连接来削减频繁的握手处理。
- 第三个有用，但是不太推荐的方法是开启tcp_tw_reuse和tcp_tw_recycle。

服务端在第一次握手时，在如下两种情况下可能会丢包：

- 半连接队列满，且tcp_syncookies为0。
- 全连接队列满，且有未完成的半连接请求。

在这两种情况下，从客户端视角来看和网络断了没有区别，就是发出去的SYN包没有任何反馈，然后等待定时器到时后重传握手请求。第一次重传时间是秒，接下来的等待间隔翻倍地增长，2秒、4秒、8秒……总的重传次数受net.ipv4.tcp_syn_retries内核参数影响（注意我的用词是影响，而不是决定）。

服务端在第三次握手时也可能出问题，如果全连接队列满，仍将发生丢包。不过第三次握手失败时，只有服务端知道（客户端误以为连接已经建立成功）。服务端根据半连接队列里的握手信息发起synack重试，重试次数由net.ipv4.tcp_synack_retries控制。

一旦你的线上出现了上面这些连接队列溢出导致的问题，服务端将会受到比较严重的影响。即使第一次重试就能够成功，那接口响应耗时将直接上涨到秒（老版本上是3秒）。如果重试两三次都没有成功，Nginx很有可能直接就报访问超时失败了。

正因为握手重试对服务端影响很大，所以能深刻理解三次握手中的这些异常情况很有必要。接下来再说说如果出现了丢包的问题，该如何应对。

方法1．打开syncookie

在现代的Linux版本里，可以通过打开tcp_syncookies来防止过多的请求打满半连接队列，包括SYN Flood攻击，来解决服务端因为半连接队列满而发生的丢包。

方法2．加大连接队列长度

在6.2节"深入理解listen"中，讨论过全连接队列的长度是min(backlog, net.core.

somaxconn)，半连接队列长度有点小复杂，是min(backlog, somaxconn, tcp_max_syn_backlog) + 1再上取整到2的N次幂，但最小不能小于16。

如果需要加大全/半连接队列长度，请调节以上的一个或多个参数来达到目的。只要队列长度合适，就能很大程度降低握手异常概率的发生。其中全连接队列在修改完后可以通过ss命令中输出的Send-Q来确认最终生效长度。

```
$ ss -nlt
Recv-Q Send-Q Local Address:Port Address:Port
0      128    *:80            *:*
```

> ★ 注意
> Recv-Q告诉我们当前该进程的全连接队列使用情况。如果Recv-Q已经逼近了Send-Q，那么可能不需要等到丢包也应该准备加大全连接队列了。

方法3．尽快调用accept

这个虽然一般不会成为问题，但也要注意一下。你的应用程序应该尽快在握手成功之后通过accept把新连接取走。不要忙于处理其他业务逻辑而导致全连接队列塞满了。

方法4．尽早拒绝

如果加大队列后仍然有非常偶发的队列溢出，我们可以暂且容忍。但如果仍然有较长时间处理不过来怎么办？另外一个做法就是直接报错，不要让客户端超时等待。例如将Redis、MySQL等服务器的内核参数tcp_abort_on_overflow设置为1。如果队列满了，直接发reset指令给客户端。告诉后端进程/线程不要"痴情"地像等。这时候客户端会收到错误"connection reset by peer"。牺牲一个用户的访问请求，比把整个网站都搞崩了还是要强的。

方法5．尽量减少TCP连接的次数

如果上述方法都未能根治你的问题，这个时候应该思考是否可以用长连接代替短连接，减少过于频繁的三次握手。这个方法不但能降低握手出问题的可能性，而且还顺带砍掉了三次握手的各种内存、CPU、时间上的开销，对提升性能也有较大帮助。

6.6 如何查看是否有连接队列溢出发生

在上一节中讨论到如果发生连接队列溢出而丢包，会导致连接耗时上涨很多。那如何判断一台服务器当前是否有半/全连接队列溢出产生丢包呢？

6.6.1 全连接队列溢出判断

全连接队列溢出判断比较简单，所以先说这个。

全连接溢出丢包

全连接队列溢出都会记录到ListenOverflows这个MIB（Management Information Base，管理信息库），对应SNMP统计信息中的ListenDrops这一项。我们来展开看一下相关的源码。

服务端在响应客户端的SYN握手包的时候，有可能会在tcp_v4_conn_request调用这里发生全连接队列溢出而丢包。

```
//file: net/ipv4/tcp_ipv4.c
int tcp_v4_conn_request(struct sock *sk, struct sk_buff *skb)
{
    //看看半连接队列是否满了
    ......

    //看看全连接队列是否满了
    if (sk_acceptq_is_full(sk) && inet_csk_reqsk_queue_young(sk) > 1) {
        NET_INC_STATS_BH(sock_net(sk), LINUX_MIB_LISTENOVERFLOWS);
        goto drop;
    }
    ......
drop:
    NET_INC_STATS_BH(sock_net(sk), LINUX_MIB_LISTENDROPS);
    return 0;
}
```

从上述代码可以看到，全连接队列满了以后调用NET_INC_STATS_BH增加了LINUX_MIB_LISTENOVERFLOWS和LINUX_MIB_LISTENDROPS这两个MIB。

服务端在响应第三次握手的时候，会再次判断全连接队列是否溢出。如果溢出，一样会增加这两个MIB，源码如下。

```
//file: net/ipv4/tcp_ipv4.c
struct sock *tcp_v4_syn_recv_sock(...)
{
    if (sk_acceptq_is_full(sk))
        goto exit_overflow;
    ......
exit_overflow:
    NET_INC_STATS_BH(sock_net(sk), LINUX_MIB_LISTENOVERFLOWS);
exit:
    NET_INC_STATS_BH(sock_net(sk), LINUX_MIB_LISTENDROPS);
    return NULL;
}
```

在proc.c中，LINUX_MIB_LISTENOVERFLOWS和LINUX_MIB_LISTENDROPS都被整合进了SNMP统计信息。

```
//file: net/ipv4/proc.c
static const struct snmp_mib snmp4_net_list[] = {
    SNMP_MIB_ITEM("ListenDrops", LINUX_MIB_LISTENDROPS),
    SNMP_MIB_ITEM("ListenOverflows", LINUX_MIB_LISTENOVERFLOWS),
    ......
}
```

netstat工具源码

在执行netstat -s的时候，该工具会读取SNMP统计信息并展现出来。netstat命令属于net-tool工具集，所以得找net-tool的源码。我用SYNs to LISTEN sockets dropped这种关键词搜到了：

```
//file: https://github.com/giftnuss/net-tools/blob/master/statistics.c
struct entry Tcpexttab[] =
{
    { "ListenDrops", N_("%u SYNs to LISTEN sockets dropped"), opt_number },
     { "ListenOverflows", N_("%u times the listen queue of a socket
overflowed"),
    ......
}
```

以上这些就是执行netstat -s时会执行到的源码。它从SNMP统计信息中获取ListenDrops和ListenOverflows这两项并显示出来，分别对应LINUX_MIB_LISTENDROPS和LINUX_MIB_LISTENOVERFLOWS这两个MIB。

```
# watch 'netstat -s | grep overflowed'
    198 times the listen queue of a socket overflowed
```

所以，每当发生全连接队列满导致的丢包的时候，会通过上述命令的结果体现出来。而且幸运的是，ListenOverflows这个SNMP统计项只有在全连接队列满的时候才会增加，内核源码其他地方没有用到。

所以，通过netstat -s输出中的xx times the listen queue如果查看到数字有变化，那么一定是你的服务端上发生了全连接队列溢出了！！！

6.6.2　半连接队列溢出判断

再来看半连接队列，溢出时更新的是LINUX_MIB_LISTENDROPS这个MIB，对应到SNMP就是ListenDrops这个统计项。

```
//file: net/ipv4/tcp_ipv4.c
int tcp_v4_conn_request(struct sock *sk, struct sk_buff *skb)
{
    //看看半连接队列是否满了
    if (inet_csk_reqsk_queue_is_full(sk) && !isn) {
```

```
        want_cookie = tcp_syn_flood_action(sk, skb, "TCP");
        if (!want_cookie)
            goto drop;
    }

    //看看全连接队列是否满了
    if (sk_acceptq_is_full(sk) && inet_csk_reqsk_queue_young(sk) > 1) {
        NET_INC_STATS_BH(sock_net(sk), LINUX_MIB_LISTENOVERFLOWS);
        goto drop;
    }
    ......
drop:
    NET_INC_STATS_BH(sock_net(sk), LINUX_MIB_LISTENDROPS);
    return 0;
}
```

从上述源码可见，半连接队列满的时候goto drop，然后增加了LINUX_MIB_
LISTENDROPS这个MIB。通过上一节netstat -s的源码我们看到也会将它展示出来（对应
SNMP中的ListenDrops这个统计项）。

**但是问题在于，不是只在半连接队列发生溢出的时候会增加该值。所以根据netstat
-s看半连接队列是否溢出是不靠谱的！**

从前述内容可知，即使半连接队列没问题，全连接队列满了该值也会增加。另外就
是当在listen状态握手发生错误的时候，进入tcp_v4_err函数时也会增加该值。

对于如何查看半连接队列溢出丢包这个问题，我的建议是不要纠结怎么看是否丢包
了。直接看服务器上的tcp_syncookies是不是1就行。

如果该值是1，那么下面代码中want_cookie就返回真，是根本不会发生半连接溢出
丢包的。

```
//file: net/ipv4/tcp_ipv4.c
int tcp_v4_conn_request(struct sock *sk, struct sk_buff *skb)
{
    //看看半连接队列是否满了
    if (inet_csk_reqsk_queue_is_full(sk) && !isn) {
        want_cookie = tcp_syn_flood_action(sk, skb, "TCP");
        if (!want_cookie)
            goto drop;
    }
```

如果tcp_syncookies不是1，则建议改成1就完事了。

如果因为各种原因就是不想打开tcp_syncookies，就想看看是否有因为半连接队列满
而导致的SYN丢弃，除了netstat -s的结果，建议同时查看当前listen端口上的SYN_RECV的
数量。

```
# netstat -antp | grep SYN_RECV
256
```

在6.2节中讨论了半连接队列的实际长度怎么计算。如果SYN_RECV状态的连接数量达到你算出来的队列长度，那么可以确定有半连接队列溢出了。如果想加大半连接队列的长度，方法在6.2节里也一并讲过了，可以去6.2节了解详情。

6.6.3　小结

简单小结一下。

对于全连接队列来说，使用netstat -s（最好再配合watch命令动态观察）就可以判断是否有丢包发生。如果看到 "xx times the listen queue of a socket overflowed" 中的数值在增长，那么就确定是全连接队列满了。

```
# watch 'netstat -s | grep overflowed'
    198 times the listen queue of a socket overflowed
```

对于半连接队列来说，只要保证tcp_syncookies这个内核参数是1就能保证不会有因为半连接队列满而发生的丢包。如果确实较真就想看一看，网上教的netstat -s | grep "SYNs" 这种是错的，是没有办法说明问题的。还需要自己计算半连接队列的长度，再看看当前SYN_RECV状态的连接的数量。

```
# watch 'netstat -s | grep "SYNs"'
    258209 SYNs to LISTEN sockets dropped
# netstat -antp | grep SYN_RECV | wc -l
5
```

至于如何加大半连接队列长度，参考6.2节。

6.7　本章总结

本章中，深入分析了三次握手的内部细节。半/全连接队列的创建与长度限制、客户端端口的选择、半连接队列的添加与删除、全连接队列的添加与删除以及重传定时器的启动。也分析了一些经常在线上出现的TCP握手问题，本章也给出了优化建议。

这里引用一位读者的评语，"编程多年，原先就知道socket、listen、accept，也没有琢磨过内部数据交互过程。现在有一种揉碎了再重新组合，更加清晰的感觉。把三次握手和这些函数调用真正有机理解联系起来了！"

好了，回头看一下本章开头提到的问题。

1）为什么服务端程序都需要先listen一下？

内核在响应listen调用的时候是创建了半连接、全连接两个队列，这两个队列是三次握手中很重要的数据结构，有了它们服务端才能正常响应来自客户端的三次握手。所以服务器提供服务前都需要先listen一下才行。

2）半连接队列和全连接队列长度如何确定？

服务端在执行listen的时候确定好了半连接队列和全连接队列的长度。

对于半连接队列来说，其最大长度是min(backlog, somaxconn, tcp_max_syn_backlog) + 1再上取整到2的N次幂，但最小不能小于16。如果需要加大半连接队列长度，那么需要一并考虑backlog、somaxconn和tcp_max_syn_backlog。

对于全连接队列来说，其最大长度是listen时传入的backlog和net.core.somaxconn之间较小的那个值。如果需要加大全连接队列长度，那么调整backlog和somaxconn。

3）"Cannot assign requested address"这个报错你知道是怎么回事吗？该如何解决？

一条TCP连接由一个四元组构成：Server IP、Server PORT、Client IP、Client Port。在连接建立前，前面的三个元素基本是确定了的，只有Client Port是需要动态选择出来的。

客户端会在connect发起的时候自动选择端口号。具体的选择过程就是随机地从ip_local_port_range选择一个位置开始循环判断，跳过ip_local_reserved_ports里设置要规避的端口，然后挨个判断是否可用。如果循环完也没有找到可用端口，会报错"Cannot assign requested address"。

理解了这个报错的原理，解决这个问题的办法就多得很了。比如扩大可用端口范围、减小最大TIME_WAIT状态连接数量等方法都是可行的。

```
# vi /etc/sysctl.conf
# 修改可用端口范围
net.ipv4.ip_local_port_range = 5000   65000
# 设置最大TIME_WAIT数量
net.ipv4.tcp_max_tw_buckets = 10000
# sysctl -p
```

4）一个客户端端口可以同时用在两条连接上吗？

connect调用在选择端口的时候如果端口没有被用过那么就是可用的。但是如果被用过并不是说这个端口就不能用了，这个可能有点出乎大多数人的意料。

如果用过，接下来进一步判断新连接和老连接四元组是否完全一致，如果不完全一致，该端口仍然可用。例如5000这个端口号是完全可以用于下面两条不同的连接的。

- 连接1：192.168.1.101 5000 192.168.1.100 8090
- 连接2：192.168.1.101 5000 192.168.1.100 8091

在保证四元组不相同的情况下，一个端口完全可以用在两条，甚至更多条的连接上。

5）服务端半/全连接队列满了会怎么样？

服务端响应第一次握手的时候，会进行半连接队列和全连接队列满的判断。如果半连接队列满了，且未开启tcp_syncookies，那么该握手包将直接被丢弃，所以建议不要关闭tcp_syncookies这个内核参数。如果全连接队列满了，且有young_ack（表示刚刚有SYN到达），那么同样也是直接丢弃。

服务端响应第三次握手的时候，还会再次判断全连接队列是否满。如果满了，同样丢弃握手请求。

无论是哪种丢弃发生，肯定是会影响线上服务的。当收不到预期的握手或者响应包的时候，重传定时器会在最短1秒后发起重试。这样接口响应的耗时最少就得1秒起步了。如果重试也没握成功，很有可能就会报超时了。

6）新连接的socket内核对象是什么时候建立的？

sock内核对象最核心的部分是struct sock。

```
//file: include linux/net.h
struct sock {
    ......
struct sock *sk;
};
```

内核其实在第三次握手完毕的时候就把sock对象创建好了。在用户进程调用accept的时候，直接把该对象取出来，再包装一个socket对象就返回了。

7）建立一条TCP连接需要消耗多长时间？

一般网络的RTT值根据服务器物理距离的不同大约是在零点几秒、几十毫秒之间。这个时间要比CPU本地的系统调用耗时长得多。所以正常情况下，在客户端或者是服务端看来，都基本上约等于一个RTT。但是如果一旦出现了丢包，无论是哪种原因，需要重传定时器来接入的话，耗时就最少要1秒了（在一些老版本下要3秒）。

8）把服务器部署在北京，给纽约的用户访问可行吗？

正常情况下建立一条TCP连接耗时是双端网络一次RTT时间。那么如果服务器在北京，用户在美国，这个RTT是多少呢？

美国和中国物理距离跨越了半个地球，北京到纽约的球面距离大概是15000千米。那么抛开设备转发延迟，仅仅光速传播一个来回，需要时间 = 15 000 000 ×2 / 光速 = 100毫秒。实际的延迟比这个还要大一些，一般都要200毫秒以上。建立在这个延迟上，要想提供用户能访问的秒级服务就很困难了。所以对于海外用户，最好在当地建机房或者购买海外的服务器。

再假如，人类将来移民火星了，火星上的用户来和地球建立TCP连接的话耗时是多少呢？火星到地球的最近距离是5500万千米，最远距离则超过4亿千米，往返的话还需要跑两遍。

- 5500 万千米×2 ÷ 300000千米/秒 = 366秒左右
- 4 亿千米×2 ÷ 300000千米/秒 = 2666秒

在这么高的延迟的情况下，只能火星用户在火星上玩，地球用户在地球上玩了。两边用户真想通信，再也别惦记TCP连接的事了，用用UDP就得了。

9）服务器负载很正常，但是CPU被打到底了是怎么回事？

如果在端口极其不充足的情况下，connect系统调用的内部循环需要全部执行完毕才能判断出来没有端口可用。如果要发出的连接请求特别频繁，connect就会消耗掉大量的CPU。当时服务器上进程并不是很多，但是每个进程都在疯狂地消耗CPU，这时候就会出现CPU被消耗光，但是服务器负载却不高的情况。

第7章

—

一条TCP连接消耗多大内存

7.1　相关实际问题

在应用程序里，我们使用多少内存都是自己能掌握和控制的。但是总观Linux整台服务器，除了应用程序以外，内核也会申请和管理大量的内存。

1）内核是如何管理内存的？

内核作为整个Linux服务器的基石，它的内存管理方案的优劣将直接影响整台服务器的稳定性。那么内核是如何高效管理和使用内存的呢？

2）如何查看内核使用的内存信息？

对于应用程序有很多办法来查看它的内存占用，那么对于内核，有没有办法查看它消耗了多少的内存呢？

3）服务器上一条ESTABLISH状态的空连接需要消耗多少内存？

回顾第1章，提到为了优化性能，我把短连接改成了长连接。为了FPM进程和Redis服务器建立一次连接然后就长期保持，每台后端机上有300个FPM进程，总共20台后端机，我的一个Redis实例上就出现了6000条长连接。假设连接上绝大部分时间都是空闲的，那一条空闲的连接会消耗多大的内存呢？会不会把服务器搞坏？

4）我的机器上出现了3万多个TIME_WAIT，内存开销会不会很大？

这是由第1章中提到的另外一个线上问题引发的思考，3万多个TIME_WAIT会占用多大的内存呢？会不会因为TIME_WAIT过多消耗过多内存而挤占应用程序的可用内存？

带着这些疑问，让我们继续探索。

7.2　Linux内核如何管理内存

内核针对自己的应用场景，使用了一种叫作SLAB/SLUB的内存管理机制。这种管理机制通过四个步骤把物理内存条管理起来，供内核申请和分配内核对象，如图7.1所示。

现在你可能还觉得node、zone、伙伴系统、slab这些有那么一点点陌生。别怕，接下来结合动手观察，把它们逐个展开细说。

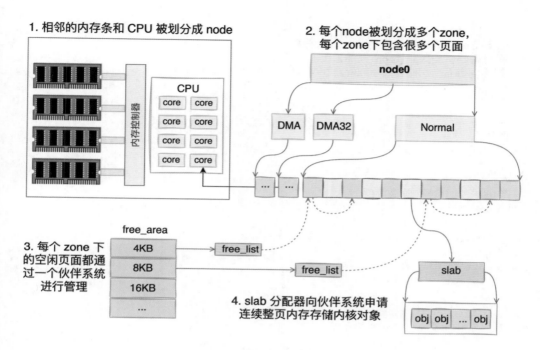

图7.1　slab内存管理

7.2.1　node划分

在现代的服务器上，内存和CPU都是所谓的NUMA架构，如图7.2所示。

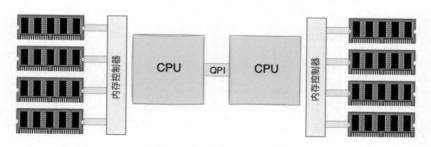

图7.2　NUMA架构

CPU往往不止一颗。通过dmidecode命令查看主板上插着的CPU的详细信息。

```
# dmidecode
Processor Information  //第一颗CPU
    SocketDesignation: CPU1
    Version: Intel(R) Xeon(R) CPU E5-2630 v3 @ 2.40GHz
    Core Count: 8
```

```
    Thread Count: 16
Processor Information  //第二颗CPU
    Socket Designation: CPU2
    Version: Intel(R) Xeon(R) CPU E5-2630 v3 @ 2.40GHz
    Core Count: 8
......
```

内存也不只一条。dmidecode同样可以查看到服务器上插着的所有内存条，也可以看到它是和哪个CPU直接连接的。

```
# dmidecode
//CPU1 上总共插着四条内存
Memory Device
    Size: 16384 MB
    Locator: CPU1 DIMM A1
Memory Device
    Size: 16384 MB
    Locator: CPU1 DIMM A2
......
//CPU2 上也插着四条
Memory Device
    Size: 16384 MB
    Locator: CPU2 DIMM E1
Memory Device
    Size: 16384 MB
    Locator: CPU2 DIMM F1
......
```

每一个CPU以及和它直连的内存条组成了一个**node**（**节点**），如图7.3所示。

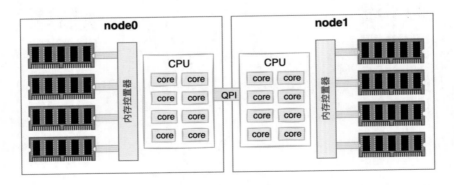

图7.3　NUMA中的node

在你的机器上，可以使用numactl命令看到每个node的情况。

```
# numactl --hardware
```

```
available: 2 nodes (0-1)
node 0 cpus: 0 1 2 3 4 5 6 7 16 17 18 19 20 21 22 23
node 0 size: 65419 MB
node 1 cpus: 8 9 10 11 12 13 14 15 24 25 26 27 28 29 30 31
node 1 size: 65536 MB
```

7.2.2　zone划分

每个node又会划分成若干的**zone（区域）**，如图7.4所示。zone表示内存中的一块范围。

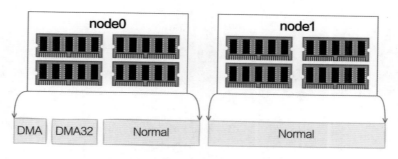

图7.4　node中的zone

- ZONE_DMA：地址段最低的一块内存区域，供IO设备DMA访问。
- ZONE_DMA32：该zone用于支持32位地址总线的DMA设备，只在64位系统里才有效。
- ZONE_NORMAL：在X86-64架构下，DMA和DMA32之外的内存全部在NORMAL的zone里管理。

> 为什么没有提ZONE_HIGHMEM这个zone？因为这是32位机时代的产物。现在还在用这个的不多了。

在每个zone下，都包含了许许多多个Page（页面），如图7.5所示，在Linux下一个页面的大小一般是4 KB。

在你的机器上，可以使用zoneinfo命令查看到机器上zone的划分，也可以看到每个zone下所管理的页面有多少个。

```
# cat /proc/zoneinfo
Node 0, zone      DMA
    pages free      3973
```

```
          managed   3973
Node 0, zone     DMA32
    pages free      390390
          managed  427659
Node 0, zone    Normal
    pages free     15021616
          managed 15990165
Node 1, zone    Normal
    pages free      16012823
          managed 16514393
```

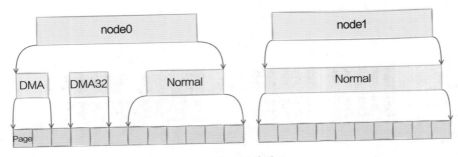

图7.5　zone下的页面

每个页面大小是4KB，很容易可以计算出每个zone的大小。比如对于上面node1的Normal，16514393×4KB = 66 GB。

7.2.3　基于伙伴系统管理空闲页面

每个zone下面都有如此之多的页面，Linux使用伙伴系统对这些页面进行高效的管理。在内核中，表示zone的数据结构是struct zone。其下面的一个数组free_area管理了绝大部分可用的空闲页面。这个数组就是**伙伴系统**实现的重要数据结构。

```
//file: include/linux/mmzone.h
#define MAX_ORDER 11
struct zone {
    free_area    free_area[MAX_ORDER];
    ......
}
```

free_area是一个包含11个元素的数组，每一个数组分别代表的是空闲可分配连续4KB、8KB、16KB……4MB内存链表，如图7.6所示。

通过cat /proc/pagetypeinfo命令可以看到当前系统中伙伴系统各个尺寸的可用连续内存块数量，如图7.7所示。

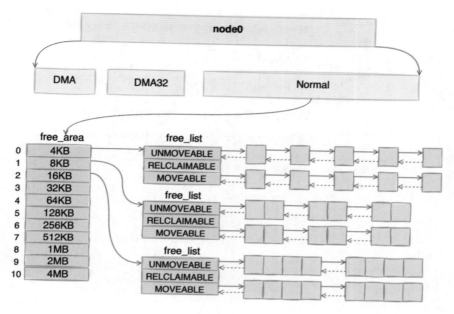

图7.6 伙伴系统

```
Free pages count per migrate type at order    0     1     2     3     4     5     6     7     8     9    10
Node    0, zone      DMA, type   Unmovable     1     1     1     0     2     1     1     0     1     0     0
Node    0, zone      DMA, type Reclaimable     0     0     0     0     0     0     0     0     1     0     0
Node    0, zone      DMA, type     Movable     0     0     0     0     0     0     0     0     0     0     0
Node    0, zone      DMA, type     Reserve     0     0     0     0     0     0     0     0     0     1     3
Node    0, zone      DMA, type         CMA     0     0     0     0     0     0     0     0     0     0     0
Node    0, zone      DMA, type     Isolate     0     0     0     0     0     0     0     0     0     0     0
Node    0, zone    DMA32, type   Unmovable    69   312   115    29     9    16    20    18    16     8    11
Node    0, zone    DMA32, type Reclaimable    12     0     5     1     2     0     1     1     2     4     0
Node    0, zone    DMA32, type     Movable    86   402   610   596   903   836   858   663   442     2   233
Node    0, zone    DMA32, type     Reserve     0     0     0     0     0     0     0     0     0     0     0
Node    0, zone    DMA32, type         CMA     0     0     0     0     0     0     0     0     0     0     0
Node    0, zone    DMA32, type     Isolate     0     0     0     0     0     0     0     0     0     0     0
Node    0, zone   Normal, type   Unmovable   567   378   101    25     3    27    31    20     0    11   242
Node    0, zone   Normal, type Reclaimable    18    14    11     2     1     1     0     0    15    11   242
Node    0, zone   Normal, type     Movable   856   604   200   139   816  1284  1071   943   635     2    70
Node    0, zone   Normal, type     Reserve     0     0     0     0     0     0     0     0     0     0     0
Node    0, zone   Normal, type         CMA     0     0     0     0     0     0     0     0     0     0     0
Node    0, zone   Normal, type     Isolate     0     0     0     0     0     0     0     0     0     0     0
```

图7.7 伙伴系统中的页面展示

内核提供分配器函数alloc_pages到上面的多个链表中寻找可用连续页面。

```
struct page * alloc_pages(gfp_t gfp_mask, unsigned int order)
```

alloc_pages是怎么工作的呢？我们举个简单的小例子。假如要申请8KB——连续两个页框的内存，工作流程如图7.8所示。为了描述方便，先暂时忽略UNMOVEABLE、RELCLAIMABLE等不同类型。

> ★ 注意
>
> 伙伴系统中的伙伴指的是两个内存块，大小相同，地址连续，同属于一个大块区域。

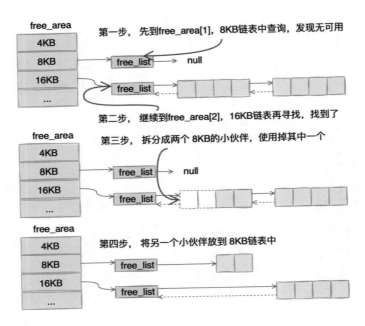

图7.8　分配页的过程

　　基于伙伴系统的内存分配中，有可能需要将大块内存拆分成两个小伙伴。在释放中，可能会将两个小伙伴合并再次组成更大块的连续内存。

7.2.4　slab分配器

　　说到现在，不知道你注意到没有，目前介绍的内存分配都是**以页面（4KB）为单位的**。

　　对于各个内核运行中实际使用的对象来说，多大的对象都有。有的对象有1KB多，但有的对象只有几百、甚至几十字节。如果都直接分配一个4KB的页面来存储的话也太铺张了，所以伙伴系统并不能直接使用。

　　在伙伴系统之上，**内核又给自己搞了一个专用的内存分配器，叫slab或slub**。这两个词总混用，为了省事，接下来我们就统一叫slab吧。

　　这个分配器最大的特点就是，一个slab内只分配特定大小、甚至是特定的对象，如图7.9所示。这样当一个对象释放内存后，另一个同类对象可以直接使用这块内存。通过这种办法极大地降低了碎片发生的概率。

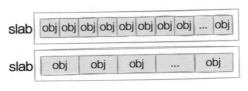

图7.9　slab

slab相关的内核对象定义如下：

```
//file: include/linux/slab_def.h
struct kmem_cache {
    struct kmem_cache_node **node
    ......
}
```

```
//file: mm/slab.h
struct kmem_cache_node {
    struct list_head slabs_partial;
    struct list_head slabs_full;
    struct list_head slabs_free;
    ......
}
```

每个cache都有满、半满、空三个链表。每个链表节点都对应一个slab，一个slab由一个或者多个内存页组成。

每一个slab内都保存的是同等大小的对象。一个cache的组成如图7.10所示。

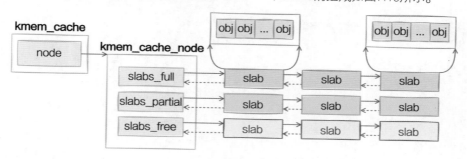

图7.10　slab cache

当cache中内存不够的时候，会调用基于伙伴系统的分配器（__alloc_pages函数）请求整页连续内存的分配。

```
//file: mm/slab.c
static void *kmem_getpages(struct kmem_cache *cachep,
        gfp_t flags, int nodeid)
{
    ......
    flags |= cachep->allocflags;
    if (cachep->flags & SLAB_RECLAIM_ACCOUNT)
        flags |= __GFP_RECLAIMABLE;

    page = alloc_pages_exact_node(nodeid, ...);
    ......
}
//file: include/linux/gfp.h
```

```
static inline struct page *alloc_pages_exact_node(int nid,
        gfp_t gfp_mask,unsigned int order)
{
    return __alloc_pages(gfp_mask, order, node_zonelist(nid, gfp_mask));
}
```

内核中会有很多个kmem_cache存在，如图7.11所示。它们是在Linux初始化，或者是运行的过程中分配出来的。它们有的是专用的，有的是通用的。

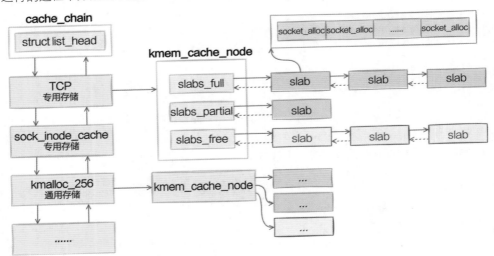

图7.11　cache_chain

从图7.11中，我们看到socket_alloc内核对象都存在TCP的专用kmem_cache中。通过查看/proc/slabinfo可以查看所有的kmem cache。

```
# cat /proc/slabinfo
slabinfo - version: 2.1
# name            <active_objs> <num_objs> <objsize> <objperslab>
<pagesperslab> : tunables .......
xfs_dqtrx             992    992    528    31    4 : tunables  .......
xfs_dquot              68     68    472    34    4 : tunables  .......
xfs_icr               728    728    144    28    1 : tunables  .......
xfs_ili            163209 164035    152    53    2 : tunables  .......
xfs_inode          161404 161910   1088    30    8 : tunables  .......
xfs_efd_item         6520   6960    400    40    4 : tunables  .......
xfs_da_state          646    646    480    34    4 : tunables  .......
xfs_btree_cur        1248   1248    208    39    2 : tunables  .......
xfs_log_ticket       9328   9328    184    44    2 : tunables  .......
```

另外，Linux还提供了一个特别方便的命令slabtop来按照占用内存从大往小进行排列。这个命令用来分析slab内存开销非常方便。

```
# slabtop
 Active / Total Objects (% used)    : 9281266 / 9314784 (99.6%)
 Active / Total Slabs (% used)      : 222396 / 222396 (100.0%)
 Active / Total Caches (% used)     : 81 / 109 (74.3%)
 Active / Total Size (% used)       : 1868697.38K / 1879048.60K (99.4%)
 Minimum / Average / Maximum Object : 0.01K / 0.20K / 15.88K

  OBJS ACTIVE  USE OBJ SIZE  SLABS OBJ/SLAB CACHE SIZE NAME
7341306 7340796 99%    0.19K 174793    42   1398344K dentry
 840372 831455  98%    0.10K  21548    39     86192K buffer_head
 164035 163209  99%    0.15K   3095    53     24760K xfs_ili
 161910 161404  99%    1.06K   5397    30    172704K xfs_inode
  79232  76818  96%    0.06K   1238    64      4952K kmalloc-64
  71100  70850  99%    0.11K   1975    36      7900K sysfs_dir_cache
```

无论是/proc/slabinfo，还是slabtop命令的输出，里面都包含了每个cache中slab的如下两个关键信息：

- **objsize**：每个对象的大小。
- **objperslab**：一个slab里存放的对象的数量。

/proc/slabinfo还多输出了一个pagesperslab。展示了一个slab占用的页面的数量，每个页面4KB，这样也就能算出每个slab占用的内存大小。

最后，slab管理器组件提供了若干接口函数，方便自己使用。举三个例子：

- **kmem_cache_create**：方便地创建一个基于slab的内核对象管理器。
- **kmem_cache_alloc**：快速为某个对象申请内存。
- **kmem_cache_free**：将对象占用的内存归还给slab分配器。

在内核的源码中，可以大量见到kmem_cache开头的函数的使用，在本书后面也将出现很多对这类函数的调用。

7.2.5 小结

通过上面描述的几个步骤，内核高效地把内存用了起来，如图7.12所示。

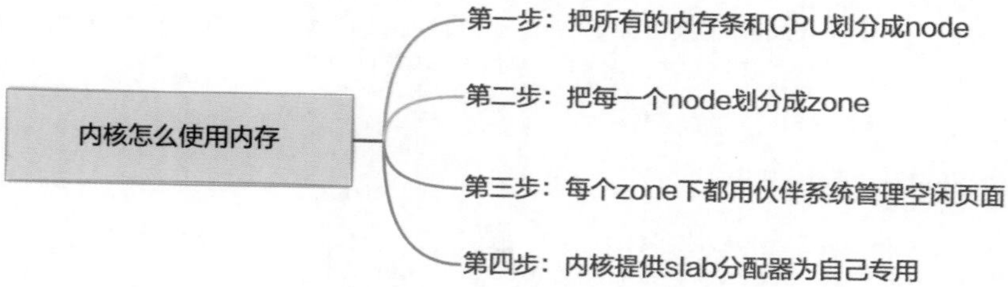

图7.12　slab内存管理步骤

前三步是基础模块，为应用程序分配内存时的请求调页组件也能够用到。但第四步，就算是内核的小灶了。内核根据自己的使用场景，量身打造的一套自用的高效内存分配管理机制。

另外，虽然采用slab的分配机制极大地减少了内存碎片的发生，但也不能完全避免。举个例子，拿我本机上的TCP对象的slab信息举例（内核版本是3.10.0）。

```
# cat /proc/slabinfo | grep TCP
TCP                       288    384   1984    16     8
```

可以看到TCP cache下每个slab占用8个页面，也就是8×4096B= 32 768B。该对象的单个大小是1984B，每个slab内放了16个对象。1984×16 = 31 744B。这个时候再多放一个TCP对象又放不下，剩下的1 KB内存就只好"浪费"掉了。

不过32 KB内存才浪费1KB，其实碎片率已经非常低了。而且鉴于slab机制整体提供的高性能，这一点点的额外开销还是很值得的。

7.3　TCP连接相关内核对象

目前我们已经了解了内核是如何使用内存的了。TCP连接当然也会使用内存，每申请一个内核对象就都需要到相应的slab缓存里申请一块内存。在本节中，我们看看TCP连接中都使用了哪些内核对象。

在3.1节中，简单介绍了socket函数是如何创建socket相关的内核对象的。不过当时的主要目的是为了展示清楚struct socket和struct sock两个内核对象的协议处理函数指针是怎么初始化的。本章要讨论的是TCP的内核对象占用多大的内存，视角不一样。因此，从内存申请的角度再来看看socket的创建。

socket的创建方式有两种，一种是直接调用socket函数，另外一种是调用accept接收。先来看socket函数的情况。

7.3.1　socket函数直接创建

socket函数会进入__sock_create内核函数。

```
//file: net/socket.c
int __sock_create(struct net *net, int family, int type, int protocol,
                  struct socket **res, int kern)
{
    //申请struct socket内核对象
    sock = sock_alloc();

    //调用协议族的创建函数创建 sock
    err = pf->create(net, sock, protocol, kern);
    ......
}
```

sock_inode_cache申请（struct socket_alloc）

在sock_alloc函数中，**申请了一个struct socket_alloc内核对象**。socket_alloc内核对象将socket和inode信息关联了起来。

```
//file:include/net/sock.h
struct socket_alloc {
    struct socket socket;
    struct inode vfs_inode;
};
```

sock_inode_cache是专门用来存储struct socket_alloc的slab缓存，它是在init_inodecache中初始化的。

```
//file:net/socket.c
static int init_inodecache(void)
{
    sock_inode_cachep = kmem_cache_create("sock_inode_cache",
                                sizeof(struct socket_alloc),
                                0,
                                (SLAB_HWCACHE_ALIGN |
                                 SLAB_RECLAIM_ACCOUNT |
                                 SLAB_MEM_SPREAD),
                                init_once);
    ......
}
```

我们来看看sock_alloc具体是如何完成struct sock_alloc对象申请的。调用链条比较长，为了简洁，就不展示具体的代码了。我直接把调用链列出来，sock_alloc => new_inode_pseudo => alloc_inode => sock_alloc_inode。我们直接看sock_alloc_inode函数，在该函数中调用kmem_cache_alloc从sock_inode_cacheslab缓存中申请一个struct socket_alloc对象。

```
//file: net/socket.c
static struct inode *sock_alloc_inode(struct super_block *sb)
{
    struct socket_alloc *ei;
    struct socket_wq *wq;

    ei = kmem_cache_alloc(sock_inode_cachep, GFP_KERNEL);
    if (!ei)
            return NULL;
    wq = kmalloc(sizeof(*wq), GFP_KERNEL);
    ......
}
```

另外还可以看到，这里还通过kmalloc申请了一个socket_wq。这个是用来记录在socket上等待事件的等待项。在3.3.1节中介绍阻塞网络IO的时候用到过这个数据结构。当进程因为等待数据而被挂起前，会申请一个新的等待队列项，把当前进程描述符和回调函数设置好后挂到这个队列上。不过由于这个内核对象比较小，就不重点提了。

TCP对象申请（struct tcp_sock）

对于IPv4来说，inet协议族对应的create函数是inet_create，代码如下：

```
//file: net/ipv4/af_inet.c
static const struct net_proto_family inet_family_ops = {
    .family = PF_INET,
    .create = inet_create,
    .owner  = THIS_MODULE,
};
```

因此__sock_create中对pf->create的调用会执行到inet_create中去。在这个函数中，将会到TCP这个slab缓存中申请一个struct sock内核对象出来。其中TCP这个slab缓存是在inet_init中初始化好的。

```
//file:net/ipv4/af_inet.c
static int __init inet_init(void)
{
    rc = proto_register(&tcp_prot, 1);
    rc = proto_register(&udp_prot, 1);
    ......
}
```

```
//file: net/ipv4/tcp_ipv4.c
struct proto tcp_prot = {
    .name           = "TCP",
    .owner          = THIS_MODULE,
    .close          = tcp_close,
    .connect        = tcp_v4_connect,
    .disconnect     = tcp_disconnect,
    ......

    .obj_size       = sizeof(struct tcp_sock),
}
```

```
//file: net/core/sock.c
int proto_register(struct proto *prot, int alloc_slab)
{
    if (alloc_slab) {
        prot->slab = kmem_cache_create(prot->name, prot->obj_size, 0,
                            SLAB_HWCACHE_ALIGN | prot->slab_flags,
                            NULL);
```

```
        ......
      }
  }
```

协议栈初始化的时候，会创建一个名为TCP、大小为sizeof(struct tcp_sock)的slab缓存，并把它记到tcp_prot->slab的字段下。

这里要注意一点，在TCP slab缓存中实际存放的是struct tcp_sock对象，是struct sock的扩展。这在6.2.2节也曾介绍过。tcp_sock、inet_connection_sock、inet_sock、sock是逐层嵌套的关系，类似于面向对象编程语言中的继承，所以tcp_sock是可以当sock来用的。

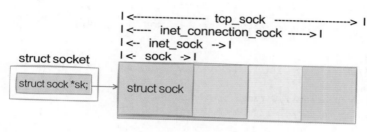

图7.13　tcp_sock结构

我们来具体看看inet_create是怎么完成struct sock，啊不，是struct tcp_sock内核对象的申请的。

```
//file: net/ipv4/af_inet.c
static int inet_create(struct net *net, struct socket *sock, int protocol,
                       int kern)
{
    ......
    //这个answer_prot 其实就是tcp_prot
    answer_prot = answer->prot;
    sk = sk_alloc(net, PF_INET, GFP_KERNEL, answer_prot);
    ......
}
```

inet_create调用了sk_alloc，根据函数名也能猜出来它分配了内存。

```
//file:net/core/sock.c
struct sock *sk_alloc(struct net *net, int family, gfp_t priority,
                      struct proto *prot)
{
    struct sock *sk;
    sk = sk_prot_alloc(prot, priority | __GFP_ZERO, family);
    ......
}

static struct sock *sk_prot_alloc(struct proto *prot, gfp_t priority,
```

```
                int family)
{
        slab = prot->slab;
        if (slab != NULL) {
                sk = kmem_cache_alloc(slab, priority & ~__GFP_ZERO);
        ......
}
```

这里的prot->slab（tcp_prot->slab）前面讲过，是tcp_sock内核对象的slab缓存。这里通过kmem_cache_alloc函数来从该缓存中分配出来一个tcp_sock内核对象。

dentry申请

回到socket系统调用的入口处，除了sock_create以外，还调用了一个sock_map_fd。

```
//file: net/socket.c
SYSCALL_DEFINE3(socket, int, family, int, type, int, protocol)
{
        sock_create(family, type, protocol, &sock);
        sock_map_fd(sock, flags & (O_CLOEXEC | O_NONBLOCK));
}
```

以此为入口将完成struct dentry的申请。

```
//file:include/linux/dcache.h
struct dentry {
        ......
        struct dentry *d_parent;        /* parent directory */
        struct qstr d_name;
        struct inode *d_inode;
        unsigned char d_iname[DNAME_INLINE_LEN];
        ......
};
```

内核初始化的时候创建好了一个dentry slab缓存，所有的struct dentry对象都将在这里进行分配。

```
//file:fs/dcache.c
static void __init dcache_init(void)
{
        dentry_cache = KMEM_CACHE(dentry,
                SLAB_RECLAIM_ACCOUNT|SLAB_PANIC|SLAB_MEM_SPREAD);
}
//file: include/linux/slab.h
#define KMEM_CACHE(__struct, __flags) kmem_cache_create(#__struct,\
                sizeof(struct __struct), __alignof__(struct __struct),\
                (__flags), NULL)
```

进入sock_map_fd来看看struct dentry内核对象详细的申请过程。

```
//file:net/socket.c
static int sock_map_fd(struct socket *sock, int flags)
{
        struct file *newfile;
        int fd = get_unused_fd_flags(flags);
        ......

        //1.申请dentry、file内核对象
        newfile = sock_alloc_file(sock, flags, NULL);
        if (likely(!IS_ERR(newfile))) {
                //2.关联到socket及进程
                fd_install(fd, newfile);
                return fd;
        }
        ......
}
```

在sock_alloc_file中完成内核对象的申请。

```
//file:net/socket.c
struct file *sock_alloc_file(struct socket *sock, int flags, const char *dname)
{
        //申请dentry
        path.dentry = d_alloc_pseudo(sock_mnt->mnt_sb, &name);

        //申请flip
        file = alloc_file(&path, FMODE_READ | FMODE_WRITE,
                &socket_file_ops);
        ......
}
```

在sock_alloc_file中其实完成了struct dentry和struct file两个内核对象的申请。不过先只介绍dentry，它是在d_alloc_pseudo中完成申请的。

```
//file:fs/dcache.c
struct dentry *d_alloc_pseudo(struct super_block *sb, const struct qstr *name)
{
        struct dentry *dentry = __d_alloc(sb, name);
        if (dentry)
                dentry->d_flags |= DCACHE_DISCONNECTED;
        return dentry;
}
//file:fs/dcache.c
struct dentry *__d_alloc(struct super_block *sb, const struct qstr *name)
{
        dentry = kmem_cache_alloc(dentry_cache, GFP_KERNEL);
  ......
}
```

前面讲过，dentry_cache是一个专门用于分配struct dentry内核对象的slab缓存。kmem_cache_alloc执行完后，一个dentry对象就申请出来了。

flip对象申请（struct file）

回顾上面的sock_alloc_file函数，在这里其实除了dentry外，还通过alloc_file申请了一个struct file对象。在Linux上，一切皆是文件，正是通过和struct file对象的关联来让socket看起来也是一个文件。struct file是通过filp slab缓存来进行管理的。

```
//file:fs/file_table.c
void __init files_init(unsigned long mempages)
{
    filp_cachep = kmem_cache_create("filp", sizeof(struct file), 0,
            SLAB_HWCACHE_ALIGN | SLAB_PANIC, NULL);
    ......
}
```

让我们进入alloc_file函数看看申请过程。

```
//file:fs/file_table.c
struct file *alloc_file(struct path *path, fmode_t mode,
        const struct file_operations *fop)
{
    file = get_empty_filp();
    ......
}
```

接下来再进入get_empty_filp函数。

```
//file:fs/file_table.c
struct file *get_empty_filp(void)
{
    f = kmem_cache_zalloc(filp_cachep, GFP_KERNEL);
    ......
}
```

前面介绍过，filp_cachep是一个专门存储struct file内核对象的slab缓存，调用kmem_cache_zalloc后，一个该类型的对象就在内存上分配好了。

小结

上面的调用链条有点长，这里用一幅相对全面一点儿的调用链来让大家看看内核对象的申请位置。

```
SYSCALL_DEFINE3(socket, ..) （socket系统调用入口）
--> sock_create
--|--> __sock_create
```

```
--|--|--> sock_alloc
--|--|--|--> new_inode_pseudo
--|--|--|--|--> alloc_inode
--|--|--|--|--|--> sock_alloc_inode （申请socket_alloc和socket_wq）
--|--|--> inet_create
--|--|--|--> sk_alloc
--|--|--|--|--> sk_prot_alloc （申请tcp_sock）
--> sock_map_fd
--|--> sock_alloc_file
--|--|--> d_alloc_pseudo
--|--|--|--> __d_alloc （申请dentry）
--|--|--> alloc_file
--|--|--|--> get_empty_filp （申请file）
```

socket系统调用完毕之后，在内核中就申请了配套的一组内核对象。这些内核对象
并不是孤立地存在的，而是互相保留着和其他内核对象的关联关系，如图7.14所示。

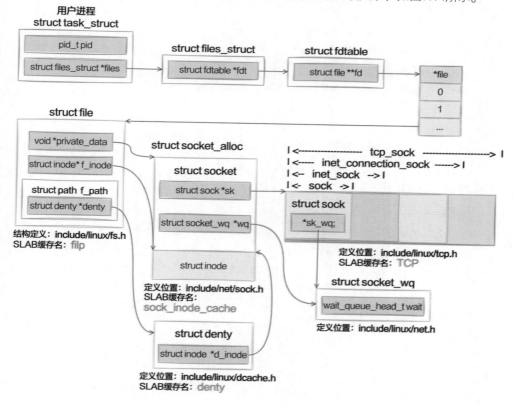

图7.14 socket内核对象

所有网络相关的操作，包括数据接收和发送等都是以这些数据结构为基础来进
行的。

7.3.2 服务端socket创建

除了直接创建socket以外，服务端还可以通过accept函数在接收连接请求时完成相关内核对象的创建。虽然创建的整体流程不一样，不过内核对象基本上都是非常相似的。下面就来简单讲讲通过accept函数接收的过程。

```c
//file: net/socket.c
SYSCALL_DEFINE4(accept4, int, fd, struct sockaddr __user *, upeer_sockaddr,
        int __user *, upeer_addrlen, int, flags)
{
    struct socket *sock, *newsock;

    //根据fd查找到监听的socket
    sock = sockfd_lookup_light(fd, &err, &fput_needed);

    //申请并初始化新的socket
    newsock = sock_alloc();
    newsock->type = sock->type;
    newsock->ops = sock->ops;

    //申请新的file对象，并设置到新socket上
    newfile = sock_alloc_file(newsock, flags, sock->sk->sk_prot_creator->name);
    ......

    //接收连接
    err = sock->ops->accept(sock, newsock, sock->file->f_flags);

    //将新文件添加到当前进程的打开文件列表
    fd_install(newfd, newfile);
```

前面讲过，sock_alloc这个函数就是从sock_inode_cache slab缓存中申请一个struct socket_alloc，该对象中包含了struct inode和struct socket，详情参考前文。

sock_alloc_file这个函数同样在前面讲过，在它里面完成了对两个内核对象的申请。一个是struct dentry，是在同名的slab缓存中申请的。另外一个是struct file，是在filp slab缓存中分配的。

不过tcp_sock对象的创建过程有点不太一样，服务端内核在第三次握手成功的时候，就已经创建好了tcp_sock，并且一同放到了全连接队列中。这样在调用accept函数接收的时候，只需要从全连接队列中取出来直接用就行了，无须再单独申请。

```c
//file: net/ipv4/inet_connection_sock.c
struct sock *inet_csk_accept(struct sock *sk, int flags, int *err)
{
    //从全连接队列中获取
    struct request_sock_queue *queue = &icsk->icsk_accept_queue;
    req = reqsk_queue_remove(queue);
```

```
    newsk = req->sk;
    return newsk;
}
```

看，从全连接队列中取出来的req中是有sock对象的。

所以，服务端调用accept函数接收后生成的socket内核对象，也是struct socket_
alloc、struct file、struct dentry、 struct tcp_sock等几个，对应的slab缓存名是sock_inode_
cache、filp、dentry、TCP。

7.4　实测TCP内核对象开销

上一节从源码层面讨论了一条TCP连接需要哪些内核对象。但正所谓"纸上得来终
觉浅，绝知此事要躬行"，所以我们通过一个实验的形式再做实际测试。这样印象更深。

由于在测试中需要不停地在客户端和服务端两个角色之间切换来切换去，为了在做
实验的时候，更直观地看到哪个命令是在哪一端上操作的，所以我们引入了一对卡通人
物，分别代表服务端和客户端。

7.4.1　实验准备

这个实验需要准备两台服务器，一台作为客户端，另一台作为服务端。在公众号
"开发内功修炼"后台回复"配套源码"，获取本实验要使用的测试源码。源码有三种
语言，分别是C、Java、PHP，总有一种是你熟悉的。无论选择哪一种，都需要具备该语
言对应的编译或执行环境，例如gcc、java & javac、php等命令和工具。

在客户端，需要调整如下内核参数并顺便记录下来/proc/meminfo中记录的Slab内存
消耗，参见图7.15。

- 调整ip_local_port_range来保证可用端口数大于5万个。
- 保证tw_reuse和tw_recycle是关闭状态的，否则连接无法进入TIME_WAIT。
- 调整tcp_max_tw_buckets保证能有5万个TIME_WAIT状态供观察。

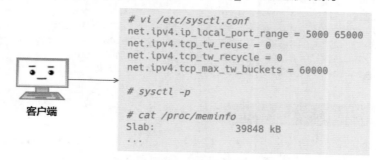

```
# vi /etc/sysctl.conf
net.ipv4.ip_local_port_range = 5000 65000
net.ipv4.tcp_tw_reuse = 0
net.ipv4.tcp_tw_recycle = 0
net.ipv4.tcp_max_tw_buckets = 60000

# sysctl -p

# cat /proc/meminfo
Slab:            39848 kB
...
```

客户端

图7.15　客户端实验准备

再使用slabtop命令记录实验开始前slab缓存的使用情况。由于Linux在运行的过程中为了提高性能，会缓存VFS相关的很多内核对象，为了方便观察本次实验结果，所以需要先清理pagecache、dentries和nodes。

```
# echo "3" > /proc/sys/vm/drop_caches
# slabtop
......
  OBJS ACTIVE   USE OBJ SIZE   SLABS OBJ/SLAB CACHE SIZE NAME
 62976  43709   69%   0.06K     984       64      3936K kmalloc-64
 17976  11171   62%   0.19K     856       21      3424K dentry
 15028  15028  100%   0.12K     442       34      1768K kernfs_node_cache
 11220  11220  100%   0.04K     110      102       440K selinux_inode_security
  9412   9008   95%   0.58K     724       13      5792K inode_cache
```

测试的时候一般本地的两台机器的RTT都很短，零点几毫秒，很容易把连接队列打满，进而导致握手过慢。为了避免这个问题，源代码中的backlog都设置的是1024。但必须在内核参数somaxconn大于这个数字的时候才能生效，所以需要确认或修改系统somaxconn的大小，参见图7.16。

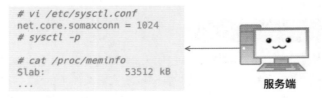

图7.16 服务端实验准备

服务端也一样，清理各种缓存，并记录下slabtop的输出情况。

```
# echo "3" > /proc/sys/vm/drop_caches
# slabtop
......
  OBJS ACTIVE   USE OBJ SIZE   SLABS OBJ/SLAB CACHE SIZE NAME
 26368  13080   49%   0.06K     412       64      1648K kmalloc-64
 21399  12225   57%   0.19K    1019       21      4076K dentry
 17820  17742   99%   0.11K     495       36      1980K kernfs_node_cache
 14420   3932   27%   0.57K     515       28      8240K radix_tree_node
 13962   7180   51%   0.10K     358       39      1432K buffer_head
 10914  10914  100%   0.04K     107      102       428K selinux_inode_security
```

7.4.2 实验开始

在服务端机器上下载源码后，进入chapter-07/7.4/test-01目录，再选择一门你熟悉的语言。无论选择哪门语言，下面的操作过程描述都是通用的。

启动服务端程序，如果正常将启动一个监听在8090端口的简单程序。当然这个端口号如果和你本地的其他程序冲突，你可以在Makefile文件中进行修改。

```
# make run-srv
```

再到另外的客户端机器上下载源码并进入相同的目录，修改Makefile中的服务器IP（默认是192.168.0.1）。如果端口修改过的话，也要改。然后启动客户端。

```
# make run-cli
```

当客户端启动起来的时候，连接就开始了（参见图7.17）。

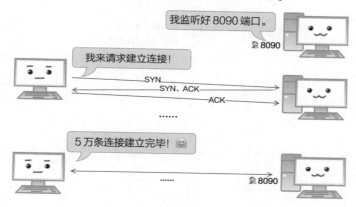

图7.17 实验开始

7.4.3 观察ESTABLISH状态开销

客户端内存开销查看

我们来查看当前客户端机上slabtop命令的输出情况。

```
  OBJS ACTIVE  USE OBJ SIZE  SLABS OBJ/SLAB CACHE SIZE NAME
144448 144448 100%    0.06K   2257       64      9028K kmalloc-64
 73353  73353 100%    0.19K   3493       21     13972K dentry
 52208  52192  99%    0.25K   3263       16     13052K kmalloc-256
 50148  50148 100%    0.62K   4179       12     33432K sock_inode_cache
 50032  50032 100%    1.94K   3127       16    100064K TCP
 15028  15028 100%    0.12K    442       34      1768K kernfs_node_cache
```

和实验开始前的数据相比，kmalloc-64、dentry、kmalloc-256、sock_inode_cache、TCP这5个内核对象都有了明显的增加。这些其实就是在7.3节中提到的socket内部相关的内核对象。其中的kmalloc-256是前文介绍过的filp。kmalloc-64既包括前文提到的socket_wq，也包括记录端口使用关系的哈希表中使用的inet_bind_bucket元素（该对象在6.3节介绍过，每次使用一个端口的时候，就会申请一个inet_bind_bucket以记录该端口被使用过，所有的inet_bind_bucket以哈希表的形式组织了起来。下次再选择端口的时候查找该哈希表来判断一个端口有没有被使用）。

至于为什么不显示filp、tcp_bind_bucket等，而是显示kmalloc-xx，那是因为Linux内部的一个叫slab merging的功能。这个功能会可能会将同等大小的slab缓存放到一起。Linux源码中提供了工具可以查看都有哪些slab参与了合并。注意，这个工具需要编译才能使用，编译后这样查看。

```
# cd linux-3.10.1/tools/vm
# make slabinfo
# ./slabinfo -a
t-0000064    <- dccp_ackvec_record kmalloc-64 anon_vma_chain xfs_ifork secpath_
cache io dmaengine-unmap-2 ksm_rmap_item fs_cache sctp_bind_bucket tcp_bind_
bucket dccp_bind_bucket fib6_nodes avc_node ksm_stable_node ftrace_event_file
fanotify_perm_event_info
:t-0000256    <- biovec-16 pool_workqueue rpc_tasks request_sock_TCPv6 bio-
0 request_sock_TCP kmalloc-256 sgpool-8 skbuff_head_cache ip_dst_cache sctp_
chunk filp
......
```

通过上述输出可以看到，tcp_bind_bucket和kmalloc-64是合并过的，filp也确确实实和kmalloc-256合并到了一起。

这样这个实验就和之前分析的源码都对上了。再来查看一条TCP连接使用的各个内核对象的大小：socket_wq（kmalloc-64）是0.06 KB，dentry是0.19 KB，kmalloc-256是0.25 KB，sock_inode_cache是0.62 KB，TCP是1.94 KB。全部加起来以后，1.94 + 0.62 + 0.25 + 0.19 + 0.06 = 3.06 KB。另外在7.2节讲过，slab内存管理还是会适度存在一些浪费，再加上记录端口使用关系的tcp_bind_bucket，所以实际内存占用会比这个大一些。

另外，我们再查看meminfo中的开销，参见图7.18。

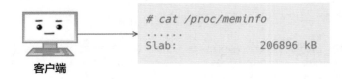

图7.18　客户端slab内存开销

平均每个socket上内存开销 = (当前slab输出—开始的slab输出) / 50000，计算(206896 - 39848) / 50000 = 3.34 KB。基本和上面通过累加内核对象大小计算出来的结果差不多。

服务端内存开销查看

再来查看服务端上的slabtop的结果。

```
# slabtop
  OBJS ACTIVE   USE OBJ SIZE   SLABS OBJ/SLAB CACHE SIZE NAME
 63936  63936  100%   0.06K     999       64      3996K kmalloc-64
 62517  62517  100%   0.19K    2977       21     11908K dentry
 53088  52913   99%   0.25K    3318       16     13272K kmalloc-256
 50250  50250  100%   0.62K    2010       25     32160K sock_inode_cache
 50240  50240  100%   1.94K    3140       16    100480K TCP
 17820  17742   99%   0.11K     495       36      1980K kernfs_node_cache
```

大致也是kmalloc-64、dentry、kmalloc-256、sock_inode_cache、TCP这五个对象。不过和客户端相比，kmalloc-64明显要消耗得少一些。这是因为服务端不需要tcp_bind_bucket记录端口占用。根据各个slab的大小相加得出服务端每个socket内存大小大约也是3 KB左右，如图7.19所示。

```
# cat /proc/meminfo
......
Slab:           206032 kB
```

服务端

图7.19 服务端slab内存消耗

通过实验开始前后的Slab命令输出，我们再计算一遍，(206032 - 53512) / 50000 = 3.05 KB。比客户端计算的结果确实小了一点点。

7.4.4 观察非ESTABLISH状态开销

再来看看非ESTABLISH状态下的TCP连接的内存开销。很多非连接状态都是瞬时出现的，非常不好捕获，更何况还得批量捕获以后才能计算。所以本实验中只观察几种容易捕获的状态，只要通过这几种状态理解了原理就可以了。

先来回顾四次挥手的状态流转，见图7.20。

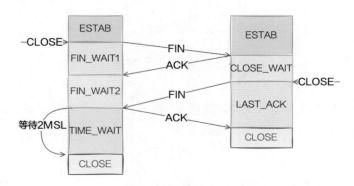

图7.20 四次挥手

幸运的是，有一个非常简单的方法可以让内核发出CLOSE。那就是在当前拥有连接的进程上按CTRL + C组合键退出。我们就利用这个方法进行本次实验。

FIN_WAIT2

在客户端机上，找到运行测试程序的窗口，按CTRL + C组合键，FIN_WAIT2实验如图7.21所示。

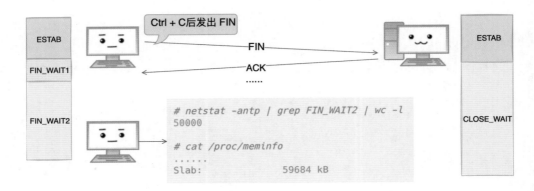

图7.21　FIN_WAIT2实验

根据客户端机当前meminfo中Slab的开销可以粗略算出：(59684 - 39848) / 50000 = 0.396 KB。

可见在FIN_WAIT2状态下，TCP连接的开销要比ESTABLISH状态下小得多。我们来看下slabtop中的情况。

```
# slabtop
  OBJS ACTIVE  USE OBJ SIZE  SLABS OBJ/SLAB CACHE SIZE NAME
144640  95285  65%    0.06K   2260       64      9040K kmalloc-64
 50032  50032 100%    0.25K   3127       16     12508K tw_sock_TCP
 21210  14414  67%    0.19K   1010       21      4040K dentry
```

可见dentry、filp、sock_inode_cache、TCP这四个对象都被回收了，只剩下kmalloc-64，另外多了一个只有0.25 KB的tw_sock_TCP。

总之，FIN_WAIT2状态下的TCP连接占用的内存很小。内核在不需要的时候会尽量回收不再使用的内核对象，以节约内存。

TIME_WAIT

TIME_WAIT是服务器上除了ESTABLISH以外最常见的状态了，所以我已经迫不及待想要查看一个TIME_WAIT大约占用多少内存了。在服务端运行着测试程序的窗口按CTRL ＋ C组合键后，服务端将也发出FIN。客户端在收到后，就可以进入TIME_WAIT状态了，参见图7.22。

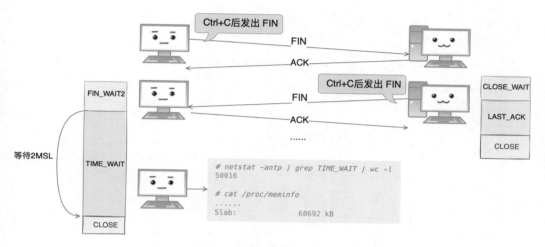

图7.22 TIME_WAIT实验

通过meminfo中Slab内存开销可以粗略算出：(60692 - 39848) / 50000 = 0.41，和FIN_WAIT2下占用差不多。再看看slabtop中的情况。

```
# slabtop
  OBJS ACTIVE  USE OBJ SIZE  SLABS OBJ/SLAB CACHE SIZE NAME
144640  93988  64%   0.06K   2260      64      9040K kmalloc-64
 50032  50032 100%   0.25K   3127      16     12508K tw_sock_TCP
 21861  14721  67%   0.19K   1041      21      4164K dentry
 15834  15834 100%   0.10K    406      39      1624K buffer_head
```

确实使用的内核对象和FIN_WAIT2时也一样。

总之，FIN_WAIT2、TIME_WAIT状态下的TCP连接占用的内存很小，大约只有0.3~0.4 KB左右。

★注意 为什么slab计算出来会更多？是因为在服务器上计算难免会有其他程序的干扰。我们通过50000条连接来降低这个误差的影响。但即使是50000条的TIME_WAIT占用总内存也仅仅只有17 MB而已。其他应用程序稍微波动，这个误差就出来了。

7.4.5 收发缓存区简单测试

接下来再做一次带数据收发的实验。但数据收发对内存的消耗相当复杂，涉及tcp_rmem、tcp_wmem等内核参数限制，也涉及滑动窗口、流量控制等协议层面的影响。测试难度非常大，所以只选择一个简单的情况进行测试。

服务端不接收

进入源码中的chapter-07/7.4/test-02目录，这个实验基本上和test-01的源码是一致的。区别就是这个客户端发送了"I am client"短字符串出来。不过在服务端并没有接收连接上的数据，参见图7.23。

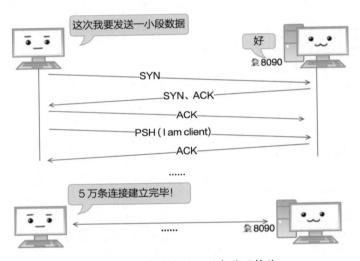

图7.23　客户端发送，服务端不接收

先看客户端，这个时候查看客户端上的slabtop、meminfo中的slab开销等，发现没有看到额外的发送缓存区的内存消耗。这是因为**只要发送出去的数据能接收到对方的ACK，而且没有数据要继续发送的话，发送缓存区用完就立即释放了。**

再看服务端，还是使用slabtop来查看。

```
# slabtop
  OBJS ACTIVE  USE OBJ SIZE  SLABS OBJ/SLAB CACHE SIZE NAME
103408 103310  99%    0.25K   6463       16     25852K kmalloc-256
 63552  63552 100%    0.06K    993       64      3972K kmalloc-64
 61782  61782 100%    0.19K   2942       21     11768K dentry
 50250  50250 100%    0.62K   2010       25     32160K sock_inode_cache
 50224  50224 100%    1.94K   3139       16    100448K TCP
 17820  17742  99%    0.11K    495       36      1980K kernfs_node_cache
```

对照上面空的ESTABLISH，发现多了50000个kmalloc-256。这些就是接收缓存区所使用的内存。因为我们发送的数据很小，所以一个256B大小的缓存区就够了。如果待接收的数据更多，一般来说缓存区也会消耗得更大。不过正如前文所说，影响因素还有很多。

服务端接收

再来看看如果服务端及时接收客户端发送过来的数据，服务端的接收缓存区有没有变化。在源码中找到chapter-07/7.4/test-03，这个实验和test-02的区别就是服务端接收了来自客户端的数据。实验后，服务端的slabtop输出如下：

```
# slabtop
 OBJS ACTIVE  USE OBJ SIZE  SLABS OBJ/SLAB CACHE SIZE NAME
62912  62912 100%    0.06K    983       64     3932K kmalloc-64
62811  62811 100%    0.19K   2991       21    11964K dentry
52960  52922  99%    0.25K   3310       16    13240K kmalloc-256
50336  50336 100%    1.94K   3146       16   100672K TCP
50225  50225 100%    0.62K   2009       25    32144K sock_inode_cache
17820  17742  99%    0.11K    495       36     1980K kernfs_node_cache
14140   4424  31%    0.57K    505       28     8080K radix_tree_node
12948  10818  83%    0.10K    332       39     1328K buffer_head
```

和上一个实验中服务端的slabtop输出对比发现多出来的50000多个kmalloc-256又全都没有了。这和空ESTABLISH状态下的连接的开销基本一致了。**这说明，当接收完数据以后内核消耗的接收缓存区及时回收了。**

7.4.6　实验结果小结

我们把实验中的数据进行总结。

经过观察和计算，**我们大概知道了一条ESTABLISH状态的空连接消耗的内存大约是3KB多一点点。**飞哥建议在工作实践中，理解清楚这个大致的数量级就可以了。如果硬扣到底是三点几KB，我觉得这个意义不大。毕竟我们是工程师，又不是数学家。

另外，如果有数据的收发，还需要消耗发送和接收缓存区。不过发送缓存区在接收到ACK之后如果没有新的要发送的数据就会回收。接收缓存区是在应用进程recv拷贝到用户进程内存后，内存释放接收缓存区。

对于非ESTABLISH状态下的连接，比如FIN_WAIT2和TIME_WAIT等状态下，内核会回收不需要的内核对象，以节约内存。一条TIME_WAIT状态的连接需要的内存也就是0.4 KB左右而已。

7.5 本章总结

在本章中为了介绍TCP连接内核内存开销，首先介绍了内核的slab分配器这个背景知识。它会针对不同大小的内核对象创建出多个slab缓存区。接着分析了TCP连接中都使用了哪些内核对象。还通过动手实验的方式对TCP连接的内存消耗进行了查看。了解完这些内容，回头看本章开篇提到的问题。

1）内核是如何管理内存的？

内核是整台Linux服务器的基石，它的内存管理方案必须足够优秀，否则将直接影响整台服务器的稳定性。

内核采用SLAB的方式来管理内存，总共分成四步。

1. 把所有内存条和CPU进行分组，组成node。
2. 把每一个node划分成多个zone。
3. 每个zone下都用伙伴系统来管理空闲页面。
4. 提供slab分配器来管理各种内核对象。

前三步是基础模块，为应用程序分配内存时的请求调页组件也能够用到。但第四步是内核专用的。每个slab缓存都是用来存储固定大小，甚至是特定的一种内核对象。这样当一个对象释放内存后，另一个同类对象可以直接使用这块内存，几乎没有任何碎片。极大地提高了分配效率，同时降低了碎片率。

2）如何查看内核使用的内存信息？

通过查看/proc/slabinfo可以看到所有的kmem cache。更方便的是slabtop命令，它从大往小按照占用内存进行排列。这个命令用来分析内核内存开销非常方便。

3）服务器上一条ESTABLISH状态的空连接需要消耗多少内存？

我的一个Redis实例上就出现了6000条长连接。假设连接上绝大部分时间都是空闲的，也就是说可以假设没有发送缓存区、接收缓存区的开销，那么一个socket大约需要如下几个内核对象：

- struct socket_alloc，大小约为0.62 KB，slab缓存名是sock_inode_cache。
- stuct tcp_sock，大小约为1.94 KB，slab缓存名是tcp。
- struct dentry，大小约为0.19 KB，slab缓存名是dentry。
- struct file，大小约为0.25KB，slab缓存名是flip。

加上slab上多少会存在一点儿碎片无法使用，这组内核对象的大小大约总共是3.3KB左右。粗算6000条ESTABLISH状态的空长连接在内存上的开销也就是6000×3.3 KB，大约仅仅20MB而已。在内存方面，这些连接不会对服务器产生任何压力。

这里再说CPU开销。其实只要没有数据包的接收和处理，是不需要消耗CPU的。长连接上在没有数据传输的情况下，只有极少量的保活包传输，CPU开销可以忽略不计。

4）我的机器上出现了3万多个TIME_WAIT，内存开销会不会很大？

其实这种情况只能算是warning，而不是error！

从内存的角度来考虑，一条TIME_WAIT状态的连接仅仅是0.4 KB左右的内存而已。

再扩展一下，从端口的角度考虑，占用的端口只是针对特定的服务端来说是占用了。只要下次连接的服务端不一样（IP或者端口不一样都算），那么这个端口仍然可以用来发起TCP连接。

至此，我们已经深刻理解了无论是从内存的角度还是端口的角度，一条TIME_WAIT的开销都并不那么可怕。只有在连接同一个server的时候，端口占用才能算得上是问题。如果想解决这个问题可以考虑使用tcp_max_tw_buckets来限制TIME_WAIT连接总数，或者打开tcp_tw_recycle、tcp_tw_reuse来快速回收端口。如果再彻底一些，也可以干脆直接用长连接代替频繁的短连接。

第8章

一台机器最多能支持多少条
TCP连接

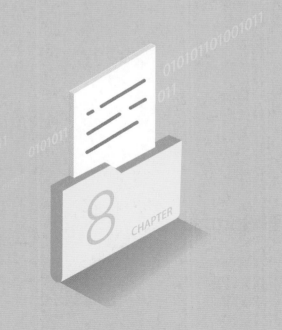

8.1　相关实际问题

在网络开发中，很多人对一个基础问题始终没有彻底搞明白，那就是一台机器最多能支持多少条TCP连接。不过由于客户端和服务端对端口的使用方式不同，这个问题拆开来理解更容易一些。

注意，这里说的客户端和服务端都只是角色，并不是指的具体某一台机器。例如对于PHP接口机来说，当它响应来自客户端的请求的时候，它就是服务端。当它向MySQL请求数据的时候，它又变成了客户端。

1）"Too many open files"报错是怎么回事，该如何解决？

你在线上可能遭遇过"Too many open files"这个错误，那么你理解这个报错发生的原理吗？如果让你修复这个错误，该如何操作呢？

2）一台服务端机器最大究竟能支持多少条连接？

因为这里要考虑的是最大数，因此先不考虑连接上的数据收发和处理，仅考虑ESTABLISH状态的空连接。那么一台服务端机器上最大可以支持多少条TCP连接？这个连接数会受哪些因素影响？

3）一台客户端机器最大能发起多少条网络连接？

和服务端不同的是，客户端每次建立一条连接都需要消耗一个端口。在TCP协议中，端口是一个2字节的整数，因此范围只能是0~65 535。那么客户端最大只能支持65 535条连接吗？有没有办法突破这个限制，有的话都有哪几种办法？

4）做一个长连接推送产品，支持1亿用户需要多少台机器？

假设你是一位架构师，现在老板给你一个需求，让你做一个类似友盟upush这样的产品。要在服务端机器上保持一个和客户端的长连接，绝大部分情况下连接都是空闲的，每天也就顶多推送两三次左右。总用户规模预计是1亿。那么现在请你来评估需要多少台服务器可以支撑这1亿条的长连接。

带着这几个问题，让我们开始本章的学习。

8.2　理解Linux最大文件描述符限制

大家一定都听说过，Linux/UNIX下的哲学核心思想是一切皆文件。这其中的一切当然也包括我们在TCP连接中提到的socket。在第6章和第7章中可以看到，进程在打开一个socket的时候需要申请好几个内核对象，换一句直白的话就是打开文件对象吃内存。所以Linux系统出于安全的考虑，在多个位置都限制了可打开的文件描述符的数量。那么既然本章想要讨论单机最大并发连接数，那一定绕不开对Linux最大文件数的限制机制的讨论。

如果触发了这个限制机制，你的应用程序遇到的就是常见的 "Too many open files" 这个错误。在Linux系统中，限制打开文件数的内核参数包含以下三个：fs.nr_open、nofile 和fs.file-max。想要加大可打开文件数的限制就需要涉及对这三个参数的修改。

但这几个参数里有的是进程级的，有的是系统级的，有的是用户进程级的。而且这几个参数还有依赖关系，修改的时候，稍有不慎还可能把机器搞出问题，最严重的情况有可能导致你的服务器无法使用ssh登录。这里分享两次飞哥遭遇的故障，还好这两次都是在测试环境下，没对生产用户造成影响。

第一次是当时开了二十个子进程，每个子进程开启了五万个并发连接，飞哥兴高采烈准备测试百万并发。结果鬼使神差忘了改file-max。实验刚开始没多大一会儿就开始报错 "Too many open files"。但问题是这个时候更悲惨的是发现所有的命令包括ps、kill也同时无法使用了。因为它们也都需要打开文件才能工作。后来没办法，通过重启系统解决的。

另外一次是重启机器之后发现无法进行ssh登录了。后来找运维工程部的同事报障以后才得以修复。最终发现是因为我用echo的方式修改的fs.nr_open，但是一重启这个修改就失效了。导致hard nofile比fs.nr_open高，系统直接无法登录。

鉴于最大文件描述符限制的重要程度和复杂性，所以花一小节来深入讲解Linux是如何限制最大文件打开数的。只有深刻理解了它的原理，将来在应对相关问题的时候才能做到从容不迫！

8.2.1 找到源码入口

怎么把fs.nr_open、nofile和fs.file-max这三个参数的含义彻底搞明白呢？我想没有比把它的源码扒出来看得更准确了。我们就拿创建socket来举例，首先找到socket系统调用的入口。

```
//file: net/socket.c
SYSCALL_DEFINE3(socket, int, family, int, type, int, protocol)
{
    retval = sock_map_fd(sock, flags & (O_CLOEXEC | O_NONBLOCK));
    if (retval < 0)
        goto out_release;
}
```

我们看到socket调用sock_map_fd 来创建相关内核对象。接着再进入sock_map_fd 看看。

```
//file: net/socket.c
static int sock_map_fd(struct socket *sock, int flags)
{
    struct file *newfile;

    //获取可用fd句柄号
    //在这里会判断打开文件数是否超过soft nofile和fs.nr_open
```

```
    int fd = get_unused_fd_flags(flags);
    if (unlikely(fd < 0))
        return fd;

    //创建 sock_alloc_file对象
    //在这里会判断打开文件数是否超过 fs.file-max
    newfile = sock_alloc_file(sock, flags, NULL);
    if (likely(!IS_ERR(newfile))) {
        fd_install(fd, newfile);
        return fd;
    }

    put_unused_fd(fd);
    return PTR_ERR(newfile);
}
```

为什么创建一个socket既要申请fd，又要申请sock_alloc_file呢？我们看一个进程打开文件时的内核数据结构图就明白了，如图8.1所示。

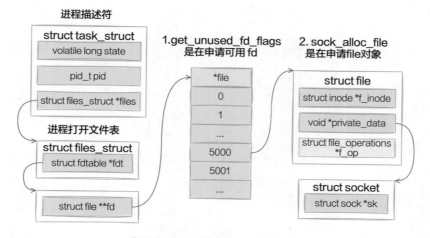

图8.1　socket的fd和sock_alloc_file

结合图8.1，就能轻松理解这两个函数的作用：

- get_unused_fd_flags：申请fd，这只是在找一个可用的数组下标而已。
- sock_alloc_file：申请真正的file内核对象。

8.2.2　寻找进程级限制nofile和fs.nr_open

接下来再回到最大文件数量的判断上。这里我直接把结论抛出来。get_unused_fd_flags中判断了nofile和fs.nr_open，进程打开文件数如果超过了这两个参数，就会报错。

```
//file: fs/file.c
int get_unused_fd_flags(unsigned flags)
{
    // RLIMIT_NOFILE是limits.conf中配置的nofile
    return __alloc_fd(
        current->files,
        0,
        rlimit(RLIMIT_NOFILE),
        flags
    );
}
```

在get_unused_fd_flags中，调用了rlimit (RLIMIT_NOFILE)，这个是读取的limits.conf中配置的soft nofile，代码如下。

```
//file: include/linux/sched.h
static inline unsigned long task_rlimit(const struct task_struct *tsk,
        unsigned int limit)
{
    return ACCESS_ONCE(tsk->signal->rlim[limit].rlim_cur);
}
```

通过当前进程描述符访问到rlim [RLIMIT_NOFILE]，这个对象的rlim_cur是soft nofile（rlim_max对应hard nofile）。紧接着让我们进入__alloc_fd()。

```
//file: include/uapi/asm-generic/errno-base.h
#define    EMFILE         24      /* Too many open files */

int __alloc_fd(struct files_struct *files,
           unsigned start, unsigned end, unsigned flags)
{
    ......
    error = -EMFILE;

    //看要分配的文件号是否超过 end（limits.conf中的nofile）
    if (fd >= end)
        goto out;

    error = expand_files(files, fd);
    if (error < 0)
        goto out;
    ......
}
```

在__alloc_fd()中会判断要分配的句柄号是不是超过了limits.conf中nofile的限制。fd是当前进程相关的，是一个从0开始的整数。如果超限，就报错EMFILE（Too many open files）。

> ★注意
>
> 这里注意一个细节，那就是进程里的fd是一个从0开始的整数。只要确保分配出去的fd编号不超过limits.conf中的nofile，就能保证该进程打开的文件总数不会超过这个数。

接下来会看到调用又会进入expand_files。

```
static int expand_files(struct files_struct *files, int nr)
{
    //2. 判断打开文件数是否超过 fs.nr_open
    if (nr >= sysctl_nr_open)
        return -EMFILE;
}
```

在expand_files中，又见到nr（就是fd编号）和fs.nr_open相比较了。超过这个限制，返回错误EMFILE（Too many open files）。

由上可见，无论是和fs.nr_open，还是和soft nofile比较，都是用**当前进程**的文件描述符序号比较的，所以这两个参数都是进程级别的。

有意思的是和这两个参数的比较几乎是前后脚进行的，所以它们的作用也基本一样。Linux之所以分两个参数来控制，那是因为fs.nr_open是系统全局的，而soft nofile则可以分用户来分别控制。

所以，现在我们可以得出第一个结论。

结论1：soft nofile和fs.nr_open的作用一样，它们都是用来限制单个进程的最大文件数量，区别是soft nofile可以按用户来配置，而所有用户只能配一个fs.nr_open。

8.2.3 寻找系统级限制fs.file-max

再回过头来看sock_map_fd中调用的另外一个函数sock_alloc_file，在这个函数里我们发现它会和fs.file-max这个系统参数来比较，用什么比的呢？

```
//file: fs/file_table.c
struct file *sock_alloc_file(struct socket *sock, int flags, const char *dname)
{
    file = alloc_file(&path, FMODE_READ | FMODE_WRITE,
        &socket_file_ops);
}

struct file *alloc_file(struct path *path, fmode_t mode,
        const struct file_operations *fop)
{
    file = get_empty_filp();
    ......
}
```

```
struct file *get_empty_filp(void)
{
    //files_stat.max_files就是fs.file-max参数
    if (get_nr_files() >= files_stat.max_files
        && !capable(CAP_SYS_ADMIN) //注意这里root账号并不受限制
        ) {
    }
}
```

可见是用get_nr_files()来和fs.file-max比较的。根据该函数的注释可知它是当前系统打开的文件描述符总量。

```
/*
 * Return the total number of open files in the system
 */
static long get_nr_files(void)
{
    ......
```

另外注意!capable(CAP_SYS_ADMIN)这行。看完这句，我才恍然大悟，**原来file-max这个参数只限制非root用户**。本章开篇提到的文件打开过多时无法使用ps、kill等命令，是因为我用非root账号操作的。哎，下次再遇到这种文件直接用root账号进行kill命令就行了。之前竟然丢脸地采用了重启机器大法。

所以现在可以得出另一个结论了。

结论2：fs.file-max表示整个系统可打开的最大文件数，但不限制root用户。

8.2.4　小结

我们总结一下，其实在Linux上能打开多少个文件，有两种限制：

- 第一种，是进程级别的，限制的是单个进程上可打开的文件数。具体参数是soft nofile和fs.nr_open。它们两个的区别是soft nofile可以针对不同用户配置不同的值。而fs.nr_open在一台Linux上只能配置一次。

- 第二种，是系统级别的，整个系统上可打开的最大文件数，具体参数是fs.file-max。但是这个参数不限制root用户。

另外这几个参数之间还有耦合关系，因此还要注意以下三点：

- 如果想加大soft nofile，那么hard nofile也需要一起调整。因为如果hard nofile设置得低，你的soft nofile设置得再高都没用，实际生效的值会按二者里最低的来。

- 如果加大了hard nofile，那么fs.nr_open也都需要跟着一起调整。**如果不小心把 hard nofile设置得比fs.nr_open大，后果比较严重。会导致该用户无法登录。如果**

设置的是*，那么所有的用户都无法登录。

- 还要注意，如果加大了fs.nr_open，但用的是echo "xx" > ../fs/nr_open的方式，刚改完你可能觉得没问题，只要机器一重启你的fs.nr_open设置就会失效，还是无法登录。所以非常不建议用echo的方式修改内核参数。

假如想让进程可以打开100万个文件描述符，我用修改conf文件的方式给出一个建议。如果日后工作中有这样的需求，可以把它作为参考。

```
# vi /etc/sysctl.conf
fs.file-max=1100000 //系统级别设置成110万，多留点buffer。
fs.nr_open=1100000   //进程级别也设置成110万，因为要保证比hard nofile大
# sysctl -p

# vi /etc/security/limits.conf
//用户进程级别都设置成100万
*   soft   nofile   1000000
*   hard   nofile   1000000
```

8.3　一台服务端机器最多可以支撑多少条TCP连接

在网络开发中，我发现有很多人对一个基础问题始终没有彻底搞明白。那就是一台服务端机器最多究竟能支持多少条网络连接？很多人看到这个问题的第一反应是65 535。原因是："听说端口号最多有65 535个，那长连接就最多保持65 535个了。"是这样的吗？还有的人说："应该受TCP连接里四元组的取值空间大小限制！"如果你对这个问题也是理解得不够彻底，那么看看下面这个故事。

8.3.1　一次关于服务端并发的聊天

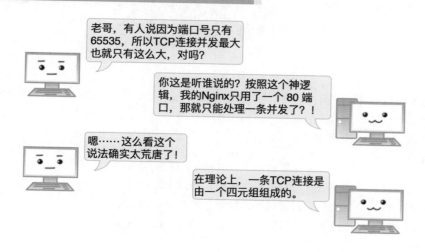

　　TCP连接四元组是源IP地址、源端口、目的IP地址和目的端口。任意一个元素发生了改变，就代表这是一条完全不同的连接了。拿我的Nginx举例，它的端口固定使用80。另外我的IP也是固定的，这样目的IP地址、目的端口都是固定的。剩下源IP地址、源端口是可变的。所以理论上我的Nginx上最多可以建立2^{32}（IP数）$\times 2^{16}$（端口数）条连接。这是两百多万亿的一个大数字！

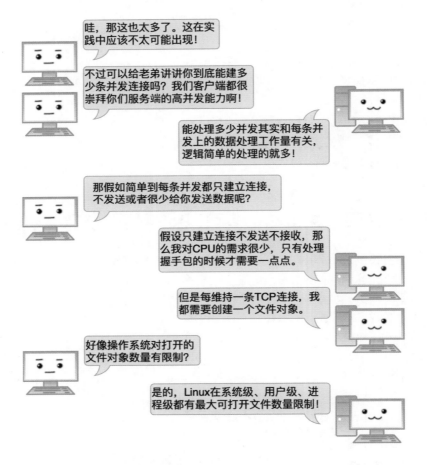

　　进程每打开一个文件（Linux下一切皆文件，包括socket），都会消耗一定的内存资源。如果有不怀好意的人启动一个进程来无限制地创建和打开新的文件，会让服务器崩溃。所以Linux系统出于安全的考虑，在多个位置都限制了可打开的文件描述符的数量，包括系统级、用户级、进程级。这三个限制的含义和修改方式如下：

- 系统级：当前系统可打开的最大数量，通过fs.file-max参数可修改。
- 用户级：指定用户可打开的最大数量，修改/etc/security/limits.conf。
- 进程级：单个进程可打开的最大数量，通过fs.nr_open参数可修改。

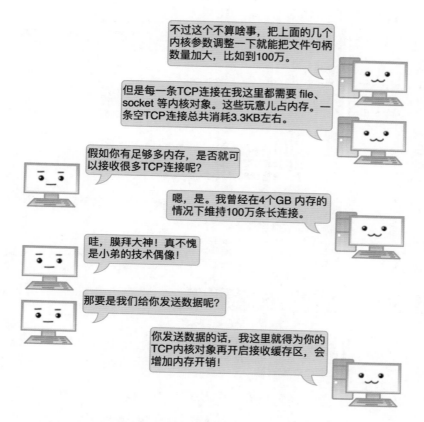

我的接收缓存区大小限制是可以通过一组内核参数配置的，通过sysctl命令就可以查看和修改。

```
$ sysctl -a | grep rmem
net.ipv4.tcp_rmem = 4096      87380      8388608
net.core.rmem_default = 212992
net.core.rmem_max = 8388608
```

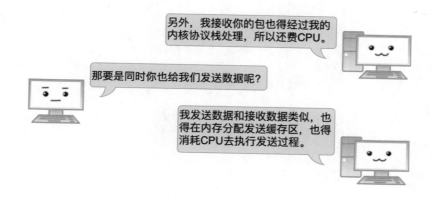

TCP分配发送缓存区的大小受参数net.ipv4.tcp_wmem等另外一组参数控制。

```
$ sysctl -a | grep wmem
net.ipv4.tcp_wmem = 4096      65536      8388608
net.core.wmem_default = 212992
net.core.wmem_max = 8388608
```

如果TCP连接上发送、接收很多，再加上业务计算逻辑也比较复杂，别说100万了，可能1000并发老哥我就得躺下了！

哈哈哈，这次彻底明白了，谢谢老兄！

8.3.2　服务端机器百万连接达成记

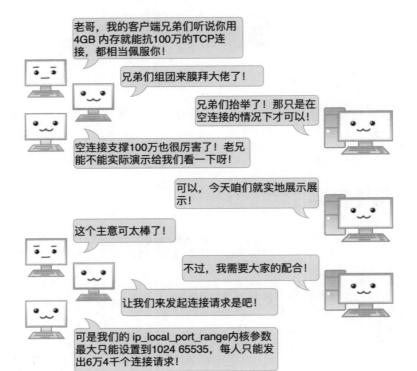

老哥，我的客户端兄弟们听说你用4GB 内存就能抗100万的TCP连接，都相当佩服你！

兄弟们组团来膜拜大佬了！

兄弟们抬举了！那只是在空连接的情况下才可以！

空连接支撑100万也很厉害了！老兄能不能实际演示给我们看一下呀！

可以，今天咱们就实地展示展示！

这个主意可太棒了！

不过，我需要大家的配合！

让我们来发起连接请求是吧！

可是我们的 ip_local_port_range内核参数最大只能设置到1024 65535，每人只能发出6万4千个连接请求！

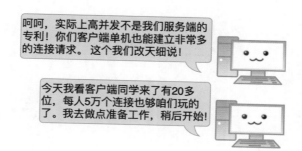

准备什么呢，还记得前面说过Linux对最大文件对象数量有限制，所以要想完成这个实验，要在用户级、系统级、进程级等位置把这个上限加大。我们实验的目标是100万，这里都设置成110万，这个很重要！因为要保证做实验的时候其他基础命令例如ps，vi等是可用的。

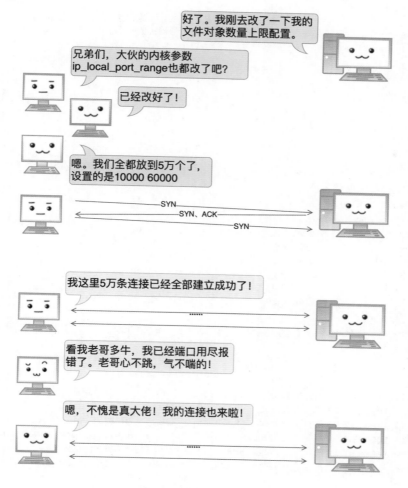

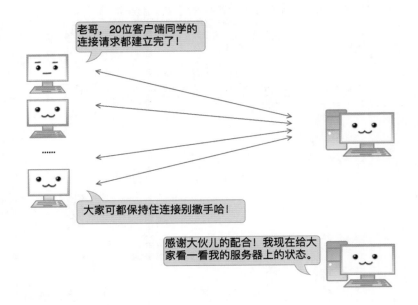

活动连接数量确实达到了100万：

```
$ ss -n | grep ESTAB | wc -l
1000024
```

当前机器内存总共是3.9 GB，其中内核Slab占用了3.2 GB之多。MemFree和Buffers加起来也只剩下100多MB了：

```
$ cat /proc/meminfo
MemTotal:        3922956 kB
MemFree:           96652 kB
MemAvailable:       6448 kB
Buffers:           44396 kB
......
Slab:          3241244KB kB
```

通过slabtop命令可以看到densty、flip、sock_inode_cache、TCP四个内核对象都分别有100万个：

```
# slabtop
  OBJS ACTIVE  USE OBJ SIZE  SLABS OBJ/SLAB CACHE SIZE NAME
1008200 1008176  99%   0.19K  50410       20    201640K dentry
1004360 1004156  99%   0.19K  50218       20    200872K filp
1000215 1000210  99%   0.69K 200043        5    800172K sock_inode_cache
1000040 1000038  99%   1.62K 250010        4   2000080K TCP
  25088   24433  97%   0.03K    224      112       896K size-32
```

本节中这台服务端机器是一台4 GB内存的虚机服务器，内核版本是2.6.32。如果你手头的环境实验结果和这个不一致也不要惊慌，不同内核版本的socket内核对象的确会存在一些差异。

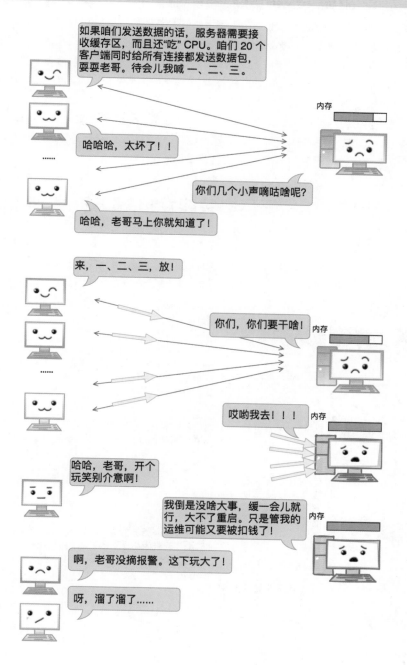

8.3.3　小结

互联网后端的业务特点之一就是高并发。但是一台服务端机器最大究竟能支持多少个TCP连接，这个问题似乎又在困扰着很多技术人员。

TCP连接四元组是由源IP地址、源端口、目的IP地址和目的端口构成的。**当四元组中任意一个元素发生了改变，那么就代表一条完全不同的新连接**。因此从这个四元组理论来计算的话，每个服务器可以接收的连接数量上限就是两百多万亿这样的一个大数。但是每条TCP连接即使是在无数据传输的空闲状态下，也会消耗3 KB多的内存。所以，一台服务器的最大连接数总量受限于服务端机器的内存。

另外就是我们讨论的最大连接数只是在空连接状态下的。实际的业务中，每条连接上有数据的收发也需要消耗内存。而且每条连接上的业务处理逻辑有轻有重，也不太一致。

希望今天过后，你能够将这个问题彻底拿下！

8.4　一台客户端机器最多只能发起65 535条连接吗

上一节以故事的形式讨论了一台服务端机器最多的TCP连接数，本节中我们来聊聊客户端。在TCP连接中客户端角色和服务端不同的是，每发起一条连接都需要消耗一个端口。而端口号在TCP协议中是一个16位的整数，取值范围是0~65 535。那是不是说明一台客户端机只能发起最多65 535条TCP连接呢？让我们进入另外一个故事来寻找答案！

8.4.1　65 535的束缚

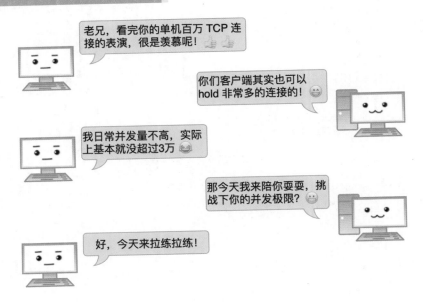

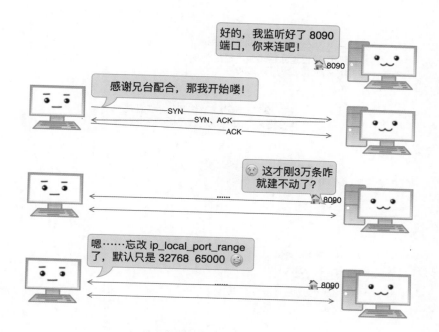

```
echo "5000 65000" > /proc/sys/net/ipv4/ip_local_port_range
```

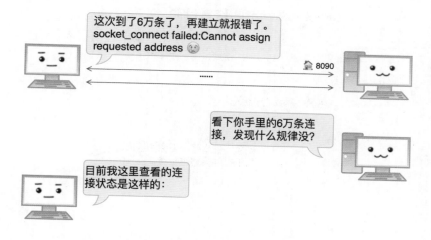

- 连接1：192.168.1.101 5000 192.168.1.100 8090
- 连接2：192.168.1.101 5001 192.168.1.100 8090
- ……
- 连接N：192.168.1.101 ... 192.168.1.100 8090
- ……
- 连接6万：192.168.1.101 65000 192.168.1.100 8090

8.4.2　多IP增加连接数

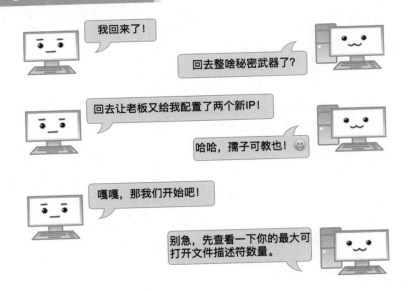

```
# vi /etc/sysctl.conf
fs.file-max=210000    //系统级
fs.nr_open=210000     //进程级

# sysctl -p

# vi /etc/security/limits.conf
*   soft   nofile   200000
*   hard   nofile   200000
```

> ★ 注意
>
> limits.conf中的hard limit不能超过nr_open参数，否则启动的时候会有问题。

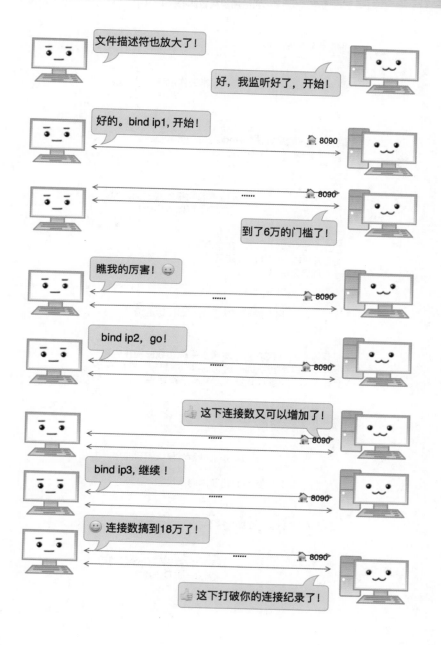

8.4.3　端口复用增加连接数

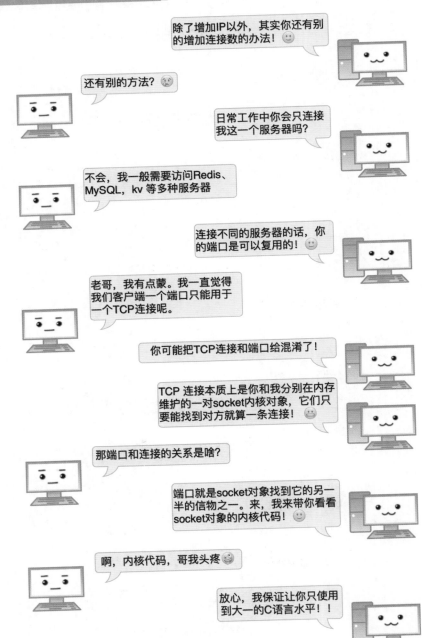

socket中有一个主要的数据结构sock_common，在它里面有两个联合体。

```
// file: include/net/sock.h
struct sock_common {
    union {
        __addrpair      skc_addrpair;  //TCP连接IP对
        struct {
            __be32      skc_daddr;
            __be32      skc_rcv_saddr;
        };
    };
    union {
        __portpair      skc_portpair;  //TCP连接端口对
        struct {
            __be16      skc_dport;
            __u16       skc_num;
        };
    };
    ......
}
```

其中skc_addrpair记录的是TCP连接里的IP对，skc_portpair记录的是端口对。

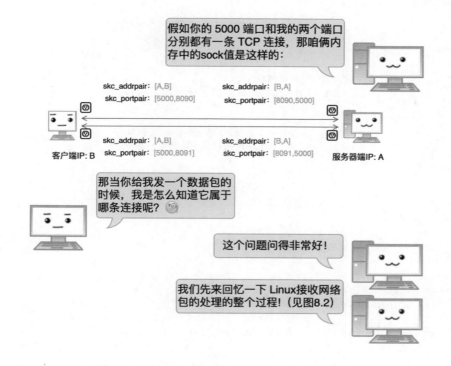

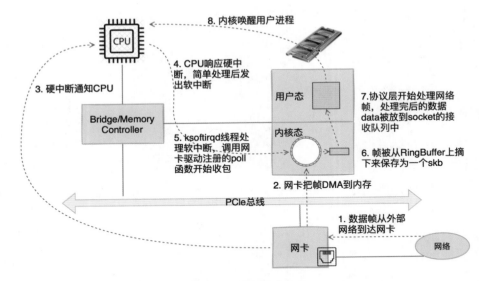

图8.2　网络包接收过程

在网络包到达网卡之后，依次经历DMA、硬中断、软中断等处理，最后被送到socket的接收队列中了。

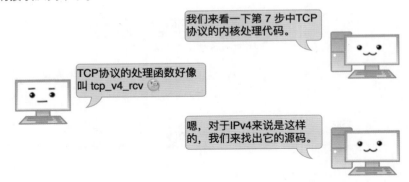

对于TCP协议来说，协议处理的入口函数是tcp_v4_rcv。我们看它的代码。

```c
// file: net/ipv4/tcp_ipv4.c
int tcp_v4_rcv(struct sk_buff *skb)
{
    ......
    th = tcp_hdr(skb); //获取TCP头
    iph = ip_hdr(skb); //获取IP头

    sk = __inet_lookup_skb(&tcp_hashinfo, skb, th->source, th->dest);
    ......
}
```

inet_lookup_skb 返回了 socket，貌似这里找到连接了☺

嗯，是的。你的疑惑就藏在这个函数里。我们继续看☺

```c
// file: include/net/inet_hashtables.h
static inline struct sock *__inet_lookup(struct net *net,
                    struct inet_hashinfo *hashinfo,
                    const __be32 saddr, const __be16 sport,
                    const __be32 daddr, const __be16 dport,
                    const int dif)
{
    u16 hnum = ntohs(dport);
    struct sock *sk = __inet_lookup_established(net, hashinfo,
                saddr, sport, daddr, hnum, dif);

    return sk ? : __inet_lookup_listener(net, hashinfo, saddr, sport,
                        daddr, hnum, dif);
}
```

先判断有没有连接状态的socket，这会走到__inet_lookup_established函数中。

```c
struct sock *__inet_lookup_established(struct net *net,
                    struct inet_hashinfo *hashinfo,
                    const __be32 saddr, const __be16 sport,
                    const __be32 daddr, const u16 hnum,
                    const int dif)
{
    //将源端口、目的端口拼成一个32位int整数
    const __portpair ports = INET_COMBINED_PORTS(sport, hnum);
    ......

    //内核用哈希的方法加速socket的查找
    unsigned int hash = inet_ehashfn(net, daddr, hnum, saddr, sport);
    unsigned int slot = hash & hashinfo->ehash_mask;
    struct inet_ehash_bucket *head = &hashinfo->ehash[slot];

begin:
    //遍历链表，逐个对比直到找到
    sk_nulls_for_each_rcu(sk, node, &head->chain) {
        if (sk->sk_hash != hash)
            continue;
        if (likely(INET_MATCH(sk, net, acookie,
                    saddr, daddr, ports, dif))) {
```

```
        if (unlikely(!atomic_inc_not_zero(&sk->sk_refcnt)))
            goto begintw;
        if (unlikely(!INET_MATCH(sk, net, acookie,
                    saddr, daddr, ports, dif))) {
            sock_put(sk);
            goto begin;
        }
        goto out;
    }
  }
}
```

原来内核用哈希+ 链表的方式来
管理所维护的socket。

嗯，是的。计算完哈希值以后
找到对应链表进行遍历。

我们再来看一下socket关键的
对比函数(宏) INET_MATCH

```
// include/net/inet_hashtables.h
#define INET_MATCH(__sk, __net, __cookie, __saddr, __daddr, __ports, __dif) \
    ((inet_sk(__sk)->inet_portpair == (__ports))    &&      \
     (inet_sk(__sk)->inet_daddr    == (__saddr))    &&      \
     (inet_sk(__sk)->inet_rcv_saddr   == (__daddr))   &&      \
     (!(__sk)->sk_bound_dev_if    ||          \
      ((__sk)->sk_bound_dev_if == (__dif)))    &&      \
     net_eq(sock_net(__sk), (__net)))
```

在INET_MATCH中将网络包tcp header中的__saddr、__daddr、__ports和Linux中socket的inet_portpair、inet_daddr、inet_rcv_saddr进行对比。如果匹配socket就找到了。当然，除了IP和端口，INET_MATCH还比较了其他一些项目，所以TCP还有五元组、七元组之类的说法。

明白啦。我可以把同一个端口
用于两条连接。只要服务端那边的
IP或者端口不一样，我就能正确找
到socket，而不会串线！

没错！

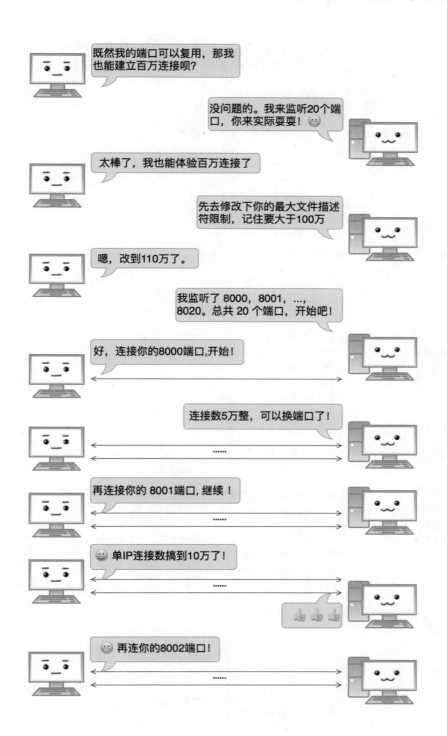

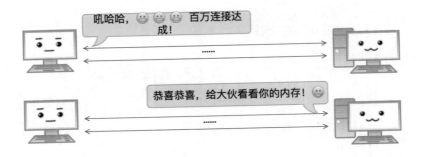

```
# cat /etc/redhat-release
CentOS Linux release 7.6.1810 (Core)
# uname -a
Linux hbhly_SG11_130_50 3.10.0-957.el7.x86_6 ......

# ss -ant | grep ESTAB |wc -l
1000013

# cat /proc/meminfo
MemTotal:        8009284 kB
MemFree:         3279816 kB
MemAvailable:    4318676 kB
Buffers:            7172 kB
Cached:           538996 kB
......
Slab:            3526808 kB
```

再看slabtop输出的内核对象明细。

```
# slabtop
  OBJS ACTIVE   USE OBJ SIZE  SLABS OBJ/SLAB CACHE SIZE NAME
1357062 1357062 100%    0.19K  64622       21   258488K dentry
1112064 1110997  99%    0.06K  17376       64    69504K kmalloc-64
1003456 1003202  99%    0.25K  62716       16   250864K kmalloc-256
1000152 1000152 100%    0.62K  83346       12   666768K sock_inode_cache
1000032 1000032 100%    1.94K  62502       16  2000064K TCP
 343836  343836 100%    0.64K  28653       12   229224K proc_inode_cache
```

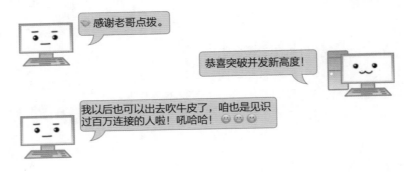

8.4.4　小结

客户端每建立一个连接就要消耗一个端口，所以很多人当看到客户端机器上连接数一旦超过3万、5万就紧张得不行，总觉得机器要出问题了。

通过源码来看，**TCP连接就是在客户端、服务端上的一对的socket。它们都在各自内核对象上记录了双方的IP对、端口对（也就是我们常说的四元组），通过这个在通信时找到对方。**

TCP连接发送方在发送网络包的时候，会把这份信息复制到IP头上。网络包带着这份信物穿过互联网，到达目的服务器。目的服务端内核会按照IP头中携带的信物（四元组）去匹配正确的socket（连接）。

在这个过程里可以看到，客户端的端口只是这个四元组里的一元而已。哪怕两条连接用的是同一个端口号，只要客户端IP不一样，或者是服务端不一样，都不影响内核正确寻找到对应的连接，也不会串线！

所以在客户端增加TCP最大并发能力有两个方法。第一个办法，为客户端配置多个IP。第二个办法，连接多个不同的服务端。

> ★ 注意
>
> 不过这两个办法最好不要混用。因为使用多IP时，客户端需要绑定。一旦绑定之后，内核建立连接的时候就不会选择用过的端口了。bind函数会改变内核选择端口的策略。

实验最终证明了客户端也可以突破百万的并发量级。相信读过这部分内容后的你，以后再也不用惧怕65 535这个数字了。

8.5　单机百万并发连接的动手实验

俗话说得好，百看不如一练，如果你能亲手用两台机器测试出百万条连接，相信会理解得更深入。只有动手实践过，很多东西才能真正掌握。根据金字塔学习理论，实践要比单纯的阅读效率高好几倍。和前文相对，测试百万连接我用到的方案有两种，在本节中我来分享详细的实验过程。

- 第一种是服务端机器只开启一个进程，然后使用很多个客户端IP来连接。
- 第二种是服务端机器开启多个进程，这样客户端就可以只使用一个IP。

为了让大部分读者都能用最低的时间成本达成百万连接结果，飞哥提供了C、Java、PHP三种版本的源码。两个方案对应的代码通过关注飞哥的公众号"开发内功修炼"，在后台回复"配套源码"后获取。

整个实验做起来还是有点复杂的，本节会从头到尾讲述每一个试验步骤，让大家动手起来更轻松。本节描述的步骤适用于任意一种语言。建议大家有空都动手试试。另外，由于实验步骤比较多，任意一个环节都有可能会出现问题，遇到问题不要慌，解决它就是了。飞哥当年自己在做这个实验的时候花了两个星期左右的时间，虽然我把实验源码和步骤都提炼好了，但你最好也不要指望自己能一把就通过。

8.5.1　方案一，多IP客户端发起百万连接

本节的实验需要准备两台机器。一台作为客户端，另一台作为服务端。如果你选用的是C或者PHP源码，这两台机器的内存只要大于4GB就可以。如果使用的是Java源码，内存要大于6GB。对CPU配置无要求，哪怕只有1核都够用。

本方案中采用的方法是在一台客户端机器上配置多个IP的方式来发起所有的TCP连接请求。所以需要你为客户端准备20个IP，而且要确保这些IP在内网环境中没有被其他机器使用。如果实在选不出这些IP，那么可以直接跳到8.5.2节中的方案二。

> ★ 注意
>
> 除了用20个IP以外，也可以使用20台客户端。每个客户端发起5万个连接同时来连接这一个服务端机器。但是这种方法实际操作起来太困难了。

在两台机器上分别下载指定源码，然后进入chapter-08/8.5/test-01目录，再选择一种自己擅长的语言。我用Makefile封装了编译和运行的命令，所以不管你选用何种语言，下面的实验步骤的描述都是适用的。

客户端机器准备

调整客户端可用端口范围

默认情况下，Linux只开启了3万多个可用端口。但本节的实验里，客户端一个进程要达到5万的并发。所以，端口范围的内核参数需要修改。

```
# vi /etc/sysctl.conf
net.ipv4.ip_local_port_range = 5000 65000
```

执行sysctl -p使其生效。

调整客户端机器最大可打开文件数

我们要测试百万并发，所以客户端的系统级参数fs.file-max需要加大到100万。另外，Linux上还会存在一些其他的进程要使用文件，所以要多打一些余量出来，直接设置到110万。

对于进程级参数fs.nr_open来说，因为要开启20个进程来测，所以将它设置到6万就够了。这些都在/etc/sysctl.conf中修改。

```
# vi /etc/sysctl.conf
fs.file-max=1100000
fs.nr_open=60000
```

执行sysctl -p使得设置生效，并使用sysctl –a命令查看是否真正工作。

```
# sysctl -p
# sysctl -a
fs.file-max = 1100000
fs.nr_open = 60000
```

接着再加大用户进程的最大可打开文件数量限制（nofile）。这两个是用户进程级的，可以按不同的用户来区分配置。这里为了简单，就直接配置成所有用户*了。每个进程最大开到5万个文件数就够了。同样预留一点儿余地，所以设置成55000。这些在/etc/security/limits.conf文件中修改。

> ★ 注意
> hard nofile一定要比fs.nr_open小，否则可能导致用户无法登录。

```
# vi /etc/security/limits.conf
*   soft   nofile   55000
*   hard   nofile   55000
```

配置完后，开个新控制台即可生效。使用ulimit命令检验是否生效。

```
# ulimit -n
55000
```

为客户端机器配置额外20个IP

假设可用的IP分别是CIP1，CIP2，…，CIP20，你也知道自己的子网掩码。

> ★ 注意
> 这20个IP必须不能和局域网的其他机器冲突，否则会影响这些机器的正常网络包的收发。

在客户端机器上下载的源码目录chapter-08/8.5/test-01下的特定语言目录中，找到tool.sh。修改该shell文件，把IPS和NETMASK都改成你真正要用的。

修改完后为了确保局域网内没有这些IP，最好先执行代码中提供的一个小工具来验证。

```
# make ping
```

当所有IP的ping结果均为false时，进行下一步真正配置IP并启动网卡。

```
# make ifup
```

使用ifconfig命令查看IP是否配置成功。

```
# ifconfig
```

```
eth0
eth0:0
eth0:1
...
eth:19
```

清理各种缓存

操作系统在运行的过程中，会生成很多的内核对象缓存。因为本节的实验做成后要观察内核对象开销，所以最好把这些缓存都清理了。使用如下命令清理pagecache、dentries和inodes这些缓存。

```
# echo "3" > /proc/sys/vm/drop_caches
```

服务端机器准备

服务端机器最大可打开文件句柄调整

服务端机器系统级参数fs.file-max也直接设置成110万。另外，由于这个方案中服务端机器是用单进程来接收客户端的所有连接的，所以进程级参数fs.nr_open，也一起改成110万。

```
# vi /etc/sysctl.conf
fs.file-max=1100000
fs.nr_open=1100000
# sysctl -p
```

执行sysctl -p使设置生效。并使用sysctl –a命令验证是否真正生效。

接着再加大用户进程的最大可打开文件数量限制（nofile），也需要设置到100万以上。

```
# vi /etc/security/limits.conf
*   soft   nofile   1010000
*   hard   nofile   1010000
```

配置完后，开个新控制台即可生效。使用ulimit命令校验是否成功生效。

服务端机器全连接队列调整

在很多机器上，全连接队列的默认长度控制参数net.core.somaxconn只有128。这会导致在实验过程中发生握手丢包，然后客户端收不到ACK就会超时重传。当超时重传发生的时候，由于定时器都是秒级别的，所以会导致握手特别慢。虽然在代码中我设置了服务器调用listen时传入的backlog为1024，但是如果net.core.somaxconn太小，代码中的设置就不会生效。所以我们也要修改服务端机器上的net.core.somaxconn。

```
# vi /etc/sysctl.conf
net.core.somaxconn = 1024
# sysctl -p
```

清理各种缓存

同样为了后续观察服务端机器内核对象开销，清理pagecache、dentries和inodes这些缓存。

```
# echo "3" > /proc/sys/vm/drop_caches
```

开始实验

IP配置完成后，可以开始实验了。

在服务端的tool.sh中可以设置服务端监听的端口，默认是8090。启动服务端。

```
# make run-srv
```

使用netstat命令确保服务端监听成功。

```
# netstat -nlt | grep 8090
tcp 0   0.0.0.0:8090  0.0.0.0:*   LISTEN
```

在客户端的tool.sh中设置好服务端的IP和端口，然后开始连接。

```
# make run-cli
```

同时，另启一个控制台。使用watch命令来实时观测ESTABLISH状态连接的数量。

实验过程不会一帆风顺，可能会有各种意外情况发生。 做这个实验我前前后后花了两个星期左右的时间，所以你也不要第一次不成功就气馁。遇到问题根据错误提示看看是哪里不对，然后调整，重新做就是了。重做的时候需要重启客户端和服务端。

例如有的人可能会碰到实验的时候连接非常慢的问题，这个问题发生的原因是因为你的两台机器离得太近了。连接太快导致全连接队列溢出丢包。一旦握手发生丢包，就需要依赖重传定时器。而重传定时器的过期时间都是几秒，所以会很慢。如果忘了改net.core.somaxconn，那全连接队列默认可能只有128，极容易满。如果改了还有问题，那就再加得大一些，或者在客户端的连接代码中多调用几次sleep就行了。

如果需要重新做实验，服务端是单进程的，直接按CTRL + C组合键退出即可。但客户端是多进程的，"杀"起来稍稍有点麻烦。我提供了一个工具命令，可以"杀掉"所有的客户端进程。

```
# make stop-cli
```

对于服务端来说由于是单进程的，所以直接按Ctrl+C组合键就可以终止服务端进程。如果重启发现端口被占用，那是因为操作系统还没有回收，等一会儿再启动服务端。

当你发现连接数量超过100万的时候，你的实验就成功了。

```
# watch "ss -ant | grep ESTABLISH"
1000013
```

这个时候别忘了使用cat proc/meminfo和slabtop命令查看你的服务端、客户端的内存开销。

结束实验

实验结束的时候，直接按Ctrl+C组合键取消运行服务端进程。客户端由于是多进程的，可能需要手工关闭。

```
# make stop-cli
```

最后记得取消为实验临时配置的新IP。

```
# make ifdown
```

8.5.2　方案二，单IP客户端机器发起百万连接

如果不纠结于非得让一个服务进程达成百万连接，只要Linux服务器上总共能达到百万连接就行，那么就还有另外一种方法。

那就是在服务端的Linux上开启多个服务端程序，每个服务端都监听不同的端口。然后在客户端也启动多个进程来连接。每一个客户端进程都连接不同的服务端端口。客户端上发起连接时只要不调用bind，那么一个特定的端口是可以在不同的服务端之间复用的。

同样，实验源码也有C、Java、PHP三种语言的版本。准备好两台机器。一台运行客户端，另一台运行服务端。分别下载配套源码，并进入chapter-08/8.5/test-02，然后再选择一个擅长的语言进行测试。

客户端机器准备

调整可用端口范围

同方案一，客户端机器端口范围的内核参数也是需要修改的。

```
# vi /etc/sysctl.conf
net.ipv4.ip_local_port_range = 5000 65000
```

执行sysctl -p使其生效。

客户端加大最大可打开文件数

同方案一，客户端机器准备的fs.file-max也需要加大到110万。进程级的参数fs.nr_open设置到6万。

```
# vi /etc/sysctl.conf
fs.file-max=1100000
fs.nr_open=60000
```

执行sysctl -p使得设置生效，并使用sysctl –a命令查看是否真正生效。

客户端的nofile设置成55000

```
# vi /etc/security/limits.conf
*  soft  nofile  55000
*  hard  nofile  55000
```

配置完后，开个新控制台即可生效。

清理各种缓存

同样为了后续观察客户端内核对象消耗，清理pagecache、dentries和inodes这些缓存。

```
# echo "3" > /proc/sys/vm/drop_caches
```

服务端机器准备

服务端机器最大可打开文件句柄调整

同方案一，调整服务端机器最大可打开文件数。不过方案二的服务端分了20个进程，所以fs.nr_open改成6万就足够了。

```
# vi /etc/sysctl.conf
fs.file-max=1100000
fs.nr_open=60000
net.core.somaxconn = 1024
```

执行sysctl -p使得设置生效，并使用sysctl –a命令验证是否真正生效，和8.5.1节一样，也修改了net.core.somaxconn。

接着再加大用户进程的最大可打开文件数量限制（nofile），这个也是55000。

```
# vi /etc/security/limits.conf
*  soft  nofile  55000
*  hard  nofile  55000
```

> ★注意　**再次提醒**：hard nofile一定要比fs.nr_open小，否则可能导致用户无法登录。

配置完后，开个新控制台即可生效。

清理各种缓存

同样为了后续观察客户端内核对象开销，清理pagecache、dentries和inodes这些缓存。

```
# echo "3" > /proc/sys/vm/drop_caches
```

开始实验

启动服务端程序

```
# make run-srv
```

使用netstat命令确保服务端监听成功。

```
# netstat -nlt | grep 8090
tcp  0  0  0.0.0.0:8100  0.0.0.0:*  LISTEN
tcp  0  0  0.0.0.0:8101  0.0.0.0:*  LISTEN
......
tcp  0  0  0.0.0.0:8119  0.0.0.0:*  LISTEN
```

回到客户端机器，修改tool.sh中的服务端IP。端口会自动从tool.sh中加载。然后开始连接。

```
# make run-cli
```

同时，另启一个控制台。使用watch命令来实时观测ESTABLISH状态连接的数量。

期间如果做失败了，需要重新开始的话，需要先"杀掉"所有的进程。在客户端执行make stop-cli，在服务端执行make stop-srv。重新执行上述步骤。

当你发现连接数超过100万的时候，实验就成功了。

```
# watch "ss -ant | grep ESTABLISH"
1000013
```

同样记住使用cat /proc/meminfo和slabtop查看你的两台机器的内存开销。

实验结束的时候，记得在客户端机器用make stop-cli结束所有客户端进程，在服务端机器用make stop-srv结束所有服务器进程。

8.5.3 最后多谈一点

经过本章的学习，相信大家已经不会再觉得百万并发有多么的高深了。一条不活跃的TCP连接开销只是3KB多点而已。现代的一台服务器都有上百GB的内存，如果只是说并发，单机千万（C10000K）都可以。

但并发只是描述程序的指标之一，并不是全部。在互联网应用场景里，除了一些基于长连接的push场景，其他的大部分业务里讨论并发都要和业务结合起来。抛开业务逻辑单纯地说并发多高其实并没有太大的意义。

因为在这些场景中，**服务器开销的大头往往不是连接本身，而是在每条连接上的数据收发，以及请求业务逻辑处理。**

这就好比你作为一个开发人员，在公司内和十个产品经理建立了业务联系。这并不代表你的并发能力真的能达到十，很有可能是一位产品经理的需求就能把你的时间打满（用光）。

另外就是不同的业务之间，单纯比较并发也不一定有意义。

假设同样的服务器配置，单机A业务能支撑1万并发，B业务只能支撑1千并发。这也并不一定就说明A业务的性能比B业务好。因为B业务的请求处理逻辑可能相当复杂，比如要进行复杂的压缩、加解密。而A业务的处理很简单，内存读取个变量就返回了。

本节配套代码仅作为测试使用，所以写得比较简单，是直接阻塞式地调用accept，将接收过来的新连接也雪藏了起来，并没有读写发生。

如果在你的项目实践中真的确实需要百万条TCP连接，那么一般来说还需要高效的IO事件管理。在C语言中，就是直接用epoll系列的函数来管理。对于Java语言来说，就是NIO。（在Golang中不用操心，net包中把IO事件管理都已经封装好了。）

8.6 本章总结

在本章中，我们先是系统地介绍了Linux内核在最大可打开文件数上的限制。理解了这个原理再改fs.nr_open、nofile和fs.file-max这些参数的时候就能更得心应手，也不容易把服务器搞出问题了。接着我们分别讨论了服务端机器和客户端机器单机最大能达到多少条连接。而且还提供了C、Java、PHP三种语言的测试源码，你可以选择一种语言然后照着实验步骤来达成百万连接测试。

好了，回到本章开篇的问题。

1）"Too many open files"报错是怎么回事，该如何解决？

因为每打开一个文件（包括socket），都需要消耗一定的内存资源。为了避免个别进程不受控制地打开了过多的文件而让整个服务器崩溃，Linux对打开的文件描述符数量有限制。如果你的进程触发了内核的限制，"Too many open files"报错就产生了。

内核中限制可打开文件描述符的参数分两类。第一类是进程级别的，包括fs.nr_open和soft nofile。第二类是整个系统级别的，参数名是fs.file-max。这些参数的耦合关系有点复杂，为了避免你踩坑，飞哥给出一个修改建议如下。假如你的进程需要打开100万个文件描述符，那么建议这样配置：

```
# vi /etc/sysctl.conf
 fs.file-max=1100000 //系统级别设置成110万，多留点buffer。
 fs.nr_open=1100000  //进程级别也设置成110万，因为要保证比hard nofile大
# sysctl -p

# vi /etc/security/limits.conf
```

```
//用户进程级别都设置成100万
*   soft  nofile  1000000
*   hard  nofile  1000000
```

2）一台服务端机器最大究竟能支持多少条连接？

在不考虑连接上的数据收发和处理，仅考虑ESTABLISH状态的空连接的情况下，一台服务器上最大可以支持的TCP连接数基本上可以说是由内存的大小来决定的。

四元组唯一确定一条连接，但服务端可以接收来自任意客户端的连接请求，所以根据这个理论计算出来的数字太大，几乎没有什么意义。另外文件描述符限制其实也是内核为了防止某些应用程序不受限制地打开文件句柄而添加的限制。这个限制只要修改几个内核参数就可以加大。

一个socket大约消耗3.3KB左右的内存，这样真正制约服务端机器最大并发数的就是内存。拿一台4GB内存的服务端机器来举例，可以支持的TCP连接大约是100多万。

3）一台客户端机器最大能发起多少条连接？

的确客户端每次建立一条连接都需要消耗一个端口。从数字上来看，似乎最多只能发起65 536条连接（除去保留端口号，最大可用是64 K左右）。但是其实我们有两种办法可以破除这个64K的限制。

方法一，为客户端配置多IP。这样每个IP就都有64K个可用端口了。只需要向外发起连接请求之前，分别绑定不同的端口即可。假设你配置了20个IP，则最多能发起20×64K，128万条左右连接。

方法二，分别连接不同的服务端。即使你只有一个IP，也可以通过连接不同的服务端来突破65 535的限制。只要服务端的IP或者端口任意一个不同就算是不同的服务端。其原理是客户端在connect请求发起的时候，如果连接的是不同的服务端，那么端口是可以复用的。

综上所述，一台客户端发起百万条以上的连接没有任何的问题。

4）做一个长连接推送产品，支持1亿用户需要多少台机器？

对于长连接的推送模块这种服务来说，给客户端发送数据只是偶尔的，一般一天也就顶多发送一次两次。绝大部分情况下TCP连接都会空闲，CPU开销可以忽略。

我们再来考虑内存，假设你的服务器内存是128GB的。那么一台服务器可以考虑支持500万条的并发。这样会消耗大约不到20GB的内存用来保存这500万条连接对应的socket。还剩下100GB以上的内存，用来应对接收、发送缓存区等其他的开销足够了。所以，1亿用户，仅仅需要20台机器就差不多够用了！

第9章

网络性能优化建议

写到这里，本书已经快接近尾声了。在本书前几章的内容里，深入地讨论了很多内核网络模块相关的问题。正如庖丁一样，从今往后我们看到的也不再是整个的Linux（整头牛）了，而是内核的内部各个模块（筋骨肌理）。我们也理解了内核各个模块是如何有机协作来帮我们完成任务的。

那么具备了这些深刻的理解之后，在性能方面有哪些优化手段可用呢？我在本章中将给出一些开发或者运维中的性能优化建议。注意，我用的字眼是建议，而不是原则之类的。每一种性能优化方法都有它适用或者不适用的场景。你应当根据项目现状灵活选择用或者不用。

9.1　网络请求优化

建议1：尽量减少不必要的网络IO

我要给出的第一个建议就是不必要用网络IO的尽量不用。

是的，网络在现代的互联网世界承载了很重要的角色。用户通过网络请求线上服务，服务器通过网络读取数据库中数据，通过网络构建能力无比强大的分布式系统。网络很好，能降低模块的开发难度，也能用它搭建出更强大的系统。但是这不是你滥用它的理由！

我曾经见过有的人在自己开发的接口里要请求几个第三方的服务。这些服务提供了一个C或者Java语言的SDK，说是SDK其实就是简单的一次UDP或者TCP请求的封装而已。他呢，不熟悉C和Java语言的代码，为了省事就直接在本机上把这些SDK部署上来，然后自己再通过本机网络IO调用这些SDK。我接手这个项目以后，分析了这几个SDK的实现，其实调用和协议解析都很简单。我在自己的服务端进程里实现了一遍，干掉了这些本机网络IO。效果是该项目CPU整体核数削减了20%以上。另外，除了性能，项目的部署难度、可维护性也都得到了极大的提升。

原因在第5章讲过，即使是本机网络IO开销仍然是很大的。先说发送一个网络包，首先要从用户态切换到内核态，花费一次系统调用的开销。进入到内核以后，又得经过冗长的协议栈，这会花费不少的CPU周期，最后进入回环设备的"驱动程序"。接收端呢，软中断花费不少的CPU周期又得经过接收协议栈的处理，最后唤醒或者通知用户进程来处理。当服务端处理完以后，还得把结果再发过来。又得来这么一遍，最后你的进程才能收到结果。你说麻烦不麻烦。另外还有个问题就是，多个进程协作来完成一项工作就必然引入更多的进程上下文切换开销，这些开销从开发视角来看，做的其实都是无用功。

上面分析的还只是本机网络IO，如果是跨机的还会有双方网卡的DMA拷贝过程，以及两端之间的网络RTT耗时延迟。所以，网络虽好，但也不能随意滥用！

建议2：尽量合并网络请求

在可能的情况下，尽可能地把多次的网络请求合并到一次，这样既节约了双端的CPU开销，也能降低多次RTT导致的耗时。

举个实践中的例子可能更好理解。假如有一个Redis服务端，里面存了每一个App的信息（应用名、包名、版本、截图等）。你现在需要根据用户安装应用列表来查询数据库中有哪些应用比用户的版本更新，如果有则提醒用户更新。

那么最好不要写出如下的代码：

```php
<?php
for(安装列表 as 包名){
        redis->get(包名)
        ......
}
```

上面这段代码在功能实现上没问题，问题在于性能。据统计，现代用户平均安装App的数量在60个左右。那这段代码在运行的时候，每当用户请求一次，你的服务端就需要和Redis进行60次网络请求。总耗时最少是60个RTT起。更好的方法应该是使用Redis中提供的批量获取命令，如hmget、pipeline等，经过一次网络IO就获取到所有想要的数据，如图9.1所示。

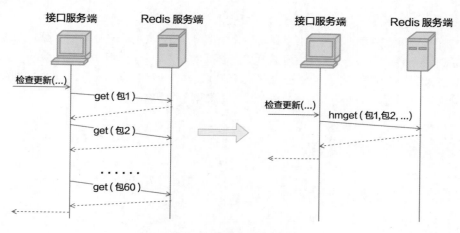

图9.1　网络请求合并

建议3：调用者与被调用机器尽可能部署得近一些

在前面的章节中介绍过，在握手一切正常的情况下，TCP握手的时间基本取决于两台机器之间的RTT耗时。虽然我们没办法彻底去掉这个耗时，但是却有办法把RTT降低，那就是把客户端和服务端放得足够近一些。尽量把每个机房内部的数据请求都在本地机房解决，减少跨地网络传输。

举个例子，假如你的服务是部署在北京机房的，调用的MySQL、Redis最好都位于北京机房内部。尽量不要跨过千里万里跑到广东机房去请求数据，即使有专线，耗时也会大大增加！在机房内部的服务器之间的RTT延迟大概只有零点几毫秒，同地区的不同机房之间大约是1毫秒多一些。但如果从北京跨到广东，延迟将是30~40毫秒左右，几十倍的上涨！

建议4：内网调用不要用外网域名

假如你所负责的服务需要调用兄弟部门的一个搜索接口，假设接口是："http://www.sogou.com/wq?key＝开发内功修炼"。

既然是兄弟部门，那很可能这个接口和你的服务是部署在一个机房的。即使没有部署在一个机房，一般也是有专线可达的。**所以不要直接请求www.sogou.com，而是应该使用该服务在公司中对应的内网域名**。在我们公司内部，每一个外网服务都会配置一个对应的内网域名，我相信大部分公司也有。

为什么要这么做呢，原因有以下几点。

1）**外网接口慢**。本来内网可能过个交换机就能达到兄弟部门的机器，非得上外网兜一圈再回来，肯定会慢。

2）**带宽成本高**。在互联网服务里，除了机器以外，另外一块很大的成本就是IDC机房的出入口带宽成本。两台机器在内网不管如何通信都不涉及带宽的计费。但是一旦去外网兜了一圈回来，行了，一进一出全部要缴带宽费，你说亏不亏！！！

3）**NAT单点瓶颈**。一般的服务器都没有外网IP，所以要想请求外网的资源，必须要经过NAT服务器。但是一家公司的机房里几千台服务器中，承担NAT角色的可能就那么几台。它很容易成为瓶颈。我所接触的业务就遇到过几次NAT故障导致外网请求失败的情形。NAT机器挂了，你的服务可能也就挂了，故障率大大增加。

9.2　接收过程优化

建议1：调整网卡RingBuffer大小

当网线中的数据帧到达网卡后，第一站就是RingBuffer。网卡在RingBuffer中寻找可用的内存位置，找到后DMA引擎会把数据DMA到RingBuffer内存里。因此第一个要监控和调优的就是网卡的RingBuffer，下面使用ethtool工具来查看RingBuffer的大小。

```
# ethtool -g eth0
Ring parameters for eth0:
Pre-set maximums:
RX:     4096
RX Mini:    0
RX Jumbo:   0
TX:     4096
```

```
Current hardware settings:
RX:       512
RX Mini:    0
RX Jumbo:   0
TX:       512
```

这里看到我手头的网卡RingBuffer最大允许设置到4096，目前的实际设置是512。

> ★注意
>
> 这里有一个小细节，ethtool查看到的实际是Rx bd的大小。Rx bd位于网卡中，相当于一个指针。RingBuffer在内存中，Rx bd指向RingBuffer。Rx bd和RingBuffer中的元素是一一对应的关系。在网卡启动的时候，内核会为网卡的Rx bd在内存中分配RingBuffer，并设置好对应关系。

在Linux的整个网络栈中，RingBuffer扮演一个任务的收发中转站的角色。对于接收过程来讲，网卡负责往RingBuffer写入收到的数据帧，ksoftirqd内核线程负责从中取走处理。只要ksoftirqd内核线程工作得足够快，RingBuffer这个中转站就不会出现问题。但是我们设想一下，假如某一时刻，瞬间来了特别多的包，而ksoftirqd处理不过来了，会发生什么？这时RingBuffer可能瞬间就被填满，后面再来的包，被网卡直接丢弃，不做任何处理！

图9.2　RingBuffer溢出

那怎么样能看一下，我们的服务器上是否有因为这个原因导致的丢包呢？前面介绍的四个工具都可以查看这个丢包统计，拿ethtool工具来举例：

```
# ethtool -S eth0
......
rx_fifo_errors: 0
tx_fifo_errors: 0
```

rx_fifo_errors如果不为0（在ifconfig中体现为overruns指标增长），就表示有包因为RingBuffer装不下而被丢弃了。那么怎么解决这个问题呢？很自然首先我们想到的是，加大RingBuffer这个"中转站"的大小，如图9.3所示。通过ethtool命令就可以修改。

```
# ethtool -G eth1 rx 4096 tx 4096
```

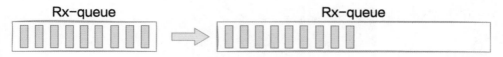

图9.3　RingBuffer扩容

这样网卡会被分配更大一点儿的"中转站"，可以解决偶发的瞬时丢包。不过这种方法有个小副作用，那就是排队的包过多会增加处理网络包的延时。所以应该让内核处理网络包的速度更快一些，而不是让网络包傻傻地在RingBuffer中排队。后面会再介绍到RSS，它可以让更多的核来参与网络包接收。

建议2：多队列网卡RSS调优

硬中断的情况可以通过内核提供的伪文件/proc/interrupts进行查看。拿飞哥手头的一台虚拟机来举例：

```
# cat  /proc/interrupts
            CPU0        CPU1        CPU2        CPU3
     0:      34          0           0           0  IO-APIC-edge   timer
   ......
    27:     351          0           0  1109986815  PCI-MSI-edge   virtio1-input.0
    28:    2571          0           0           0  PCI-MSI-edge   virtio1-output.0
    29:       0          0           0           0  PCI-MSI-edge   virtio2-config
    30: 4233459 1986139461      244872      474097  PCI-MSI-edge   virtio2-input.0
    31:       3          0           2           0  PCI-MSI-edge   virtio2-output.0
```

上述结果是我手头的一台虚拟机的输出结果。其中包含了非常丰富的信息。网卡的输入队列virtio1-input.0的中断号是27，总的中断次数是1109986815，并且27号中断都是由CPU3来处理的。

那么为什么这个输入队列的中断都在CPU3上呢？这是因为内核的一个中断亲和性配置，在我的机器的伪文件系统中可以查看到。

```
# cat /proc/irq/27/smp_affinity
8
```

smp_affinity里是CPU的亲和性的绑定，8是二进制的1000，第4位为1。代表的就是当前的第27号中断都由第4个CPU核心——CPU3来处理的。

现在的主流网卡基本上都是支持多队列的。下面通过ethtool工具可以查看网卡的队列情况。

```
# ethtool -l eth0
Channel parameters for eth0:
Pre-set maximums:
RX:             0
TX:             0
Other:          1
Combined:       63
Current hardware settings:
RX:             0
TX:             0
Other:          1
Combined:       8
```

上述结果表示当前网卡支持的最大队列数是63，当前开启的队列数是8。这样当有数据到达的时候，可以将接收进来的包分散到多个队列里。另外，**每一个队列都有自己的中断号**。比如我手头另外一台多队列的机器上可以看到这样的结果（为了方便展示，删除了部分不相关内容）：

```
# cat /proc/interrupts
          CPU1         CPU3        CPU5        CPU7
          ...
  27:     470130696    0           0           0           PCI-MSI-edge    virtio1-input.0
  29:     0            2065657303  0           0           PCI-MSI-edge    virtio1-input.1
  31:     0            0           2510110352  0           PCI-MSI-edge    virtio1-input.2
  33:     0            0           0           2757994424  PCI-MSI-edge    virtio1-input.3
```

这台机器上virtio这块虚拟网卡上有四个输入队列，其硬中断号分别是27、29、31和33。**有独立的中断号就可以独立向某个CPU核心发起硬中断请求**，让对应CPU来poll包。中断和CPU的对应关系还是通过cat /proc/irq/{中断号}/smp_affinity来查看。通过将不同队列的CPU亲和性打散到多个CPU核上，就可以让多核同时并行处理接收到的包了。这个特性叫作RSS（Receive Side Scaling，接收端扩展），如图9.4所示。这是加快Linux内核处理网络包的速度非常有用的一个优化手段。

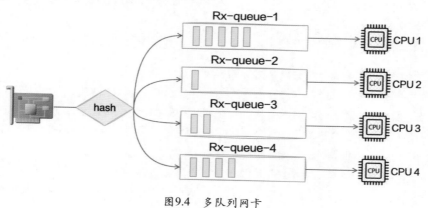

图9.4　多队列网卡

在网卡支持多队列的服务器上，想提高内核收包的能力，直接简单加大队列数就可以了，这比加大RingBuffer更为有用。因为加大RingBuffer只是提供更大的空间让网络帧能继续排队，而加大队列数则能让包更早地被内核处理。ethtool修改队列数量的方法如下：

```
#ethtool -L eth0 combined 32
```

不过在一般情况下，队列中断号和CPU之间的亲和性并不需要手工维护，由irqbalance服务来自动管理。通过ps命令可以查到这个进程。

```
# ps -ef | grep irqb
root     29805      1  0 18:57 ?         00:00:00 /usr/sbin/irqbalance --foreground
```

irqbalance会根据系统中断负载的情况，自动维护和迁移各个中断的CPU亲和性，以保持各个CPU之间的中断开销均衡。如果有必要，irqbalance也会自动把中断从一个CPU迁移到另一个CPU上。如果确实想自己维护亲和性，那要先关掉irqbalance，然后再修改中断号对应的smp_affinity。

```
# service irqbalance stop
# echo 2 > /proc/irq/30/smp_affinity
```

建议3：硬中断合并

在第1章中介绍过，当网络包接收到RingBuffer后，接下来通过硬中断通知CPU。那么你觉得从整体效率上来讲，是有包到达就发起中断好呢，还是攒一些数据包再通知CPU更好？

先允许我来引用一个实际工作中的例子，假如你是一位开发人员，和你对口的产品经理一天有10个小需求需要让你帮忙处理。她对你有两种中断方式：

- 第一种：产品经理想到一个需求，就过来找你，和你描述需求细节，然后让你帮她来改。
- 第二种：产品经理想到需求后，不来打扰你，等攒够5个来找你一次，你集中处理。

我们现在不考虑及时性，只考虑你的整体工作效率，你觉得哪种方案下你的工作效率会高呢？或者换句话说，你更喜欢哪一种工作状态呢？只要你真的有过工作经验，一定会觉得第二种方案更好。对人脑来讲，频繁地中断会打乱你的计划，你脑子里刚想到一半的技术方案可能也就废了。当产品经理走了以后，你再想捡起来刚被中断的工作，很可能得花点时间回忆一会儿才能继续工作。

对于CPU来讲也是一样，CPU要做一件新的事情之前，要加载该进程的地址空间，装入进程代码，读取进程数据，各级别cache要慢慢热身。因此如果能适当降低中断的频率，多攒几个包一起发出中断，对提升CPU的整体工作效率是有帮助的。所以，网卡允许我们对硬中断进行合并。

现在来看看网卡的硬中断合并配置。

```
# ethtool -c eth0
Coalesce parameters for eth0:
Adaptive RX: off  TX: off
......

rx-usecs: 1
rx-frames: 0
```

```
rx-usecs-irq: 0
rx-frames-irq: 0
......
```

我们来说一下上述结果的大致含义：

- Adaptive RX：自适应中断合并，网卡驱动自己判断啥时候该合并啥时候不合并。
- rx-usecs：当过这么长时间过后，一个RX interrupt就会产生。
- rx-frames：当累计接收到这么多个帧后，一个RX interrupt就会产生。

如果想好了修改其中的某一个参数，直接使用ethtool –C命令就可以，例如：

```
# ethtool -C eth0 adaptive-rx on
```

需要注意的是，减少中断数量虽然能使得Linux整体网络包吞吐更高，不过一些包的延迟也会增大，所以用的时候要适当注意。

建议4：软中断budget调整

再举个日常工作相关的例子，不知道你有没有听说过番茄工作法这种高效工作方法。它的大致意思就是你在工作的时候，要有一整段的不被打扰的时间，集中精力处理某一项工作。这一整段时间的时长被建议为25分钟。对于Linux处理软中断的ksoftirqd来说，它和番茄工作法思路类似。一旦它被硬中断触发开始了工作，会集中精力处理一拨网络包（绝对不只一个），然后再去做别的事情。

这里说的处理一拨是多少呢，策略略复杂。我们只说其中一个比较容易理解的，那就是net.core.netdev_budget内核参数。

```
# sysctl -a | grep
net.core.netdev_budget = 300
```

这句的意思是，ksoftirqd一次最多处理300个包，处理够了就会把CPU主动让出来，以便Linux上其他的任务得到处理。那么假如现在就是想提高内核处理网络包的效率，那就可以让ksoftirqd进程多干一会儿网络包的接收，再让出CPU。至于怎么提高，直接修改这个参数的值就好了：

```
#sysctl -w net.core.netdev_budget=600
```

如果要保证重启仍然生效，需要将这个配置写到/etc/sysctl.conf。

建议5：接收处理合并

硬中断合并是指的攒一堆数据包后再通知一次CPU，不过数据包仍然是分开的。LRO（Large Receive Offload）/GRO（Generic Receive Offload）还能把数据包合并后再往上层传递。

　　如果应用中是大文件的传输，大部分包都是一段数据，不用LRO/GRO的话，会每次都将一个小包传送到协议栈（IP接收、TCP接收）函数中进行处理。开启了LRO/GRO，内核或者网卡会进行包的合并，之后将一个大包传给协议处理函数，如图9.5所示。这样CPU的效率也就提高了。

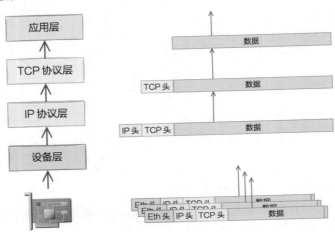

图9.5　接收处理合并

　　LRO和GRO的区别是合并包的位置不同。LRO是在网卡上就把合并的事情给做了，因此要求网卡硬件必须支持才行。而GRO是在内核源码中用软件的方式实现的，更加通用，不依赖硬件。

　　那么如何查看你的系统内是否打开了LRO/GRO呢？

```
# ethtool -k eth0
generic-receive-offload: on
large-receive-offload: on
......
```

　　如果网卡驱动没有打开GRO，可以通过如下方式打开。

```
# ethtool -K eth0 gro on
# ethtool -K eth0 lro on
```

9.3　发送过程优化

建议1：控制数据包大小

　　在第4章中讲到，在发送协议栈执行的过程中到了IP层如果要发送的数据大于MTU，会被分片。这个分片会有哪些影响呢？首先就是在分片的过程中我们看到多了一次内存拷贝。其次就是分片越多，在网络传输的过程中出现丢包的风险也越大。当丢包重传出现的时候，重传定时器的工作时间单位是秒，也就是说最快1秒以后才能开始重传。所以，如果在你的应用程序里可能的话，可以尝试将数据大小控制在一个MTU内部来极致地提高性能。早期的QQ后台服务中应用过这个技巧，不知道现在还有没有在用。

建议2：减少内存拷贝

假如你要发送一个文件给另外一台机器，那么比较基础的做法是先调用read把文件读出来，再调用write把数据发出去。这样数据需要频繁地在内核态内存和用户态内存之间拷贝，如图9.6所示。

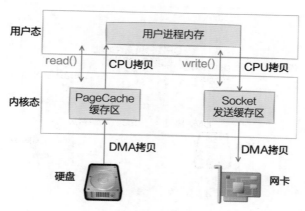

图9.6 调用read + write发送文件

目前减少内存拷贝主要有两种方法，分别是使用mmap和sendfile两个系统调用。使用mmap系统调用的话，映射进来的这段地址空间的内存在用户态和内核态都是可以使用的。如果所发送数据是mmap映射进来的数据，则内核直接就可以从地址空间中读取，如图9.7所示，这样就节约了一次从内核态到用户态的拷贝过程。

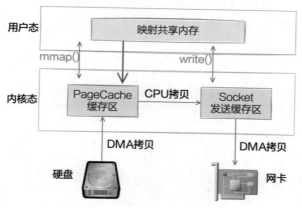

图9.7 调用mmap + write发送文件

不过在mmap发送文件的方式里，系统调用的开销并没有减少，还是发生两次内核态和用户态的上下文切换。如果只是想把一个文件发送出去，而不关心它的内容，则可以调用另外一个做得更极致的系统调用——sendfile。在这个系统调用里，彻底把读文件和发送文件合并起来了，系统调用的开销又省了一次。再配合绝大多数网卡都支持的"分散—收集"（Scatter-gather）DMA功能。可以直接从PageCache缓存区中DMA拷贝到网卡中，如图9.8所示。这样绝大部分的CPU拷贝操作就都省去了。

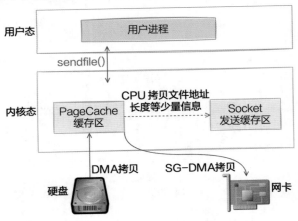

图9.8 sendfile发送文件

建议3：推迟分片

在建议1中讲过发送过程在IP层如果要发送的数据大于MTU，会被分片。但其实有一个例外，那就是开启了TSO（TCP Segmentation Offload）/ GSO（Generic Segmentation Offload）。我们来回顾和跟进发送过程中的相关源码。

```
//file: net/ipv4/ip_output.c
static int ip_finish_output(struct sk_buff *skb)
{
......

    //大于MTU就要进行分片了
    if (skb->len > ip_skb_dst_mtu(skb) && !skb_is_gso(skb))
            return ip_fragment(skb, ip_finish_output2);
    else
            return ip_finish_output2(skb);
}
```

ip_finish_output是协议层中的函数。skb_is_gso判断是否使用GSO，如果使用了，就可以把分片过程推迟到更下面的设备层去做。

```
//file: net/core/dev.c
int dev_hard_start_xmit(struct sk_buff *skb, struct net_device *dev,
                        struct netdev_queue *txq)
{
    ......

    if (netif_needs_gso(skb, features)) {
                    if (unlikely(dev_gso_segment(skb, features)))
                            goto out_kfree_skb;
                    if (skb->next)
                            goto gso;
    }
}
```

　　dev_hard_start_xmit位于设备层，和物理网卡离得更近。netif_needs_gso来判断是否需要进行GSO切分。在这个函数里会判断网卡硬件是不是支持TSO，如果支持，则不进行GSO切分，将大包直接传给网卡驱动，切分工作推迟到网卡硬件中去做。如果硬件不支持，则调用dev_gso_segment开始切分。

　　推迟分片的好处是可以省去大量包的协议头的计算工作量，减轻CPU的负担。

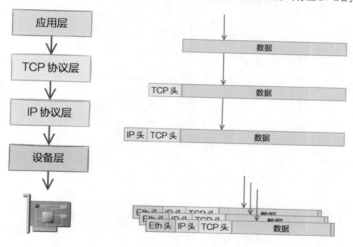

图9.9　推迟分片

　　使用ethtool工具可以查看当前TSO和GSO的开启状况。

```
# ethtool -k eth0
tcp-segmentation-offload: on
        tx-tcp-segmentation: on
        tx-tcp-ecn-segmentation: off [fixed]
        tx-tcp6-segmentation: on
udp-fragmentation-offload: off [fixed]
generic-segmentation-offload: off
```

如果没有开启，可以使用ethtool工具打开。

```
# ethtool -K eth0 tso on
# ethtool -K eth0 gso on
```

建议4：多队列网卡XPS调优

在4.4.5节，我们看到在__netdev_pick_tx函数中，要选出来一个发送队列。如果存在XPS配置，就以XPS配置为准。过程是根据当前CPU的ID号去XPS中查看要用哪个发送队列，来看下源码。

```
//file: net/core/flow_dissector.c
static inline int get_xps_queue(struct net_device *dev, struct sk_buff *skb)
{
  //获取XPS配置
  dev_maps = rcu_dereference(dev->xps_maps);
  if (dev_maps) {
            map = rcu_dereference(
      //raw_smp_processor_id() 是获取当前CPU ID
                dev_maps->cpu_map[raw_smp_processor_id()]);
            if (map) {
                    if (map->len == 1)
                            queue_index = map->queues[0];
  ......
  }
```

源码中raw_smp_processor_id是在获取当前执行的CPU id。用该CPU号查看对应的CPU核是否已配置。XPS配置在/sys/class/net//queues/tx-/xps_cpus这个伪文件里。例如对于我手头的一台服务器来说，配置是这样的。

```
# cat /sys/class/net/eth0/queues/tx-0/xps_cpus
00000001
# cat /sys/class/net/eth0/queues/tx-1/xps_cpus
00000002
# cat /sys/class/net/eth0/queues/tx-2/xps_cpus
00000004
# cat /sys/class/net/eth0/queues/tx-3/xps_cpus
00000008
......
```

上述结果中xps_cpus是一个CPU掩码，表示当前队列对应的CPU号。从上面输出看对于eth0网卡下的tx-0队列，是和CPU0绑定的。00000001表示CPU0，00000002表示CPU1……以此类推。假如当前CPU核是CPU0，那么找到的队列就是eth0网卡下的tx-0。

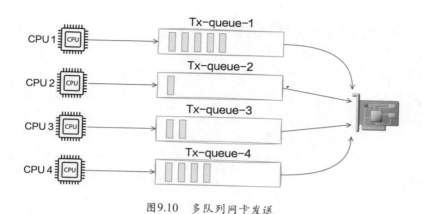

图9.10　多队列网卡发送

那么通过XPS指定了当前CPU要使用的发送队列有什么好处呢？好处大致有两个：

- 第一，因为更少的CPU争用同一个队列，所以设备队列锁上的冲突大大减少。如果进一步配置成每个CPU都有自己独立的队列可用，则会完全消除队列锁的开销。
- 第二，CPU和发送队列一对一绑定以后能提高传输结构的局部性，从而进一步提升效率。

> ★ 注意
>
> 关于RSS、RPS、RFS、aRFS、XPS等网络包收发过程中的优化手段可参考源码中的Documentation/networking/scaling.txt这个文档，里面有关于这些技术的详细官方说明。

建议5：使用eBPF绕开协议栈的本机网络IO

如果业务中涉及大量的本机网络IO可以考虑这个优化方案。

在第5章中我们看到，本机网络IO和跨机IO比较起来，确实是节省了驱动上的一些开销。发送数据不需要进RingBuffer的驱动队列，直接把skb传给接收协议栈（经过软中断）。但是在内核的其他组件上，工作量可是一点儿都没少，系统调用、协议栈（传输层、网络层等）、设备子系统整个走了一个遍。连"驱动"程序都走了（虽然对于回环设备来说这个驱动只是纯软件的虚拟出来的）。

如果想用本机网络IO，但是又不想频繁地在协议栈中绕来绕去，那么可以试试eBPF。使用eBPF的sockmap和sk redirect可以绕过TCP/IP协议栈，而被直接发送给接收端的socket，业界已经有公司在这么做了。

9.4 内核与进程协作优化

建议1：尽量少用recvfrom等进程阻塞的方式

在3.3节介绍过，在使用了recvfrom阻塞方式来接收socket上的数据时，每次一个进程专门为了等一个socket上的数据就被从CPU上拿下来。然后再换上另一个进程。等到数据准备好了，睡眠的进程又会被唤醒。总共两次进程上下文切换开销。如果服务器上有大量的用户请求需要处理，那就需要有很多的进程存在，而且不停地切换来切换去。这样做的缺点有如下这些：

- 因为每个进程只能同时等待一条连接，所以需要大量的进程。
- 进程之间互相切换的时候需要消耗很多CPU周期，一次切换大约是3~5微秒左右。
- 频繁的切换导致L1、L2、L3等高速缓存的效果大打折扣。

大家可能以为这种网络IO模型很少见了，但其实在很多传统的客户端SDK中，比如MySQL、Redis和Kafka仍然沿用了这种方式。

建议2：使用成熟的网络库

使用epoll可以高效地管理海量socket。在服务端，我们有各种成熟的网络库可以使用。这些网络库都对epoll使用了不同程度的封装。

首先要给大家参考的是Redis。老版本的Redis里单线程高效地使用epoll就能支持每秒数万QPS的高性能。如果你的服务是单线程的，可以参考Redis在网络IO这块的源码。

如果是多线程的，线程之间的分工有很多种模式，那么哪个线程负责等待读IO事件？哪个线程负责处理用户请求？哪个线程又负责给用户写返回。根据分工的不同，又衍生出单Reactor、多Reactor以及Proactor等多种模式。大家也不必头疼，只要理解这些原理之后选择一个性能不错的网络库就可以了。比如PHP中的Swoole、Golang的net包、Java中的Netty、C++中的Sogou Workflow都封装得非常不错。

建议3：使用Kernel-ByPass新技术

如果你的服务对网络要求确实特别特别高，而且各种优化措施也都用过了，那么现在还有终极优化大招——Kernel-ByPass技术。

由本书前面的介绍可知，内核在接收网络包的时候要经过很长的收发路径。在这期间涉及很多内核组件之间的协同、协议栈的处理以及内核态和用户态的拷贝和切换。Kernel-ByPass这类的技术方案就是绕开内核协议栈，自己在用户态来实现网络包的收发。这样不但避开了繁杂的内核协议栈处理，也减少了内核态、用户态之间频繁的拷贝和切换，性能将发挥到极致！

目前我所知道的方案有SOLARFLARE的软硬件方案、DPDK等等。如果大家感兴趣，可以多去了解一下！

9.5 握手挥手过程优化

建议1：配置充足的端口范围

客户端在调用connect系统调用发起连接的时候，需要先选择一个可用的端口。内核在选用端口的时候，是采用从可用端口范围中某一个随机位置开始遍历的方式。如果端口不充足，内核可能需要循环很多次才能选上一个可用的。这也会导致花费更多的CPU周期在内部的哈希表查找以及可能的自旋锁等待上。因此不要等到端口用尽报错了才开始加大端口范围，而是应该一开始就保持一个比较充足的值。

```
# vi /etc/sysctl.conf
net.ipv4.ip_local_port_range = 5000 65000
# sysctl -p   //使配置生效
```

如果端口加大了仍然不够用，那么可以考虑开启端口reuse和recycle。这样端口在连接、断开的时候就不需要等待2MSL的时间了，可以快速回收。开启这个参数之前需要保证tcp_timestamps是开启的。

```
# vi /etc/sysctl.conf
net.ipv4.tcp_timestamps = 1
net.ipv4.tcp_tw_reuse = 1
net.ipv4.tw_recycle = 1
# sysctl -p
```

建议2：客户端最好不要使用bind

如果不是业务有要求，建议客户端不要使用bind。因为在6.3节看到过，connect系统调用在选择端口的时候，即使一个端口已经被用过了，只要和已有的连接四元组不完全一致，那这个端口仍然可以被用于建立新连接。但是bind函数会破坏connect的这段端口选择逻辑，直接绑定一个端口，而且一个端口只能被绑定一次。如果使用了bind，则一个端口只能用于发起一条连接。总体上来看，你的机器的最大并发连接数就真的受限于65 535了。

建议3：小心连接队列溢出

服务端使用了两个连接队列来响应来自客户端的握手请求。这两个队列的长度是在服务器调用listen的时候就确定好了的。如果发生溢出，很可能会丢包。所以如果你的业务使用的是短连接且流量比较大，那么一定要学会观察这两个队列是否存在溢出的情况。因为一旦出现由连接队列导致的握手问题，那么TCP连接耗时都是秒级以上的了。

对于半连接队列，有个简单的办法。那就是只要保证tcp_syncookies这个内核参数是1，就能保证不会有因为半连接队列满而发生的丢包。

对于全连接队列来说，可以通过netstat -s来观察。netstat -s可查看到当前系统全连接队列满导致的丢包统计。但该数字记录的是总丢包数，所以你需要再借助watch命令动态监控。

```
# watch 'netstat -s | grep overflowed'
160 times the listen queue of a socket overflowed //全连接队列满导致的丢包
```

如果输出的数字在你监控的过程中变了，那说明当前服务器有因为全连接队列满而产生的丢包。你就需要加大全连接队列的长度了。全连接队列是应用程序调用listen时传入的backlog以及内核参数net.core.somaxconn二者之中较小的那个。如果需要加大，可能两个参数都需要改。

如果你手头并没有服务器的权限，只是发现自己的客户端机连接某个服务端出现耗时长，想定位一下是否是握手队列的问题，那也有间接的办法，可以tcpdump抓包查看是否有SYN的TCP Retransmission。如果有偶发的TCP Retransmission，那就说明对应的服务端连接队列可能有问题了。

建议4：减少握手重试

在6.5节介绍过，如果握手发生异常，客户端或者服务端就会启动超时重传机制。这个超时重试的时间间隔是翻倍增长的，1秒、3秒、7秒、15秒、31秒、63秒……对于我们提供给用户直接访问的接口来说，重试第一次耗时1秒多已经严重影响用户体验了。如果重试到第三次以后，很有可能某一个环节已经报错返回504了。所以在这种应用场景下，维护这么多的超时次数其实没有任何意义。倒不如把它们设置得小一些，尽早放弃。其中客户端的syn重传次数由tcp_syn_retries控制，服务器半连接队列中的超时次数由tcp_synack_retries来控制。把它们调成你想要的值。

建议5：打开TFO（TCP Fast Open）

第6章有一个细节没有介绍，那就是fastopen功能。在客户端和服务端都支持该功能的前提下，客户端的第三次握手ack包就可以携带要发送给服务器的数据。这样就会节约一个RTT的时间开销。如果支持，可以尝试启用。

```
# vi /etc/sysctl.conf
net.ipv4.tcp_fastopen = 3 //服务端和客户端两种角色都启用
# sysctl -p
```

建议6：保持充足的文件描述符上限

在Linux下一切皆文件，包括网络连接中的socket。如果你需要支持海量的并发连接，那么调整和加大文件描述符上限是很关键的。否则你将会收到"Too many open files"这个错误。

相关的限制机制请参考8.2节，这里我们给出一套推荐的修改方法。例如你的服务需要在单线程支持100万条并发，那么建议：

```
# vi /etc/sysctl.conf
fs.file-max=1100000 //系统级别设置成110万，多留点buffer。
fs.nr_open=1100000 //进程级别也设置成110万，因为要保证比hard nofile大
# sysctl -p

# vi /etc/security/limits.conf
//用户进程级别都设置成100万
* soft nofile 1000000
* hard nofile 1000000
```

建议7：如果请求频繁，请弃用短连接改用长连接

如果你的程序频繁请求某个服务端，比如Redis缓存，和建议1比起来，一个更好一点儿的方法是使用长连接。这样做的好处有：

1）**节约了握手开销**。短连接中每次请求都需要双端之间进行握手，这样每次都得让用户多等一个握手的时间开销。

2）**规避了队列满的问题**。前面我们看到当全连接或者半连接队列溢出的时候，服务端直接丢包。而客户端并不知情，所以傻傻地等3秒才会重试。要知道TCP本身并不是专门为互联网服务设计的。这个3秒的超时对于互联网用户体验的影响是致命的。

3）**端口数不容易出问题**。在释放连接的时候，客户端使用的端口需要进入TIME_WAIT状态，等待2 MSL的时间才能释放。所以如果连接频繁，端口数量很容易不够用。而长连接固定使用那么几十上百个端口就够用了。

建议8：TIME_WAIT的优化

很多线上程序如果使用了短连接，就会出现大量的TIME_WAIT。

首先，我想说的是没有必要见到两三万个TIME_WAIT就恐慌得不行。从内存的角度来考虑，一条TIME_WAIT状态的连接仅仅是0.5 KB的内存而已。从端口占用的角度来说，确实消耗掉了一个端口，但假如你下次再连接的是不同的服务端的话，该端口仍然可以使用。只有在所有TIME_WAIT都聚集在和一个服务端的连接上的时候才会有问题。

那怎么解决呢？其实办法有很多。第一个办法是按建议1开启端口reuse和recycle。第二个办法是限制TIME_WAIT状态的连接的最大数量。

```
# vi /etc/sysctl.conf
net.ipv4.tcp_max_tw_buckets = 32768
# sysctl -p
```

如果再彻底一些，也可以干脆采用建议7，直接用长连接代替频繁的短连接。连接频率大大降低以后，自然也就没有TIME_WAIT的问题了。

第10章

容器网络虚拟化

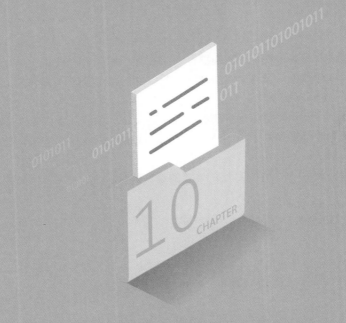

10.1　相关实际问题

时至今日，容器和云原生相关的技术大火。现在越来越多的公司在线上生产环境中不再是将服务部署到实体物理机或者是KVM虚拟机上，而是部署到基于Docker的容器云上。这就对开发等相关的技术人员提出了新的挑战，你需要理解自己写出来的程序是如何在容器云上运行的。如果理解不到位，很有可能将没有能力定位线上问题，也没有能力进行性能等方面的优化。

回到网络上来，先来思考这么几个问题。

1）容器中的eth0和母机上的eth0是一个东西吗？

大家在容器中执行ifconfig等命令的时候，和实体机一样也能看到一个eth0。那么这个eth0和物理机上的eth0网卡设备是一个东西吗？

2）veth设备是什么，它是如何工作的？

有一些容器使用基础的读者可能会知道容器是基于Linux上的veth设备工作的。那问题来了，veth设备到底是什么？和我们日常工作中熟悉的网卡、回环设备相比它有什么相同，又有什么不同的地方？使用veth设备在发送和接收数据包的时候，内核等底层又是如何工作的？

3）Linux是如何实现虚拟网络环境的？

容器化中非常重要的一步就是隔离，不能让A容器用到B容器的设备，甚至连看一眼都不可以。Linux上实现隔离的技术手段就是命名空间（namespace）。对于网络模块来说，由网络命名空间（net namespace，简称netns）为容器隔离出一套逻辑上完全独立的网络空间。

那你知道网络命名空间是如何创建出来的吗？进程、网卡设备、socket等又是如何加入某个网络命名空间的？在被网络命名空间隔离的容器的网络收发过程和直接在物理机上的收发过程有什么不一样？

4）Linux如何保证同宿主机上多个虚拟网络环境中的路由表等可以独立工作？

在被容器隔离开的容器网络环境中，是可以配置自己独立的路由表、iptable规则的。那么Linux是如何保证多个容器之间、容器和母机之间的路由表、iptable规则都能独立工作而不冲突的？

5）同一宿主机上多个容器之间是如何通信的？

在现实工作中，为了充分压榨机器的硬件资源，一般会在一台机器上虚拟出来几个，甚至几十个容器。那么这些容器之间是如何互相实现网络互通而进行通信的呢？

6）Linux上的容器如何和外部机器通信？

除了内部互通，一般来说容器里运行的服务是需要访问外部的，例如访问数据库。另外就是可能需要暴露比如80端口，对外提供服务。那么Docker是如何实现和外网互通的？

10.2　veth设备对

这一节来看看Docker网络虚拟化中最基础的技术——veth。回想一下在物理机组成的网络里，最基础、最简单的网络连接方式是什么？没错，那就是直接用一根交叉网线把两台电脑的网卡连起来，如图10.1所示。这样，一台机器发送数据，另外一台就能收到了。

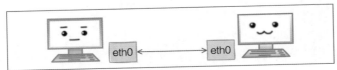

图10.1　最简单的物理网络

那么，网络虚拟化实现的第一步，就是用软件来模拟这个简单的网络连接实现过程。实现的技术就是本节的主角veth，它模拟了在物理世界里的两块连接在一起的网卡，这两个"网卡"之间可以互相通信。平时工作中在Docker镜像里我们看到的eth0设备，其实就是veth，如图10.2所示。

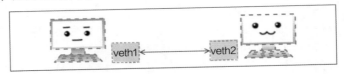

图10.2　veth

事实上，这种软件模拟硬件方式我们一点儿也不陌生，我们本机网络IO里的lo回环设备也是这样一个用软件虚拟出来的设备。veth和lo的一点儿区别就是veth总是成双成对地出现。我们来深入看看veth是如何工作的。

10.2.1　veth如何使用

不像回环设备，绝大多数读者在日常工作中可能没接触过veth，所以本节专门用一小节的篇幅来介绍veth如何使用。

在Linux下，可以通过使用ip命令创建一对veth。其中link表示link layer的意思，即链路层。这个命令可以用于管理和查看网络接口，包括物理网络接口，也包括虚拟接口。

```
# ip link add veth0 type veth peer name veth1
```

使用ip link show命令进行查看。

```
# ip link add veth0 type veth peer name veth1
# ip link show
1: lo: <LOOPBACK,UP,LOWER_UP> mtu 65536 qdisc noqueue state UNKNOWN mode
DEFAULT
    link/loopback 00:00:00:00:00:00 brd 00:00:00:00:00:00
2: eth0: <BROADCAST,MULTICAST,UP,LOWER_UP> mtu 1500 qdisc mq state UP mode
DEFAULT qlen 1000
    link/ether 6c:0b:84:d5:88:d1 brd ff:ff:ff:ff:ff:ff
3: eth1: <BROADCAST,MULTICAST> mtu 1500 qdisc noop state DOWN mode DEFAULT
qlen 1000
    link/ether 6c:0b:84:d5:88:d2 brd ff:ff:ff:ff:ff:ff
4: veth1@veth0: <BROADCAST,MULTICAST,M-DOWN> mtu 1500 qdisc noop state DOWN
mode DEFAULT qlen 1000
    link/ether 4e:ac:33:e5:eb:16 brd ff:ff:ff:ff:ff:ff
5: veth0@veth1: <BROADCAST,MULTICAST,M-DOWN> mtu 1500 qdisc noop state DOWN
mode DEFAULT qlen 1000
    link/ether 2a:6d:65:74:30:fb brd ff:ff:ff:ff:ff:ff
```

和eth0、lo等网络设备一样，veth也需要为其配置IP后才能够正常工作。我们为这对veth分别来配置IP。

```
# ip addr add 192.168.1.1/24 dev veth0
# ip addr add 192.168.1.2/24 dev veth1
```

接下来，把这两个设备启动起来。

```
# ip link set veth0 up
# ip link set veth1 up
```

当设备启动起来以后，通过熟悉的ifconfig命令就可以查看到它们了。

```
# ifconfig
eth0: ......
lo: ......
veth0: flags=4163<UP,BROADCAST,RUNNING,MULTICAST>  mtu 1500
        inet 192.168.1.1  netmask 255.255.255.0  broadcast 0.0.0.0
        ......
veth1: flags=4163<UP,BROADCAST,RUNNING,MULTICAST>  mtu 1500
        inet 192.168.1.2  netmask 255.255.255.0  broadcast 0.0.0.0
        ......
```

现在，一对虚拟设备已经建立起来了。不过我们需要做一点儿准备工作，它们之间才可以进行互相通信。首先要关闭反向过滤rp_filter，该模块会检查IP包是否符合要求，否则可能会过滤掉。然后再打开accept_local，接收本机IP数据包。详细准备过程如下。

```
# echo 0 > /proc/sys/net/ipv4/conf/all/rp_filter
# echo 0 > /proc/sys/net/ipv4/conf/veth0/rp_filter
```

```
# echo 0 > /proc/sys/net/ipv4/conf/veth1/rp_filter
# echo 1 > /proc/sys/net/ipv4/conf/veth1/accept_local
# echo 1 > /proc/sys/net/ipv4/conf/veth0/accept_local
```

好了，在veth0上来ping一下veth1。这两个veth之间可以通信了！

```
# ping 192.168.1.2 -I veth0
PING 192.168.1.2 (192.168.1.2) from 192.168.1.1 veth0: 56(84) bytes of data.
64 bytes from 192.168.1.2: icmp_seq=1 ttl=64 time=0.019 ms
64 bytes from 192.168.1.2: icmp_seq=2 ttl=64 time=0.010 ms
64 bytes from 192.168.1.2: icmp_seq=3 ttl=64 time=0.010 ms
......
```

我在另外一个控制台上，还启动了tcpdump命令抓包，抓到的结果如下。

```
# tcpdump -i veth0
09:59:39.449247 ARP, Request who-has *** tell ***, length 28
09:59:39.449259 ARP, Reply *** is-at 4e:ac:33:e5:eb:16 (oui Unknown), length 28
09:59:39.449262 IP *** > ***: ICMP echo request, id 15841, seq 1, length 64
09:59:40.448689 IP *** > ***: ICMP echo request, id 15841, seq 2, length 64
......
```

由于两个设备之间是首次通信，所以veth0首先发出一个arp request，veth1收到后回复一个arp reply。然后接下来就是正常的ping命令下的IP包了。

10.2.2　veth底层创建过程

在10.2.1节中，我们亲手创建了一对veth设备，并通过简单的配置就可以让它们之间互相通信了。那么在本小节中，我们看看在内核里，veth到底是如何创建的。

veth的相关源码位于drivers/net/veth.c，其中初始化入口是veth_init。

```
//file: drivers/net/veth.c
static __init int veth_init(void)
{
        return rtnl_link_register(&veth_link_ops);
}
```

在veth_init中注册了veth_link_ops（veth设备的操作方法），它包含了veth设备的创建、启动和删除等回调函数。

```
//file: drivers/net/veth.c
static struct rtnl_link_ops veth_link_ops = {
        .kind          = DRV_NAME,
        .priv_size     = sizeof(struct veth_priv),
        .setup         = veth_setup,
        .validate      = veth_validate,
        .newlink       = veth_newlink,
```

```
    .dellink        = veth_dellink,
    .policy         = veth_policy,
    .maxtype        = VETH_INFO_MAX,
};
```

先来看看veth设备的创建函数veth_newlink，**这是理解veth的关键之处。**

```
//file: drivers/net/veth.c
static int veth_newlink(struct net *src_net, struct net_device *dev,
                        struct nlattr *tb[], struct nlattr *data[])
{
    ......
    //创建
    peer = rtnl_create_link(net, ifname, &veth_link_ops, tbp);

    //注册
    err = register_netdevice(peer);
    err = register_netdevice(dev);
    ......

    //把两个设备关联到一起
    priv = netdev_priv(dev);
    rcu_assign_pointer(priv->peer, peer);

    priv = netdev_priv(peer);
    rcu_assign_pointer(priv->peer, dev);
}
```

在veth_newlink中，我们看到它通过register_netdevice创建了peer和dev两个网络虚拟设备。接下来的netdev_priv函数返回的是网络设备的private数据，priv->peer就是一个指针而已。

```
//file: drivers/net/veth.c
struct veth_priv {
    struct net_device __rcu*peer;
    atomic64_t              dropped;
};
```

两个新创建出来的设备dev和peer通过priv->peer指针来完成结对。其中dev设备里的priv->peer指针指向peer设备，peer设备里的priv->peer指向dev。

接着再看看veth设备的启动过程。

```
//file: drivers/net/veth.c
static void veth_setup(struct net_device *dev)
{
    //veth的操作列表，其中包括veth的发送函数veth_xmit
```

```
        dev->netdev_ops = &veth_netdev_ops;
        dev->ethtool_ops = &veth_ethtool_ops;
        ......
}
```

其中dev->netdev_ops = &veth_netdev_ops这行也比较关键。veth_netdev_ops是veth
设备的操作函数。例如发送过程中调用的函数指针ndo_start_xmit，对于veth设备来说就会
调用到veth_xmit。这在下一小节里会用到。

```
//file: drivers/net/veth.c
static const struct net_device_ops veth_netdev_ops = {
        .ndo_init           = veth_dev_init,
        .ndo_open           = veth_open,
        .ndo_stop           = veth_close,
        .ndo_start_xmit     = veth_xmit,
        .ndo_change_mtu     = veth_change_mtu,
        .ndo_get_stats64    = veth_get_stats64,
        .ndo_set_mac_address = eth_mac_addr,
};
```

10.2.3 veth网络通信过程

第2章和第4章系统介绍了Linux网络包的收发过程。在第5章又详细讨论了基于回环
设备lo的本机网络IO过程。回顾一下第5章中基于回环设备lo的本机网络过程。在发送阶
段，流程是执行send系统调用 => 协议栈 => 邻居子系统 => 网络设备层 => 驱动。
在接收阶段，流程是软中断 => 驱动 => 网络设备层 => 协议栈 => 系统调用返回，过
程如图10.3所示。

基于veth的网络IO过程和图10.3几乎完全一样。和lo设备不同的就是使用的驱动程序
不一样，马上就能看到。

网络设备层最后会通过ops->ndo_start_xmit来调用驱动进行真正的发送。

```
//file: net/core/dev.c
int dev_hard_start_xmit(struct sk_buff *skb, struct net_device *dev,
    struct netdev_queue *txq)
{
        //获取设备驱动的回调函数集合ops
        const struct net_device_ops *ops = dev->netdev_ops;

        //调用驱动的ndo_start_xmit进行发送
        rc = ops->ndo_start_xmit(skb, dev);
        ......
}
```

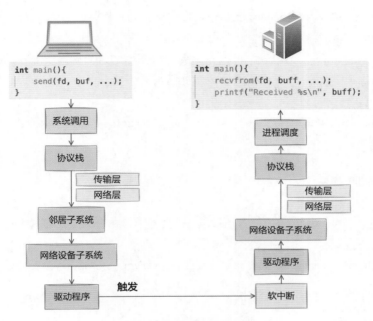

图10.3 本机网络通信过程

在第5章介绍过对于回环设备lo来说，netdev_ops是loopback_ops。那么上面发送过程中调用的ops->ndo_start_xmit对应的就是loopback_xmit。

```
//file:drivers/net/loopback.c
static const struct net_device_ops loopback_ops = {
    .ndo_init        = loopback_dev_init,
    .ndo_start_xmit= loopback_xmit,
    .ndo_get_stats64 = loopback_get_stats64,
};
```

回顾上一小节的介绍，对veth设备来说，它在启动时将netdev_ops设置成了veth_netdev_ops。那ops->ndo_start_xmit对应的具体发送函数就是veth_xmit。**这就是在veth发送的过程中，唯一和lo设备不同的地方所在。**我们来简单看一下这个发送函数的代码。

```
//file: drivers/net/veth.c
static netdev_tx_t veth_xmit(struct sk_buff *skb, struct net_device *dev)
{
    struct veth_priv *priv = netdev_priv(dev);
    struct net_device *rcv;

    //获取veth设备的对端
    rcv = rcu_dereference(priv->peer);

    //调用dev_forward_skb向对端发包
```

```
    if (likely(dev_forward_skb(rcv, skb) == NET_RX_SUCCESS)) {
    }
```

在veth_xmit中主要就是获取当前veth设备，然后把数据向对端发送过去就行了。发送到对端设备的工作是由dev_forward_skb函数处理的。

```
//file: net/core/dev.c
int dev_forward_skb(struct net_device *dev, struct sk_buff *skb)
{
    skb->protocol = eth_type_trans(skb, dev);
    ......
    return netif_rx(skb);
}
```

先调用了eth_type_trans将skb的所属设备改为刚刚取到的veth对端设备rcv。

```
//file: net/ethernet/eth.c
__be16 eth_type_trans(struct sk_buff *skb, struct net_device *dev)
{
    skb->dev = dev;
    ......
}
```

接着调用netif_rx，这块又和lo设备的操作一样了。在该方法中最终会执行到enqueue_to_backlog中（netif_rx -> netif_rx_internal -> enqueue_to_backlog）。在这里将要发送的skb插入softnet_data->input_pkt_queu队列中并调用napi_schedule来触发软中断，见下面的代码。

```
//file: net/core/dev.c
static int enqueue_to_backlog(struct sk_buff *skb, int cpu, ...)
{
    sd = &per_cpu(softnet_data, cpu);
    __skb_queue_tail(&sd->input_pkt_queue, skb);

    ......
    ____napi_schedule(sd, &sd->backlog);
}
//file:net/core/dev.c
static inline void ____napi_schedule(struct softnet_data *sd, ...)
{
    list_add_tail(&napi->poll_list, &sd->poll_list);
    __raise_softirq_irqoff(NET_RX_SOFTIRQ);
}
```

当数据发送完唤起软中断后，veth对端的设备开始接收。和发送过程不同的是，所有的虚拟设备的收包poll函数都是一样的，都是在设备层被初始化成process_backlog。

```
//file:net/core/dev.c
static int __init net_dev_init(void)
{
    for_each_possible_cpu(i) {
        sd->backlog.poll = process_backlog;
    }
}
```

所以veth设备的接收过程和lo设备完全一样。想再看看这个过程的读者就请参考5.4
节。大致流程是net_rx_action执行到deliver_skb，然后送到协议栈中。

```
|--->net_rx_action()
  |--->process_backlog()
     |--->__netif_receive_skb()
        |--->__netif_receive_skb_core()
           |---> deliver_skb
```

10.2.4 小结

由于大部分的读者在日常工作中一般不会接触到veth，所以在看到Docker相关的技
术文中提到这个技术时总会以为它是多么的高深。

其实从实现上来看，虚拟设备veth和我们日常接触的lo设备非常非常地像。连基于
veth的本机网络 IO 通信图其实都是我直接从第5章里拿过来的。只要看完了本书第5章，
理解veth简直太容易。

只不过和lo设备相比，veth是为了虚拟化技术而生的，所以它多了个结对的概念。在
创建函数 veth_newlink中，一次性就创建了两个网络设备出来，并把对方分别设置成了各
自的peer。在发送数据的过程中，找到发送设备的peer，然后发起软中断让对方收取就算
完事了。

10.3 网络命名空间

10.2节介绍了veth，有了veth可以创建出许多的虚拟设备，默认它们都是在宿主机网
络中的。接下来虚拟化中还有很重要的一步，那就是隔离。用Docker来举例，那就是不
能让A容器用到B容器的设备，甚至连看一眼都不可以。只有这样才能保证不同的容器之
间复用硬件资源的同时，还不会影响其他容器的正常运行。

在Linux上实现隔离的技术手段就是命名空间（namespace）。通过命名空间可以隔
离容器的进程PID、文件系统挂载点、主机名等多种资源。不过此处要重点介绍的是网络
命名空间（netnamespace，简称netns）。它可以为不同的命名空间从**逻辑上**提供独立的
网络协议栈，具体包括网络设备、路由表、arp表、iptables以及套接字（socket）等，如
图10.4所示。使得不同的网络空间都好像运行在独立的网络中一样。

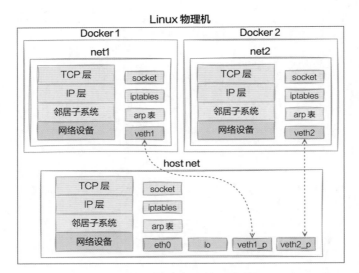

图10.4   虚拟网络环境

你是不是和飞哥一样，也很好奇Linux底层到底是如何实现网络隔离的？下面来好好挖一挖网络命名空间的内部实现。

10.3.1   如何使用网络命名空间

先来看一下网络命名空间是如何使用的吧。创建一个新的命名空间net1，再创建一对veth，将veth的一头放到net1中。分别查看母机和net1空间内的iptable、设备等。最后让两个命名空间进行通信，要达成的效果如图10.5所示。

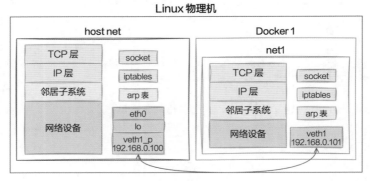

图10.5   实验效果

下面是详细的创建过程。首先创建一个新的网络命名空间——net1。

```
# ip netns add net1
```

查看它的iptable、路由表以及网络设备。

```
# ip netns exec net1 route
Kernel IP routing table
Destination       Gateway          Genmask          Flags Metric Ref    Use Iface
# ip netns exec net1 iptables -L
ip netns exec net1 iptables -L
Chain INPUT (policy ACCEPT)
target      prot opt source                destination
......

# ip netns exec net1 ip link list
lo: <LOOPBACK> mtu 65536 qdisc noop state DOWN mode DEFAULT qlen 1
    link/loopback 00:00:00:00:00:00 brd 00:00:00:00:00:00
```

由于是新创建的网络命名空间，所以上述的输出中路由表、iptable规则都是空的。不过这个命名空间中初始情况下就存在一个lo本地回环设备，只不过默认是DOWN（未启动）状态。

接下来创建一对veth，并把veth的一头添加给它。

```
# ip link add veth1 type veth peer name veth1_p
# ip link set veth1 netns net1
```

在母机上查看一下当前的设备，发现已经看不到veth1这个网卡设备了，只能看到veth1_p。

```
# ip link list
1: lo: <LOOPBACK,UP,LOWER_UP> mtu 65536 ...
2: eth0: <BROADCAST,MULTICAST,UP,LOWER_UP> mtu 1500 ...
3: eth1: <BROADCAST,MULTICAST> mtu 1500 ...
45: veth1_p@if46: <BROADCAST,MULTICAST> mtu 1500 qdisc noop state DOWN mode
DEFAULT qlen 1000
    link/ether 0e:13:18:0a:98:9c brd ff:ff:ff:ff:ff:ff link-netnsid 0
```

这个新设备已经跑到net1这个网络空间里了。

```
# ip netns exec net1 ip link list
1: lo: <LOOPBACK> mtu 65536 ...
46: veth1@if45: <BROADCAST,MULTICAST> mtu 1500 qdisc noop state DOWN mode
DEFAULT qlen 1000
    link/ether 7e:cd:ec:1c:5d:7a brd ff:ff:ff:ff:ff:ff link-netnsid 0
```

把这对veth分别配置上IP，并把它们启动起来。

```
# ip addr add 192.168.0.100/24 dev veth1_p
# ip netns exec net1 ip addr add 192.168.0.101/24 dev veth1
```

```
# ip link set dev veth1_p up
# ip netns exec net1 ip link set dev veth1 up
```

在母机和net1中分别执行ifconfig查看当前启动的网络设备。

```
# ifconfig
eth0: ......
lo: ......
veth1_p: flags=4163<UP,BROADCAST,RUNNING,MULTICAST>  mtu 1500
        inet 192.168.0.100  netmask 255.255.255.0  broadcast 0.0.0.0
        ......

# ip netns exec net1 ifconfig
veth1: flags=4163<UP,BROADCAST,RUNNING,MULTICAST>  mtu 1500
        inet 192.168.0.101  netmask 255.255.255.0  broadcast 0.0.0.0
        ......
```

来让它和母机通信一下试试。

```
# ip netns exec net1 ping 192.168.0.100 -I veth1
PING 192.168.0.100 (192.168.0.100) from 192.168.0.101 veth1: 56(84) bytes of data.
64 bytes from 192.168.0.100: icmp_seq=1 ttl=64 time=0.027 ms
64 bytes from 192.168.0.100: icmp_seq=2 ttl=64 time=0.010 ms
```

好了，现在一个新网络命名空间创建实验就结束了。在这个空间里，**网络设备、路由表、arp表、iptables**都是独立的，不会和母机上的冲突，也不会和其他空间里的产生干扰。而且还可以通过veth来和其他空间下的网络进行通信。想实际动手做这个实验的读者在公众号"开发内功修炼"后台回复"配套源码"，来获取本实验要使用的测试makefile文件。

10.3.2　命名空间相关的定义

在内核中，很多组件都是和namespace有关系的，先来看看这个关联关系是如何定义的。后面再看看namespace本身的详细结构。

关联命名空间

在Linux中，很多我们平常熟悉的概念都是归属到某一个特定的网络命名空间中的，比如进程、网卡设备、socket等。

Linux中每个进程（线程）都是用task_struct来表示的。每个task_struct都要关联到一个命名空间对象nsproxy，而nsproxy又包含了网络命名空间（netns）。对于网卡设备和socket来说，通过自己的成员来直接表明自己的归属，如图10.6所示。

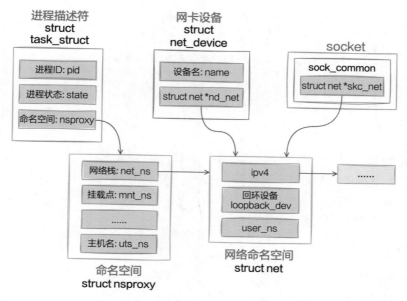

图10.6 内核命名空间相关数据结构

　　拿网络设备来举例，只有归属到当前网络命名空间下的时候才能通过ifconfig看到，否则是不可见的。我们详细来看看这几个数据结构的定义，先来看进程。

```
//file:include/linux/sched.h
struct task_struct {
    /* namespaces */
    struct nsproxy *nsproxy;
    ......
}
```

　　命名空间的核心数据结构是上面的这个struct nsproxy。所有类型的命名空间（包括pid、文件系统挂载点、网络栈等）都是在这里定义的。

```
//file: include/linux/nsproxy.h
struct nsproxy {
    struct uts_namespace *uts_ns;  // 主机名
    struct ipc_namespace *ipc_ns;  // IPC
    struct mnt_namespace *mnt_ns;  // 文件系统挂载点
    struct pid_namespace *pid_ns;  // 进程标号
    struct net           *net_ns;  // 网络协议栈
};
```

　　其中struct net *net_ns就是本节要讨论的网络命名空间。它的详细定义稍后再说。接着看表示网络设备的struct net_device，它也要归属到某个网络空间下。

```
//file: include/linux/netdevice.h
struct net_device{
        //设备名
        char                        name[IFNAMSIZ];

        //网络命名空间
        struct net                  *nd_net;
        ......
}
```

　　所有的网络设备刚创建出来都是在宿主机默认网络空间下的。可以通过"ip link set 设备名 netns 网络空间名"将设备移动到另一个空间里去，这时其实修改的就是net_device下的struct net*指针。所以在前面的实验里，当veth1移动到net1下的时候，该设备在宿主机下"消失"了，在net1下就能看到了。

　　还有我们经常用的socket，也是归属在某一个网络命名空间下的。

```
//file:
struct sock_common {
        struct net                  *skc_net;
}
```

网络命名空间定义

　　本小节中，我们来看网络命名空间的主要数据结构struct net的定义。

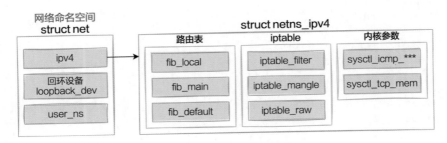

图10.7　网络命名空间数据结构

　　可见每个net内核对象下都包含了自己的路由表、iptable以及内核参数配置等。我们来看具体的代码。

```
//file:include/net/net_namespace.h
struct net {
        //每个net中都有一个回环设备
        struct net_device          *loopback_dev;       /* The loopback */

        //路由表、netfilter都在这里
        struct netns_ipv4          ipv4;
```

```
        ......
    }
```

由上述定义可见，每一个网络命名空间——netns中都有一个loopback_dev，这就是为什么在第一节中看到刚创建出来的空间里就有一个lo设备的底层原因。

网络命名空间中最核心的数据结构是struct netns_ipv4 ipv4。在这个数据结构里，定义了每一个网络空间专属的路由表、ipfilter以及各种内核参数。

```
//file: include/net/netns/ipv4.h
struct netns_ipv4 {
    //路由表
    struct fib_table        *fib_local;
    struct fib_table        *fib_main;
    struct fib_table        *fib_default;

    //IP表
    struct xt_table         *iptable_filter;
    struct xt_table         *iptable_raw;
    struct xt_table         *arptable_filter;

    //内核参数
    long sysctl_tcp_mem[3];
    ......
}
```

10.3.3 网络命名空间的创建

进程与网络命名空间

Linux上存在一个默认的网络命名空间，Linux中的1号进程初始使用该默认空间。Linux上其他所有进程都是由1号进程派生出来的，在派生clone的时候如果没有特别指定，所有的进程都将共享这个默认网络空间，如图10.8所示。

在clone函数里可以指定创建新进程时的flag，都是以CLONE_开头的。和命名空间有关的标志位有CLONE_NEWIPC、CLONE_NEWNET、CLONE_NEWNS、CLONE_NEWPID等等。如果在创建进程时指定了CLONE_NEWNET标志位，那么该进程将会创建并使用新的netns。

其实内核提供了三种操作命名空间的方式，分别是clone、setns和unshare。本节只用clone来举例，它的工作结果如图10.9所示。

使用strace跟踪可以确认ip netns add命令内部是否使用了unshare。unshare的工作原理和clone类似。

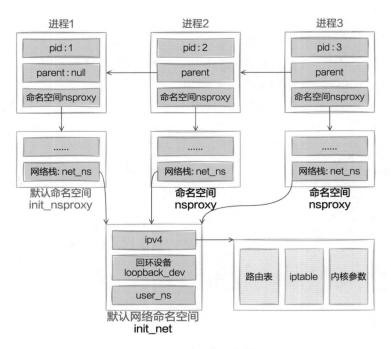

图10.8　默认命名空间

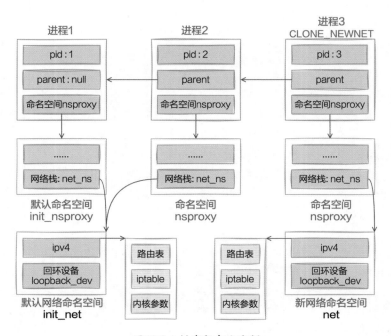

图10.9　创建新命名空间

先来看下默认的网络命名空间的初始化过程。

```
//file: init/init_task.c
struct task_struct init_task = INIT_TASK(init_task);

//file: include/linux/init_task.h
#define INIT_TASK(tsk)  \
{
    ......
    .nsproxy         = &init_nsproxy,        \
}
```

上面的代码是在初始化第1号进程。可见nsproxy是已经创建好的init_nsproxy。再看init_nsproxy是如何创建的。

```
//file: kernel/nsproxy.c
struct nsproxy init_nsproxy = {
    .uts_ns = &init_uts_ns,
    .ipc_ns = &init_ipc_ns,
    .mnt_ns = NULL,
    .pid_ns = &init_pid_ns,
    .net_ns = &init_net,
};
```

初始的init_nsproxy里将多个命名空间都进行了初始化，其中我们关注的网络命名空间，**用的是默认网络空间init_net**。它是系统初始化的时候就创建好的。

```
//file: net/core/net_namespace.c
struct net init_net = {
    .dev_base_head = LIST_HEAD_INIT(init_net.dev_base_head),
};
EXPORT_SYMBOL(init_net);

//file: net/core/net_namespace.c
static int __init net_ns_init(void)
{
    ......
    setup_net(&init_net, &init_user_ns);
    ......
    register_pernet_subsys(&net_ns_ops);
    return 0;
}
```

上面的setup_net方法对这个默认网络命名空间进行初始化。

看到这里我们清楚了1号进程的命名空间初始化过程。Linux中所有的进程都是由这个1号进程创建的。如果创建子进程的过程中没有指定CLONE_NEWNET这个标志位，就直接还使用默认的网络空间。

如果创建进程过程中指定了CLONE_NEWNET标志位，那么就会重新申请一个网络命名空间出来。见如下的关键函数copy_net_ns（它的调用链是do_fork => copy_process => copy_namespaces => create_new_namespaces => copy_net_ns）。

```
//file: net/core/net_namespace.c
struct net *copy_net_ns(unsigned long flags,
                        struct user_namespace *user_ns, struct net *old_net)
{
    struct net *net;

    // 重要！！！
    // 不指定CLONE_NEWNET就不会创建新的网络命名空间
    if (!(flags & CLONE_NEWNET))
            return get_net(old_net);

    //申请新网络命名空间并初始化
    net = net_alloc();
    rv = setup_net(net, user_ns);
    ......
}
```

记住setup_net是初始化网络命名空间的，这个函数接下来还会提到。

网络命名空间内的子系统初始化

命名空间内的各个子系统都是在调用setup_net时初始化的，包括路由表、tcp的proc伪文件系统、iptable规则读取，等等，所以这个小节也是蛮重要的。

由于内核网络模块的复杂性，在内核中将网络模块划分成了各个子系统。每个子系统都定义了一个初始化函数和一个退出函数。

```
//file: include/net/net_namespace.h
struct pernet_operations {
    // 链表指针
    struct list_head list;

    // 子系统的初始化函数
    int (*init)(struct net *net);

    // 网络命名空间每个子系统的退出函数
    void (*exit)(struct net *net);
    void (*exit_batch)(struct list_head *net_exit_list);
    int *id;
    size_t size;
};
```

各个子系统通过调用register_pernet_subsys或register_pernet_device将其初始化函数注册到网络命名空间系统的全局链表pernet_list中，如图10.10所示。你在源码目录下搜索这两个函数，会看到各个子系统的注册过程。

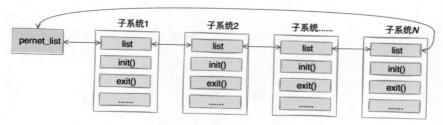

图10.10　网络子系统链

拿register_pernet_subsys来举例，简单看下它是如何将子系统都注册到pernet_list中的。

```
//file: net/core/net_namespace.c
static struct list_head *first_device = &pernet_list;
int register_pernet_subsys(struct pernet_operations *ops)
{
    error =  register_pernet_operations(first_device, ops);
    ......
}
```

register_pernet_operations又会调用__register_pernet_operations。

```
//file: include/net/net_namespace.h
#define for_each_net(VAR)                                            \
    list_for_each_entry(VAR, &net_namespace_list, list)

//file: net/core/net_namespace.c
static int __register_pernet_operations(struct list_head *list,
                                        struct pernet_operations *ops)
{
    struct net *net;

    list_add_tail(&ops->list, list);
    if (ops->init || (ops->id && ops->size)) {
            for_each_net(net) {
                    error = ops_init(ops, net);
                    ......
}
```

在list_add_tail这一行，完成了将子系统传入的struct pernet_operations *ops链入pernet_list中。注意，for_each_net遍历了所有的网络命名空间，然后在这个空间内执行了ops_init初始化。

这个初始化是网络子系统在注册的时候调用的。同样，当新的命名空间创建时，会遍历该全局变量pernet_list，执行每个子模块注册的初始化函数。再回到3.1.1节提到的

setup_net函数。

```
//file: net/core/net_namespace.c
static __net_init int setup_net(struct net *net, struct user_namespace *user_ns)
{
        const struct pernet_operations *ops;
        list_for_each_entry(ops, &pernet_list, list) {
                error = ops_init(ops, net);
        ......
}
```

```
//file: net/core/net_namespace.c
static int ops_init(const struct pernet_operations *ops, struct net *net)
{
        if (ops->init)
                err = ops->init(net);
}
```

在创建新命名空间调用到setup_net函数时，会通过pernet_list找到所有的网络子系统，把它们都用init初始化一遍。

我们拿路由表来举例， 路由表子系统通过register_pernet_subsys将fib_net_ops注册进来。

```
//file: net/ipv4/fib_frontend.c
static struct pernet_operations fib_net_ops = {
        .init = fib_net_init,
        .exit = fib_net_exit,
};

void __init ip_fib_init(void)
{
        register_pernet_subsys(&fib_net_ops);
        ......
}
```

这样每当创建一个新的网络命名空间时，**就会调用fib_net_init来创建一套独立的路由规则。**

再比如拿iptable中的nat表来说， 也是一样的。每当创建新网络命名空间的时候，**就会调用iptable_nat_net_init创建一套新的表。**

```
//file: net/ipv4/netfilter/iptable_nat.c
static struct pernet_operations iptable_nat_net_ops = {
        .init    = iptable_nat_net_init,
        .exit    = iptable_nat_net_exit,
};
static int __init iptable_nat_init(void)
{
```

```
err = register_pernet_subsys(&iptable_nat_net_ops);
......
```

添加设备

在一个设备刚刚创建出来的时候，它是属于默认网络命名空间init_net的，包括veth设备。不过可以在创建后进行修改，将设备添加到新的网络命名空间。

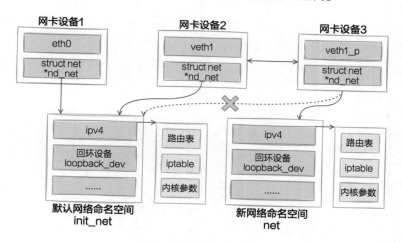

图10.11　修改设备命名空间

拿veth设备来举例，它是在创建时的源码alloc_netdev_mqs中设置到init_net上的（执行代码路径：veth_newlink => rtnl_create_link => alloc_netdev_mqs）。

```
//file: core/dev.c
struct net_device *alloc_netdev_mqs(...)
{
        dev_net_set(dev, &init_net);
}
```

```
//file: include/linux/netdevice.h
void dev_net_set(struct net_device *dev, struct net *net)
{
        release_net(dev->nd_net);
        dev->nd_net = hold_net(net);
}
```

在执行修改设备所属的网络命名空间时，会将dev->nd_net再指向新的netns。对于veth来说，它包含了两个设备。这两个设备可以放在不同的网络命名空间中。这就是Docker容器和其母机或者其他容器通信的基础。

```
//file: core/dev.c
int dev_change_net_namespace(struct net_device *dev, struct net *net, ...)
{
    ......
        dev_net_set(dev, net)
}
```

socket与网络命名空间

其实每个socket都归属于某个网络命名空间。这是由创建这个socket的进程所属的netns来决定的。当在某个进程里创建socket的时候，内核就会把当前进程的nsproxy->net_ns找出来，并把它赋值给scoket上的网络命名空间成员skc_net，如图10.12所示。

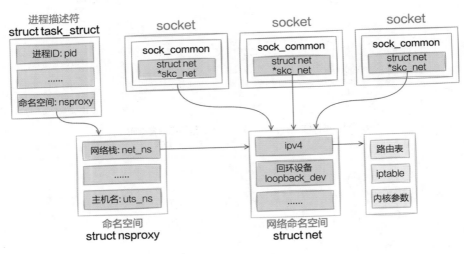

图10.12　socket命名空间来自其所属进程

下面来展开看看socket是如何被放到某个网络命名空间中的。在socket中，用来保存和网络命名空间归属关系的变量是skc_net。

```
//file: include/net/sock.h
struct sock_common {
    ......
        struct net              *skc_net;
}
```

接下来就是socket创建的时候，内核中可以通过current->nsproxy->net_ns把当前进程所属的网络命名空间找出来，最终把socket中的sk_net成员和该命名空间建立好联系。

```
//file: net/socket.c
int sock_create(int family, int type, int protocol, struct socket **res)
```

```
{
        return __sock_create(current->nsproxy->net_ns, family, type, protocol,
res, 0);
}
```

在socket_create中，看到current->nsproxy->net_ns了吧，它获取到了进程的网络命名空间。再依次经过__sock_create => inet_create => sk_alloc，调用到sock_net_set的时候，成功设置了新socket和netns的关联关系。

```
//file: include/net/sock.h
static inline
void sock_net_set(struct sock *sk, struct net *net)
{
        write_pnet(&sk->sk_net, net);
}
```

10.3.4 网络收发如何使用网络命名空间

以网络包发送过程中的路由功能为例，来看一下网络在传输的时候是如何使用网络命名空间的。大致的原理就是socket上记录了其归属的网络命名空间。需要查找路由表之前先找到该命名空间，再找到网络命名空间里的路由表，然后再开始执行查找，如图10.13所示。

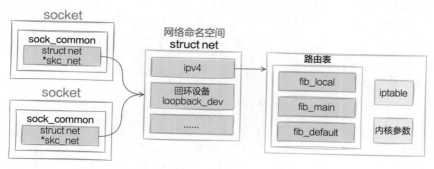

图10.13 网络发送路由表执行查找

我们来看详细的路由查找过程。第4章提到过在发送过程中IP层的发送函数ip_queue_xmit调用ip_route_output_ports来查找路由项。

```
//file: net/ipv4/ip_output.c
int ip_queue_xmit(struct sk_buff *skb, struct flowi *fl)
{
        rt = ip_route_output_ports(sock_net(sk), fl4, sk,
                                daddr, inet->inet_saddr,
                                ......);
}
```

注意上面的sock_net(sk)这一步，在这里socket记录的网络命名空间struct net *sk_net
被找了出来。

```
//file: include/net/sock.h
static inline struct net *sock_net(const struct sock *sk)
{
        return read_pnet(&sk->sk_net);
}
```

在第5章简单介绍过路由查找的过程，路由查找最后会执行到fib_lookup，我们来看
下这个函数的源码。

> ★ 注意
>
> 路由查找的调用链条有点长，是ip_route_output_ports => ->ip_route_
> output_flow => __ip_route_output_key() => ip_route_output_key_hash => ip_
> route_output_key_hash_rcu。

```
//file: include/net/ip_fib.h
static inline int fib_lookup(struct net *net, ...)
{
        struct fib_table *table;
        table = fib_get_table(net, RT_TABLE_LOCAL);
        table = fib_get_table(net, RT_TABLE_MAIN);
        ......
}

static inline struct fib_table *fib_get_table(struct net *net, u32 id)
{
        ptr = id == RT_TABLE_LOCAL ?
                &net->ipv4.fib_table_hash[TABLE_LOCAL_INDEX] :
                &net->ipv4.fib_table_hash[TABLE_MAIN_INDEX];
        return hlist_entry(ptr->first, struct fib_table, tb_hlist);
}
```

由上述代码可见，在路由过程中是根据前面步骤中确定好的网络命名空间struct net
*net来查找路由项的。每个网络命名空间有自己的net变量，**所以不同的网络命名空间中
自然也就可以配置不同的路由表了。**

10.3.5 结论

很多人说Linux的网络命名空间实现了多个独立协议栈。这个说法其实不是很准确，
内核网络代码只有一套，并没有隔离。只是为不同空间创建不同的struct net对象，从而每
个struct net中都有独立的路由表、iptable等数据结构。每个设备、每个socket上也都有指
针指明自己归属哪个网络命名空间，如图10.14所示。通过这种方法从**逻辑上看起来好像**

是真的有多个协议栈一样。

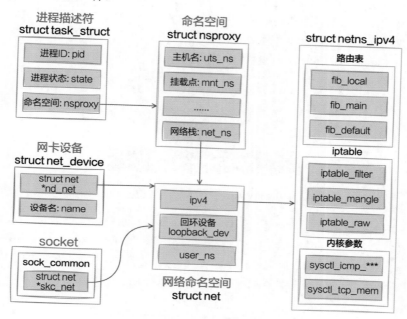

图10.14　网络命名空间内核结构

这样，就为一台物理机上创建出多个**逻辑上**的协议栈，为Docker容器的诞生提供了可能。在图10.4中，Docker1和Docker2都可以分别拥有自己独立的网卡设备，配置自己的路由规则、iptable。从而使得它们的网络功能不会相互影响。怎么样，现在是不是对网络命名空间理解得更深了呢？

10.4　虚拟交换机Bridge

Linux中的veth是一对能互相连接、互相通信的虚拟网卡。通过使用它，可以让Docker容器和母机通信，或者在两个Docker容器中进行交流。

图10.15　veth对通信

不过在实际工作中，我们会想在一台物理机上虚拟出几个、甚至几十个容器，以求充分压榨物理机的硬件资源。但这样带来的问题是大量的容器之间的网络互联。很明显上面简单的veth互联方案是没有办法直接工作的，我们该怎么办？

回头想一下，在物理机的网络环境中，多台不同的物理机之间是如何连接在一起互相通信的呢？没错，那就是以太网交换机。同一网络内的多台物理机通过交换机连在一起，然后它们就可以相互通信了，如图10.16所示。

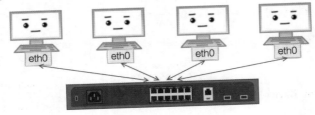

图10.16　物理局域网连接

在我们的网络虚拟化环境里，和物理网络中的交换机一样，也需要这样一个软件实现的设备。它需要有很多个虚拟端口，能把更多的虚拟网卡连接在一起，通过自己的转发功能让这些虚拟网卡之间可以通信。在Linux下这个软件实现交换机的技术就叫作Bridge（再强调下，这是纯软件实现的），工作原理如图10.17所示。

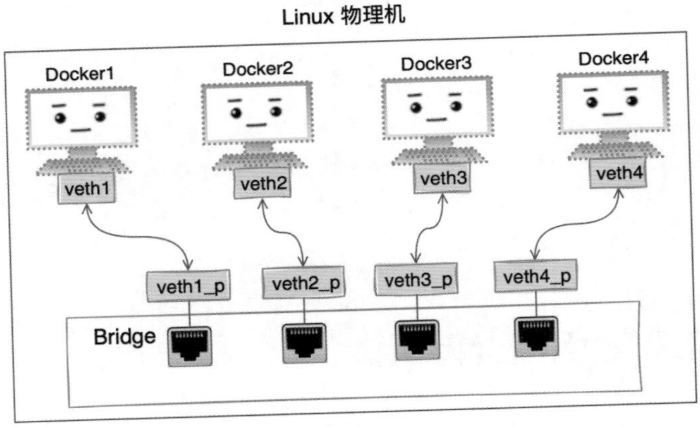

Linux 物理机

Docker1　Docker2　Docker3　Docker4

veth1　veth2　veth3　veth4

veth1_p　veth2_p　veth3_p　veth4_p

Bridge

图10.17　Bridge工作原理

各个Docker容器都通过veth连接到Bridge上，Bridge负责在不同的"端口"之间转发数据包。这样各个Docker之间就可以互相通信了！这一节我们来展开聊聊Bridge的详细工作过程。

10.4.1　如何使用Bridge

在分析它的工作原理之前，很有必要先来看一看Bridge是如何使用的。为了方便大家理解，接下来我们通过动手实践的方式，在一台Linux上创建一个小型的虚拟网络，并让它们互相通信。

创建两个不同的网络

Bridge是用来连接两个不同的虚拟网络的，所以在准备实验Bridge之前需要先用ip net命令构建出两个不同的网络空间来，如图10.18所示。

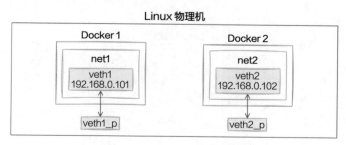

图10.18 创建两个虚拟网络

具体的创建过程如下。在公众号"开发内功修炼"后台回复"配套源码"，来获取本实验要使用的测试makefile文件。使用ip netns命令创建网络命名空间。首先创建一个net1：

```
# ip netns add net1
```

接下来创建一对veth，设备名分别是veth1和veth1_p，并把其中的一头veth1放到这个新的网络命名空间中。

```
# ip link add veth1 type veth peer name veth1_p
# ip link set veth1 netns net1
```

因为我们打算用这个veth1来通信，所以需要为其配置上IP，并启动它。

```
# ip netns exec net1 ip addr add 192.168.0.101/24 dev veth1
# ip netns exec net1 ip link set veth1 up
```

查看上述配置是否成功。

```
# ip netns exec net1 ip link list
# ip netns exec net1 ifconfig
```

重复上述步骤，再创建一个新的网络命名空间，命名分别为：

- netns: net2
- veth pair: veth2, veth2_p
- ip: 192.168.0.102

好了，这样我们就在一台Linux中创建出来两个虚拟的网络环境。

把两个网络连接到一起

在上一个步骤中，只是创建出来两个独立的网络环境而已。这个时候这两个环境之间还不能互相通信，需要创建一个虚拟交换机——Bridge，来把这两个网络环境连起来，如图10.19所示。

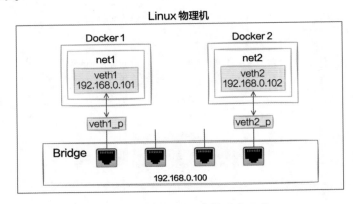

图10.19　使用Bridge连接两个网络

创建过程如下。创建一个Bridge设备，把刚刚创建的两对veth中剩下的两头"插"到Bridge上来。

```
# brctl addbr br0
# ip link set dev veth1_p master br0
# ip link set dev veth2_p master br0
# ip addr add 192.168.0.100/24 dev br0
```

再为Bridge配置上IP，并把Bridge以及插在其上的veth启动。

```
# ip link set veth1_p up
# ip link set veth2_p up
# ip link set br0 up
```

查看当前Bridge的状态，确认刚刚的操作是成功了的。

```
# brctl show
bridge name       bridge id             STP enabled       interfaces
br0               8000.4e931ecf02b1     no                veth1_p
                                                          veth2_p
```

网络连通测试

激动人心的时刻就要到了，我们在net1里（通过指定ip netns exec net1以及-I veth1），ping一下net2里的IP（192.168.0.102）试试，如图10.20所示。

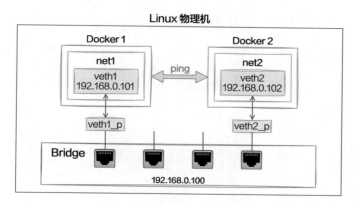

图10.20 网络连通测试

```
# ip netns exec net1 ping 192.168.0.102 -I veth1
PING 192.168.0.102 (192.168.0.102) from 192.168.0.101 veth1: 56(84) bytes of data.
64 bytes from 192.168.0.102: icmp_seq=1 ttl=64 time=0.037 ms
64 bytes from 192.168.0.102: icmp_seq=2 ttl=64 time=0.008 ms
64 bytes from 192.168.0.102: icmp_seq=3 ttl=64 time=0.005 ms
```

哇，通了通了！这样，我们就在一台Linux上虚拟出了net1和net2两个不同的网络环境。我们还可以按照这种方式创建更多的网络，都可以通过一个Bridge连接到一起。这就是Docker中网络系统工作的基本原理。

10.4.2 Bridge是如何创建出来的

在内核中，Bridge是由两个相邻存储的内核对象来表示的，如图10.21所示。

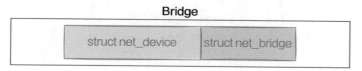

图10.21 Bridge内核结构

我们先看下它是如何被创建出来的。内核中创建Bridge的关键代码在br_add_bridge这个函数里。

```
//file:net/bridge/br_if.c
int br_add_bridge(struct net *net, const char *name)
{
    //申请网桥设备，并用br_dev_setup来启动它
    dev = alloc_netdev(sizeof(struct net_bridge), name,
                       br_dev_setup);

    dev_net_set(dev, net);
```

```
    dev->rtnl_link_ops = &br_link_ops;

    //注册网桥设备
    res = register_netdev(dev);
    if (res)
            free_netdev(dev);
    return res;
}
```

上述代码中注册网桥的关键代码是alloc_netdev这一行。在这个函数里，将申请网桥的内核对象net_device。在这个函数调用里要注意两点：

- 第一个参数传入了struct net_bridge的大小。
- 第三个参数传入的br_dev_setup是一个函数。

带着这两点注意事项，进入alloc_netdev的实现中。

```
//file: include/linux/netdevice.h
#define alloc_netdev(sizeof_priv, name, setup) \
      alloc_netdev_mqs(sizeof_priv, name, setup, 1, 1)
```

好吧，竟然是个宏。那就得看alloc_netdev_mqs了。

```
//file: net/core/dev.c
struct net_device *alloc_netdev_mqs(int sizeof_priv, ..., void (*setup)(struct
net_device *))
{
    //申请网桥设备
    alloc_size = sizeof(struct net_device);
    if (sizeof_priv) {
            alloc_size = ALIGN(alloc_size, NETDEV_ALIGN);
            alloc_size += sizeof_priv;
    }

    p = kzalloc(alloc_size, GFP_KERNEL);
    dev = PTR_ALIGN(p, NETDEV_ALIGN);

    //网桥设备初始化
    dev->... = ...;
    setup(dev); //setup是一个函数指针，实际使用的是br_dev_setup

    ......
}
```

在上述代码中，kzalloc是用来在内核态申请内核内存的。需要注意的是，申请的内存大小是一个struct net_device再加上一个struct net_bridge（第一个参数传进来的）。一次性就申请了两个内核对象，这说明Bridge在内核中是由两个内核数据结构来表示的，分别是struct net_device和struct net_bridge。

申请完了一家紧接着调用setup，这实际是外部传入的br_dev_setup函数。在这个函数内部进行进一步的初始化。

```
//file: net/bridge/br_device.c
void br_dev_setup(struct net_device *dev)
{
    struct net_bridge *br = netdev_priv(dev);
    dev->... = ...;
    br->... = ...;
    ......
}
```

总之，brctl addbr br0命令主要就是完成了Bridge内核对象（struct net_device和struct net_bridge）的申请以及初始化。

10.4.3 添加设备

调用brctl addif br0 veth0给网桥添加设备的时候，会将veth设备以虚拟的方式连到网桥上。当添加了若干个veth以后，内核中对象的大概逻辑如图10.22所示。

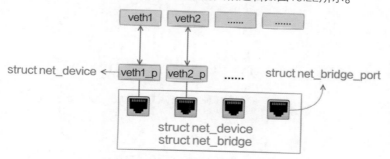

图10.22 给Bridge添加设备过程

其中veth由struct net_device来表示，Bridge的虚拟插口由struct net_bridge_port来表示。接下来看看源码是如何达成上述的逻辑结果的。

添加设备会调用到net/bridge/br_if.c下面的br_add_if。

```
//file: net/bridge/br_if.c
int br_add_if(struct net_bridge *br, struct net_device *dev)
{
    // 申请一个net_bridge_port
    struct net_bridge_port *p;
    p = new_nbp(br, dev);
```

```
// 注册设备帧接收函数
err = netdev_rx_handler_register(dev, br_handle_frame, p);

// 添加到bridge的已用端口列表里
list_add_rcu(&p->list, &br->port_list);

......
}
```

这个函数中的第二个参数dev传入的是要添加的设备。在本节中可以认为是veth的其中一头。比较关键的是net_bridge_port这个结构体，它模拟的是物理交换机上的一个插口。它起到一个连接的作用，把veth和Bridge连接了起来。new_nbp的源码如下：

```
//file: net/bridge/br_if.c
static struct net_bridge_port *new_nbp(struct net_bridge *br,
                                       struct net_device *dev)
{
    //申请插口对象
    struct net_bridge_port *p;
    p = kzalloc(sizeof(*p), GFP_KERNEL);

    //初始化插口
    index = find_portno(br);
    p->br = br;
    p->dev = dev;
    p->port_no = index;
    ......
}
```

在new_nbp中，先是申请了代表插口的内核对象。find_portno函数是在当前bridge下寻找一个可用的端口号。接下来插口对象通过p->br = br和bridge设备关联了起来，通过p->dev = dev和代表veth设备的dev对象也建立了联系。

在br_add_if中还调用netdev_rx_handler_register 注册了设备帧接收函数，设置veth上的rx_handler为br_handle_frame。**后面在接收包的时候会回调到它。**

```
//file: net/core/dev.c
int netdev_rx_handler_register(struct net_device *dev,
                               rx_handler_func_t *rx_handler,
                               void *rx_handler_data)
{
    ......
    rcu_assign_pointer(dev->rx_handler_data, rx_handler_data);
    rcu_assign_pointer(dev->rx_handler, rx_handler);
}
```

10.4.4 数据包处理过程

在第2章讲到过接收包的完整流程。数据包会被网卡先送到RingBuffer中，然后依次经过硬中断、软中断处理。在软中断中再依次把包送到设备层、协议栈，最后唤醒应用程序。

不过，拿veth设备来举例，如果它连接到Bridge上，在设备层的__netif_receive_skb_core函数中和上述过程有所不同。连在Bridge上的veth在收到数据包的时候，不会进入协议栈，而是会进入Bridge处理。Bridge找到合适的转发口（另一个veth），通过这个veth把数据转发出去。工作流程如图10.23所示。

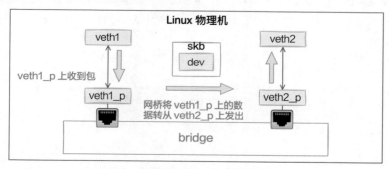

图10.23 Bridge上的数据转发过程

我们从veth1_p设备的接收看起，所有设备的接收都一样，都会进入__netif_receive_skb_core设备层的关键函数。

```
//file: net/core/dev.c
static int __netif_receive_skb_core(struct sk_buff *skb, bool pfmemalloc)
{
    ......

    // tcpdump抓包点
    list_for_each_entry_rcu(...);

    // 执行设备的rx_handler（也就是br_handle_frame）
    rx_handler = rcu_dereference(skb->dev->rx_handler);
    if (rx_handler) {
        switch (rx_handler(&skb)) {
        case RX_HANDLER_CONSUMED:
            ret = NET_RX_SUCCESS;
            goto unlock;
        }
    }

    // 送往协议栈
    // ......
```

```
unlock:
        rcu_read_unlock();
out:
        return ret;
}
```

在__netif_receive_skb_core中先是过了tcpdump的抓包点，然后查找和执行了rx_handler。在上面小节中我们看到，把veth连接到Bridge上的时候，veth对应的内核对象dev中的rx_handler被设置成了br_handle_frame。**所以连接到Bridge上的veth在收到包的时候，会将帧送入Bridge处理函数br_handle_frame。**另外要注意的是，Bridge函数处理完的话，一般来说就执行goto unlock退出了。和普通的网卡数据包接收相比，并不会往下再送到协议栈。

接着来看看Bridge是怎么工作的，进入br_handle_frame函数。

```
//file: net/bridge/br_input.c
rx_handler_result_t br_handle_frame(struct sk_buff **pskb)
{
        ......

forward:
        NF_HOOK(NFPROTO_BRIDGE, NF_BR_PRE_ROUTING, skb, skb->dev, NULL,
                        br_handle_frame_finish);
}
```

上面我对br_handle_frame的逻辑进行了充分的简化，简化后它的核心就是调用br_handle_frame_finish。同样br_handle_frame_finish也略为复杂。本节的目标是了解Docker场景下bridge上的veth设备转发。所以根据这个场景，我又对该函数进行了充分的简化。

```
//file: net/bridge/br_input.c
int br_handle_frame_finish(struct sk_buff *skb)
{
        // 获取veth所连接的网桥端口及Bridge设备
        struct net_bridge_port *p = br_port_get_rcu(skb->dev);
        br = p->br;

        // 更新和查找转发表
        struct net_bridge_fdb_entry *dst;
        br_fdb_update(br, p, eth_hdr(skb)->h_source, vid);
        dst = __br_fdb_get(br, dest, vid)

        // 转发
        if (dst) {
                br_forward(dst->dst, skb, skb2);
        }
}
```

　　在硬件中，交换机和集线器的主要区别就是它会智能地把数据送到正确的端口上去，而不会像集线器那样给所有的端口群发一遍。所以在上面的函数中，我们看到了更新和查找转发表的逻辑。这就是网桥在学习，它会根据自学习结果来工作。

　　在找到要送往的端口后，下一步就是调用br_forward => __br_forward进入真正的转发流程。

```
//file: net/bridge/br_forward.c
static void __br_forward(const struct net_bridge_port *to, struct sk_buff *skb)
{
    // 将skb中的dev改成新的目的dev
    skb->dev = to->dev;

    NF_HOOK(NFPROTO_BRIDGE, NF_BR_FORWARD, skb, indev, skb->dev,
            br_forward_finish);
}
```

　　在__br_forward中，将skb上的设备dev改为了新的目的dev，如图10.24所示。

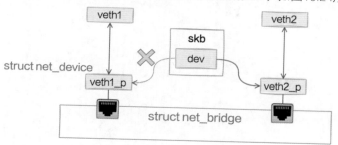

图10.24　修改skb归属设备

　　然后调用br_forward_finish进入发送流程。在br_forward_finish里会依次调用br_dev_queue_push_xmit和dev_queue_xmit。

```
//file: net/bridge/br_forward.c
int br_forward_finish(struct sk_buff *skb)
{
    return NF_HOOK(NFPROTO_BRIDGE, NF_BR_POST_ROUTING, skb, NULL, skb->dev,
                   br_dev_queue_push_xmit);
}
int br_dev_queue_push_xmit(struct sk_buff *skb)
{
    dev_queue_xmit(skb);
    ......
}
```

　　dev_queue_xmit就是发送函数，在10.2节介绍过，后续的发送过程就是dev_queue_

xmit => dev_hard_start_xmit => veth_xmit。在veth_xmit中会获取当前veth的对端，然后把数据给它发送过去，如图10.25所示。

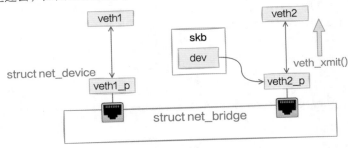

图10.25   数据转发给veth

至此，Bridge上的转发流程就算完毕了。要注意的是，整个Bridge的工作源码都是在net/core/dev.c或net/bridge目录下，都是在设备层工作的。这也就充分印证了我们经常说的Bridge（物理交换机也一样）是二层上的设备。

接下来，收到网桥发过来数据的veth会把数据包发送给它的对端veth2，veth2再开始自己的数据包接收流程，如图10.26所示。

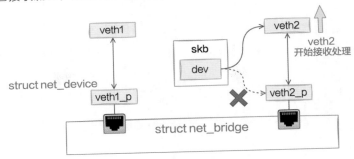

图10.26   目的设备接收处理

10.4.5   小结

所谓网络虚拟化，其实用一句话来概括就是**用软件来模拟实现真实的物理网络连接**。

Linux内核中的Bridge模拟实现了物理网络中的交换机的角色。和物理网络类似，可以将虚拟设备插入Bridge。不过和物理网络有点不一样的是，一对veth插入Bridge的那端其实就不是设备了，可以理解为退化成了一个网线插头。当Bridge接入了多对veth以后，就可以通过自身实现的网络包转发的功能来让不同的veth之间互相通信了。

回到Docker的使用场景上来举例，完整的Docker1和Docker2通信的过程如图10.27所示。

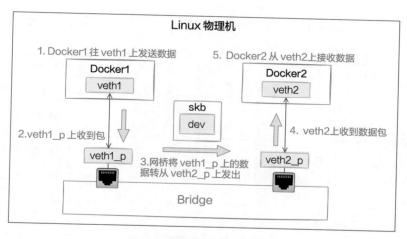

图10.27 Bridge工作过程汇总

大致步骤是：

1. Docker1往veth1上发送数据。
2. 由于veth1_p是veth1的对端，所以这个虚拟设备上可以收到包。
3. veth收到包以后发现自己是连在Bridge上的，于是进入Bridge处理。在Bridge设备上寻找要转发到的端口，这时找到了veth2_p开始发送。Bridge完成了自己的转发工作。
4. veth2作为veth2_p的对端，收到了数据包。
5. Docker2就可以从veth2设备上收到数据了。

觉得这个流程图还不过瘾？那我们再继续拉大视野，从两个Docker的用户态来开始看一看，见图10.28。

Docker1在需要发送数据的时候，先通过send系统调用发送，这个发送会执行到协议栈进行协议头的封装等处理。经由邻居子系统找到要使用的设备（veth1）后，从这个设备将数据发送出去，veth1的对端veth1_p会收到数据包。

收到数据包的veth1_p是一个连接在Bridge上的设备，这时候Bridge会接管该veth的数据接收过程。从自己连接的所有设备中查找目的设备。找到veth2_p以后，调用该设备的发送函数将数据发送出去。同样，veth2_p的对端veth2即将收到数据。

其中veth2收到数据后，将和lo、eth0等设备一样，进入正常的数据接收处理过程。Docker2中的用户态进程将能够收到Docker1发送过来的数据了。

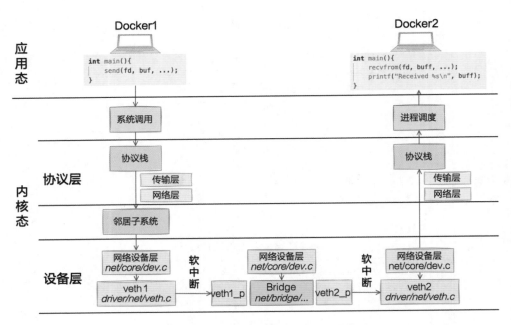

图10.28　基于Bridge的本机网络发送和接收

10.5　外部网络通信

学习完前几节内容，我们通过veth、网络命名空间和Bridge在一台Linux上就能虚拟多个网络环境出来。也还可以让新建网络环境之间、和宿主机之间都可以通信。这时还剩下一个问题没有解决，那就是虚拟网络环境和外部网络的通信，如图10.29所示。还拿

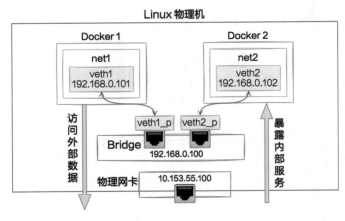

图10.29　容器外部通信需求

Docker容器来举例，你启动的容器里的服务肯定是需要访问外部数据库的。还有就是可能需要暴露比如80端口对外提供服务。

本节主要就是解决这个问题的。解决它还需要用到路由和NAT技术。

10.5.1 路由和NAT

路由

Linux在发送数据包或者转发包的时候，会涉及路由过程。这个发送数据过程既包括本机的数据发送，也包括途经当前机器的数据包的转发。其中本机发送在第3章讨论过。

所谓路由其实很简单，就是该选择哪张网卡（虚拟网卡设备也算）将数据写进去。到底该选择哪张网卡呢，规则都是在路由表中指定的。Linux中可以有多张路由表，最重要和常用的是local和main。

local路由表统一记录本地，确切说是本网络命名空间中的网卡设备IP的路由规则。

```
#ip route list table local
local 10.143.x.y dev eth0 proto kernel scope host src 10.143.x.y
local 127.0.0.1 dev lo proto kernel scope host src 127.0.0.1
```

其他的路由规则，一般都是在main路由表中记录着的。可以用ip route list table local命令查看，也可以用更简短的route –n命令查看，如图10.30所示。

图10.30　main路由表查看

除了本机发送，转发也会涉及路由过程。如果Linux收到数据包以后发现目的地址并不是本地地址的话，就可以选择把这个数据包从自己的某个网卡设备转发出去。这时和本机发送一样，也需要读取路由表。根据路由表的配置来选择从哪个设备将包转走。

不过值得注意的是，Linux上转发功能默认是关闭的。也就是发现目的地址不是本机IP地址时默认将包直接丢弃。需要做一些简单的配置，Linux才可以干像路由器一样的工作，实现数据包的转发。

iptables与NAT

Linux内核网络栈在运行上基本属于纯内核态的东西，但为了迎合各种各样用户层不同的需求，内核开放了一些口子出来供用户层来干预。其中iptables就是一个非常常用的干预内核行为的工具，它在内核里埋下了五个钩子入口，这就是俗称的五链。

Linux在接收数据的时候，在IP层进入ip_rcv中处理。再执行路由判断，发现是本机的话就进入ip_local_deliver进行本机接收，最后送往TCP协议层。在这个过程中，埋了两个HOOK，第一个是PRE_ROUTING。这段代码会执行到iptables中pre_routing里的各种表。发现是本地接收后接着又会执行到LOCAL_IN，这会执行到iptables中配置的input规则。

在发送数据的时候，查找路由表找到出口设备后，依次通过__ip_local_out、ip_output等函数将包送到设备层。在这两个函数中分别过了OUTPUT和PREROUTING的各种规则。

在转发数据的时候，Linux收到数据包发现不是本机的包可以通过查找自己的路由表找到合适的设备把它转发出去。那就先在ip_rcv中将包送到ip_forward函数中处理，最后在ip_output函数中将包转发出去。在这个过程中分别过了PREROUTING、FORWARD和POSTROUTING三个规则。

综上所述，iptables里的五个链在内核网络模块中的位置就可以归纳成图10.31这幅图。

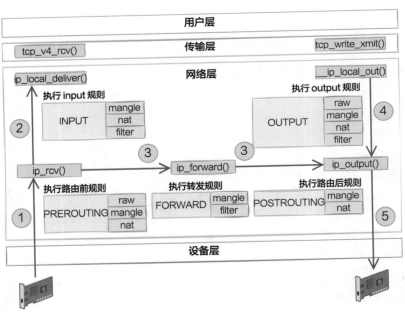

图10.31　iptables内部原理

数据接收过程走的是1和2，发送过程走的是4和5，转发过程是1、3、5。有了这张图，我们能更清楚地理解iptables和内核的关系。

在iptables中，根据实现的功能的不同，又分成了四张表。分别是raw、mangle、nat和filter。其中nat表实现我们常说的NAT（Network AddressTranslation）功能。其中NAT又分成SNAT（Source NAT）和DNAT（Destination NAT）两种。

SNAT 解决的是内网地址访问外部网络的问题。它是通过在POSTROUTING 里修改来源 IP来实现的。DNAT解决的是内网的服务要能够被外部访问到的问题。它是通过PREROUTING修改目标IP实现的。

10.5.2 实现外部网络通信

基于以上的基础知识，我们用纯手工的方式搭建一个可以和Docker类似的虚拟网络。而且要实现和外网通信的功能。在公众号"开发内功修炼"后台回复"配套源码"，来获取本实验要使用的测试makefile文件。

实验环境准备

我们先来创建一个虚拟的网络环境，其网络命名空间为net1，如图10.32所示。宿主机的IP是10.162的网段，可以访问外部机器。虚拟网络为其分配192.168.0的网段，这个网段是私有的，外部机器无法识别。

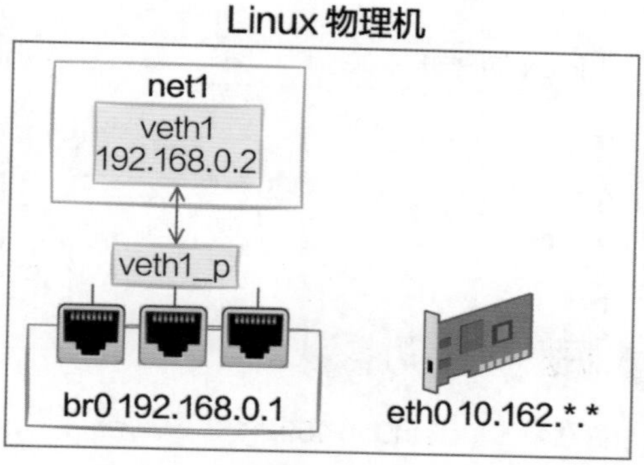

图10.32 外部通信实验准备

这个虚拟网络的搭建过程如下。先创建一个网络命名空间，命名为net1。

```
# ip netns add net1
```

创建一个veth对（veth1 - veth1_p），把其中的一头veth1放在net1中，给它配置上IP，并把它启动起来。

```
# ip link add veth1 type veth peer name veth1_p
# ip link set veth1 netns net1
# ip netns exec net1 ip addr add 192.168.0.2/24 dev veth1
# ip netns exec net1 ip link set veth1 up
```

创建一个Bridge，给它也设置上IP。接下来把veth的另外一端veth1_p插到Bridge上面。最后把Bridge和veth1_p都启动起来。

```
# brctl addbr br0
# ip addr add 192.168.0.1/24 dev br0
# ip link set dev veth1_p master br0
# ip link set veth1_p up
# ip link set br0 up
```

这样我们就在Linux上创建出了一个虚拟的网络。这个准备过程和10.4节中一样，只不过这里为了省事，只创建了一个网络出来，上一节创建出来两个。

请求外部资源

现在假设net1这个网络环境想访问外部网络资源。假设它要访问的另外一台机器的IP是10.153.*.*，这个10.153.*.*后面两段由于是我的内部网络，所以隐藏起来了，如图10.33所示。你在实验的过程中，用自己的IP代替即可。

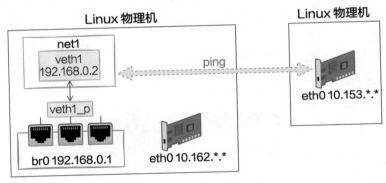

图10.33　请求外部资源

我们直接来访问一下试试：

```
# ip netns exec net1 ping 10.153.*.*
connect: Network is unreachable
```

提示网络不通，这是怎么回事？用这段报错关键字在内核源码里搜索一下：

```
//file: arch/parisc/include/uapi/asm/errno.h
#define        ENETUNREACH        229        /* Network is unreachable */
```

```
//file: net/ipv4/ping.c
static int ping_sendmsg(struct kiocb *iocb, struct sock *sk, struct msghdr *msg,
                        size_t len)
{
    ......
```

```
        rt = ip_route_output_flow(net, &fl4, sk);
        if (IS_ERR(rt)) {
                err = PTR_ERR(rt);
                rt = NULL;
                if (err == -ENETUNREACH)
                        IP_INC_STATS_BH(net, IPSTATS_MIB_OUTNOROUTES);
                goto out;
        }
        ......
out:
        return err;
}
```

在ip_route_output_flow这里，判断返回值如果是ENETUNREACH就退出了。从这个宏定义注释上来看报错的信息就是 "Network is unreachable"。这个ip_route_output_flow主要是执行路由选路。所以我们推断可能是路由出问题了，看一下这个网络命名空间的路由表。

```
# ip netns exec net1 route -n
Kernel IP routing table
Destination      Gateway                Genmask           Flags Metric Ref    Use Iface
192.168.0.0      0.0.0.0                255.255.255.0     U     0      0        0 veth1
```

怪不得，原来net1这个网络命名空间下默认只有192.168.0.*这个网段的路由规则。我们ping的IP是10.153.*.*，根据这个路由表找不到出口，自然就发送失败了。

我们来给net添加上默认路由规则，只要匹配不到其他规则就默认送到veth1上，同时指定下一条是它所连接的Bridge（192.168.0.1）。

```
# ip netns exec net1 route add default gw 192.168.0.1 veth1
```

再ping一下试试。

```
# ip netns exec net1 ping 10.153.*.* -c 2
PING 10.153.*.* (10.153.*.*) 56(84) bytes of data.

--- 10.153.*.* ping statistics ---
2 packets transmitted, 0 received, 100% packet loss, time 999ms
```

好吧，仍然不通。上面路由帮我们把数据包从veth正确送到了Bridge这个网桥。接下来网桥还需要Bridge转发到eth0网卡上。所以我们得打开下面这两个转发相关的配置。

```
# sysctl net.ipv4.conf.all.forwarding=1
# iptables -P FORWARD ACCEPT
```

不过这个时候，还存在一个问题。那就是外部的机器并不认识192.168.0.*这个网段的IP。它们之间都是通过10.*进行通信的。回想下我们工作中的电脑上没有外网IP的时候是如何正常上网的呢？外部的网络只认识外网IP。没错，那就是我们上面说的NAT技术。

　　这次的需求是实现内部虚拟网络访问外网，所以需要使用的是SNAT。它将namespace请求中的IP（192.168.0.2）换成外部网络认识的10.153.*.*，进而达到正常访问外部网络的效果。

```
# iptables -t nat -A POSTROUTING -s 192.168.0.0/24 ! -o br0 -j MASQUERADE
```

　　来再ping一下试试，通了！

```
# ip netns exec net1 ping 10.153.*.*
PING 10.153.*.* (10.153.*.*) 56(84) bytes of data.
64 bytes from 10.153.*.*: icmp_seq=1 ttl=57 time=1.70 ms
64 bytes from 10.153.*.*: icmp_seq=2 ttl=57 time=1.68 ms
```

　　这时候可以开启tcpdump抓包查看一下，在Bridge上抓到的包我们能看到还是原始的源IP和目的IP，如图10.34所示。

No.	Time	Source	Destination	Protocol	Leng·	Info
1	0.000000	192.168.0.2	10.153.	ICMP	98	Echo (ping) request
2	0.001692	10.153.	192.168.0.2	ICMP	98	Echo (ping) reply

图10.34　Bridge上抓到的源IP

　　再到eth0上查看，源IP已经被替换成可和外网通信的eth0上的IP了，如图10.35所示。

No.	Time	Source	Destination	Protocol	Leng·	Info
1	0.000000	10.162.	10.153.	ICMP	98	Echo (ping) request
2	0.001623	10.153.	10.162.	ICMP	98	Echo (ping) reply

图10.35　eth0上抓到的源IP

　　至此，容器就可以通过宿主机的网卡来访问外部网络上的资源了。我们来总结一下这个发送过程，见图10.36。

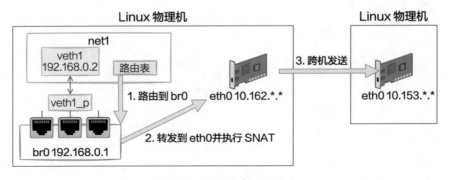

图10.36　访问外部资源过程

开放容器端口

我们再考虑另外一个需求，那就是把在这个网络命名空间内的服务提供给外部网络使用。和上面的问题一样，虚拟网络环境中192.168.0.2这个IP外界是不认识它的。只有这个宿主机知道它是谁，所以我们同样还需要NAT功能。

这次我们是要实现外部网络访问内部地址，所以需要的是DNAT配置。DNAT和SNAT配置中有一个不一样的地方就是需要明确指定容器中的端口在宿主机上对应哪个。比如在docker命令的使用中，是通过-p来指定端口的对应关系的。

```
# docker run -p 8000:80 ...
```

我们通过如下这个命令来配置DNAT规则。

```
# iptables -t nat -A PREROUTING  ! -i br0 -p tcp -m tcp --dport 8088 -j DNAT
--to-destination 192.168.0.2:80
```

这里表示的是宿主机在路由之前判断一下，如果流量不是来自br0，并且是访问tcp的8088，那就转发到192.168.0.2:80。

在net1环境中启动一个服务器。

```
# ip netns exec net1 nc -lp 80
```

在外部用telnet连一下试试，通了！

```
# telnet 10.162.*.* 8088
Trying 10.162.*.*...
Connected to 10.162.*.*.
Escape character is '^]'.
```

通过# tcpdump -i eth0 host 10.153.*.*开启抓包。可见在eth0上的时候，网络包目的是宿主机的IP的端口，如图10.37所示。

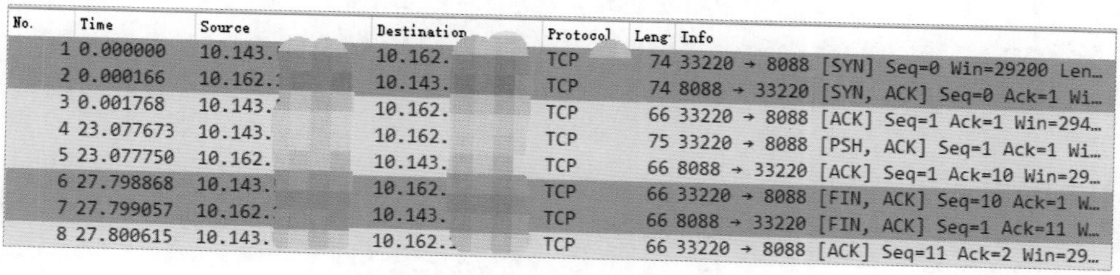

No.	Time	Source	Destination	Protocol	Leng	Info
1	0.000000	10.143.	10.162.	TCP	74	33220 → 8088 [SYN] Seq=0 Win=29200 Len...
2	0.000166	10.162.	10.143.	TCP	74	8088 → 33220 [SYN, ACK] Seq=0 Ack=1 Wi...
3	0.001768	10.143.	10.162.	TCP	66	33220 → 8088 [ACK] Seq=1 Ack=1 Win=294...
4	23.077673	10.143.	10.162.	TCP	66	33220 → 8088 [ACK] Seq=1 Ack=1 Win=294...
5	23.077750	10.162.	10.143.	TCP	75	33220 → 8088 [PSH, ACK] Seq=1 Ack=1 Wi...
6	27.798868	10.143.	10.162.	TCP	66	8088 → 33220 [ACK] Seq=1 Ack=10 Win=29...
7	27.799057	10.162.	10.143.	TCP	66	33220 → 8088 [FIN, ACK] Seq=10 Ack=1 W...
8	27.800615	10.143.	10.162.	TCP	66	8088 → 33220 [FIN, ACK] Seq=10 Ack=11 W...

图10.37　eth0上抓到的目的IP

但数据包到宿主机协议栈以后命中了我们配置的DNAT规则，宿主机把它转发到了br0上。在Bridge上抓包看看，由于没有那么多的网络流量包，所以不用过滤直接抓包就行，# tcpdump -i br0。发现在br0上抓到的目的IP和端口是已经替换过的了，换成了

192.168.0.2:80，如图10.38所示。

No.	Time	Source	Destination	Protocol	Leng	Info
1	0.000000	10.143.	192.168.0.2	TCP	74	33220 → 80 [SYN] Seq=0 Win=29200 Len=0...
2	0.000091	192.168.0.2	10.143.	TCP	74	80 → 33220 [SYN, ACK] Seq=0 Ack=1 Win=...
3	0.001731	10.143.	192.168.0.2	TCP	66	33220 → 80 [ACK] Seq=1 Ack=1 Win=29440...
4	23.077639	10.143.	192.168.0.2	TCP	75	33220 → 80 [PSH, ACK] Seq=1 Ack=1 Win=...
5	23.077684	192.168.0.2	10.143.	TCP	66	80 → 33220 [ACK] Seq=1 Ack=10 Win=2918...
6	27.798848	10.143.	192.168.0.2	TCP	66	33220 → 80 [FIN, ACK] Seq=10 Ack=1 Win...
7	27.798981	192.168.0.2	10.143.	TCP	66	80 → 33220 [FIN, ACK] Seq=1 Ack=11 Win...
8	27.800566	10.143.	192.168.0.2	TCP	66	33220 → 80 [ACK] Seq=11 Ack=2 Win=2944...

图10.38　Bridge上抓到的目的IP

Bridge当然知道192.168.0.2是veth1。于是，在veth1上监听80的服务就能收到来自外界的请求了！我们来总结一下这个接收过程，见图10.39。

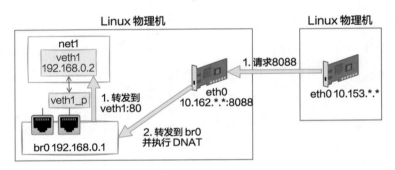

图10.39　响应外部请求过程

10.5.3　小结

现在业界已经有很多公司都迁移到容器上了。开发人员写出来的代码大概率是要运行在容器上的。因此深刻理解容器网络的工作原理非常重要。只有这样，将来遇到问题的时候才知道该如何下手处理。

veth实现连接，Bridge实现转发，网络命名空间实现隔离，路由表控制发送时的设备选择，iptables实现nat等功能。基于以上基础知识，我们采用纯手工的方式搭建了一个虚拟网络环境，如图10.40所示。

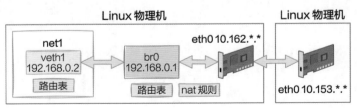

图10.40　容器与外部的通信过程

这个虚拟网络可以访问外网资源，也可以提供端口服务供外网来调用。这就是Docker容器网络工作的基本原理。

10.6　本章总结

事实上，当前大火的容器并不是新技术，而是基于Linux的一些基础组件诞生和演化出来的。

本章深度拆解了容器网络虚拟化的三大基础，veth、网络命名空间和Bridge。veth模拟了现实物理网络中一对连接在一起可以相互通信的网卡。Bridge则模拟了交换机的角色，可以把Linux上的各种网卡设备连接在一起，让它们之间可以互相通信。网络命名空间则是将网络设备、进程、socket等隔离开，在一台机器上虚拟出多个逻辑上的网络栈。理解了它们的工作原理之后再理解容器就容易得多了。

回到本章开篇提到的几个问题上。

1）容器中的eth0和母机上的eth0是一个东西吗？

答案是不是，每个容器中的设备都是独立的。物理Linux机上的eth0一般来说是个真正的网卡，有网线接口。而容器中的eth0只是一个虚拟设备 veth设备对中的一头，它和lo回环设备类似，是以纯软件方式工作的。设备的名字是可以随便修改的，其实想改成什么都可以。命名成eth0这个名字是容器作者们为了让容器和物理机更像。

2）veth设备是什么，它是如何工作的？

veth设备和回环设备lo非常像，唯一的区别就是veth是为了虚拟化技术而生的，所以它多了个结对的概念。每一次创建veth都会创建出来两个虚拟网络设备。这两个设备是连通着的，在veth的一头发送数据，另一头就可以收到。它是容器和母机通信的基础。

3）Linux是如何实现虚拟网络环境的？

默认情况下，其实就存在一个网络命名空间，在内核中它叫init_net。网络命名空间的内核对象中，是包含自己的路由表、iptable，甚至是内核参数的。创建网络命名空间的方法有多种，分别是clone、setns和unshare，通过它们可以创建新的空间出来。拿clone来举例，如果指定了CLONE_NEWNET标记，内核就会创建一个新的网络命名空间。

每个进程内部都会有指针，通过它来表示自己的命名空间归属。veth等虚拟网卡设备也归属在默认命名空间下，但可以通过命令将它修改到其他网络命名空间中。

通过上述的一系列操作，每个命名空间中都有了自己独立的进程、虚拟网卡设备、socket、路由表、iptables等元素，所以也就进而实现了网络的隔离。

4）Linux如何保证同宿主机上多个虚拟网络环境中路由表等可以独立工作？

不管有没有新的网络命名空间，Linux的网络包收发流程都是一样的。只不过涉及特定的网络命名空间相关的逻辑时需要先查找到表示命名空间的struct net对象。拿路由步骤举例，内核先根据socket找到其归属的网络命名空间，再找到命名空间里的路由表，然后再开始执行查找。

如果没有创建任何新namespace，就执行的是默认命名空间inet_net中的路由规则，就是通过route命令直接查看到的规则。如果是在新的namespace中，那就是执行的这个空间下的路由配置。

5）同一宿主机上多个容器之间是如何通信的？

在物理机的网络环境中，多台不同的物理机之间通过以太网交换机连接在一起，进而实现通信。在Linux下也是类似的，Bridge是用软件模拟了交换机，它也有插口的概念，多个虚拟设备都是"连接"在Bridge上的。Bridge工作在内核网络栈的二层上，可以在不同的插口之间转发数据包。

6）Linux上的容器如何和外部机器通信？

使用veth、Bridge、网络命名空间三个技术搭建起来的虚拟网络只能在宿主机内部进行通信，因为其私有IP无法被外网认识。我们采用路由表控制以及NAT功能可以使得虚拟网络通过母机的网卡和外部机器进行通信。

这里多说两句。Kubernets、Istio等项目中用的网络方案看似复杂，但其实追根溯源也是对路由选择、iptables等技术的不同应用方式罢了！